工业和信息化普通高等教育"十二五"规划教材
21世纪高等教育计算机规划教材

数据库基础与应用
——Visual FoxPro 6.0

Foundations and Applications of Database
(Visual FoxPro 6.0)

姜林枫 徐长滔 杨燕 编著

U0390395

人 民 邮 电 出 版 社
北 京

图书在版编目（ＣＩＰ）数据

数据库基础与应用 : Visual FoxPro 6.0 / 姜林枫,
徐长滔, 杨燕编著. -- 北京 : 人民邮电出版社, 2014.2（2023.1重印）
　21世纪高等教育计算机规划教材　工业和信息化普通
高等教育"十二五"规划教材
　ISBN 978-7-115-33970-6

　Ⅰ. ①数… Ⅱ. ①姜… ②徐… ③杨… Ⅲ. ①关系数
据库系统－程序设计－高等学校－教材 Ⅳ.
①TP311.138

中国版本图书馆CIP数据核字(2013)第313505号

内 容 提 要

　　本书旨在让大学生能够主动、有效率地学习和掌握数据库基础知识和应用技术。全书以 Visual FoxPro 6.0 为平台，从数据库基础理论和实际应用出发，循序渐进、深入浅出地介绍数据库的基础知识和应用技术：基于数据库产生的原因，介绍数据库技术的基本概念，建立学习数据库技术的框架体系；基于典型案例介绍数据库及其对象的创建和管理，培养学生组织数据的基本能力；基于大量示例介绍 SQL 语言的语法及其应用，培养学生处理和分析数据的基本能力；基于应用至上的原则，介绍程序设计、查询设计、表单设计、菜单设计、报表设计和应用系统开发等方面的内容，培养学生的创新能力。

　　全书以"销售管理"和"学生管理"为主线，以基本知识、基本技能、基本能力和创新培养为目标，以理论够用、实用、实践为第一原则，使读者能够快速、轻松地掌握 Visual FoxPro 6.0 数据库技术的应用与开发。本书配有多媒体课件、练习题和实验讲义，便于读者更好地学习和掌握数据库的基本知识与技能。

　　本书可作为各类院校"数据库应用"相关课程的教材，也可作为各类培训班相关课程的教材。对于参加全国计算机二级 Visual FoxPro 考试的读者来说，本书也是一本相当实用的参考书。

◆ 编　著　姜林枫　徐长滔　杨　燕
　　责任编辑　滑　玉
　　责任印制　彭志环　焦志炜

◆ 人民邮电出版社出版发行　　北京市丰台区成寿寺路 11 号
　　邮编　100164　电子邮件　315@ptpress.com.cn
　　网址　http://www.ptpress.com.cn
　　北京天宇星印刷厂印刷

◆ 开本：787×1092　1/16
　　印张：17　　　　　　　　　　2014 年 2 月第 1 版
　　字数：445 千字　　　　　　　2023 年 1 月北京第 12 次印刷

定价：42.00 元

读者服务热线：(010)81055256　印装质量热线：(010)81055316
反盗版热线：(010)81055315

前言

当今社会已经进入大数据时代，如何科学地进行数据的组织、处理和应用，是大学生必须掌握的信息技术。现在，各大院校非计算机专业的大学生在完成"计算机文化基础"第一层次的教学内容后，大多进入第二层次的"数据管理与程序设计"教学阶段。适合这一层次的教学产品还是微软公司的 Visual FoxPro 软件。

今天，人们的目光被 Oracle、SQL Server、Java、VB、VC、C#等优秀产品散发出的光芒所吸引，但在有限设备条件下的数据处理能力，Visual FoxPro 仍然是最好的。特别值得一提的是，Visual FoxPro 既具有强大的数据组织和管理功能，又支持面向对象和面向过程两种程序设计方法，还具有丰富的可视化设计开发工具，是大数据时代大学生第二层次教学的最佳选择。

由于在学校教学和教育部门考证中还依然延用经典版的 Visual FoxPro 6.0，所以本书就以 Visual FoxPro 6.0 中文版为背景，以数据组织、处理和应用为主线，通过大量实例，深入浅出地介绍了 Visual FoxPro 的基础知识、Visual FoxPro 的数据组织和管理技术、面向过程的数据处理和应用方法、面向对象的数据处理和应用方法等。本书图文并茂，所有操作都按实际屏幕显示一步一步讲述，读者可一边看书，一边上机操作，通过范例和具体操作，理解基本概念，学会操作方法。

针对学生具体操作中可能面对的各种困难，本书提供了相应的实验讲义和全部习题解答，配套使用将使学习效果更佳。另外，本书还为读者免费提供教学用电子教案和实验素材，读者可到 http://www.cmpbook.com 网站下载。

本书可以满足普通高等学校非计算机专业大学生数据库技术与程序设计教学方面的基本需要，特别适合财经类和管理类专业的学生使用。另外，本书还可作为全国计算机等级考试二级 Visual FoxPro 6.0 程序设计的培训教材，也可以作为广大计算机用户和计算机技术初学者的自学用书。

本书由齐鲁工业大学 8 位教师编著，其中第 1 章、第 3 章、第 4 章、第 5 章、第 12 章由姜林枫编著，第 2 章由孙清编著，第 6 章由张路编著，第 7 章由杨燕编著，第 8 章由刘晶编著，第 9 章和第 10 章由徐长滔编著，第 11 章由王辰龙编著，各章习题由刘轶编写。本书由姜林枫任主编，徐长滔、杨燕任副主编。全书由姜林枫负责初稿的修改和最后的统稿工作。另外，本书得到中央财经大学高怡新老师的关心和帮助，在此表示衷心感谢！

由于编者水平有限，编写时间仓促，书中错误或不当之处在所难免，恳请广大读者批评指正，以便修改完善。

编　者
2013 年 9 月

目　录

第1章
数据库基础

　　人类已经进入了信息化的社会，信息与物质、能源一并成为社会经济发展的支柱资源，对国家的发展起着举足轻重的作用。数据库技术是一种计算机辅助管理数据的方法，它研究如何借助于计算机科学的组织、保存和管理数据，如何高效的分析处理数据并产生信息资源的技术。数据库技术是现代信息科学技术的重要组成部分，它是随着信息技术的发展和人们对信息需求的增加而发展起来的，并使信息资源的生产效率大幅度提高。

　　本书基于中文 Visual FoxPro 6.0（简称 VFP 6.0）数据库开发系统，以客观世界的实体数据为对象，围绕数据库的创建、管理、处理、分析、开发和使用，对关系数据库技术的应用和开发进行全面的讲解。第 1 章首先介绍数据库产生的原因，接着阐述数据库系统的各组成部分及各部分之间的关系，最后介绍主流数据库——关系数据库的数据模型，这个内容是数据库技术的基础，将贯穿本书始终。请读者注意的是，由于关系数据库是市场主流，本书只介绍关系数据库技术。若无特别明示，本书提到的数据库都是关系数据库。

1.1　数据库技术产生的原因

　　随着计算机的普及，信息技术已经走入了我们的生活。除了上网、聊天和娱乐外，很多人开始使用计算机文件来组织、保存和管理生活中的数据，例如，使用 Excel 工作表记录家庭财务信息，又如使用 Word 表格记录通讯信息，还有利用电子文档记日记等。

　　然而，使用工作表之类的文件技术组织和管理数据常常出现一些问题，如数据管理异常问题、数据冗余问题、数据独立性问题、数据的共享问题等，这些问题经常困扰着人们，于是数据库技术应运而生。

　　本节下文将以数据管理异常问题为重点，首先通过分析 Excel 工作表文件组织数据所导致的数据操作异常，说明文件技术组织和管理数据的弊端，然后通过几个示例说明如何利用数据库技术来解决这些问题，从而将数据库技术和文件技术在数据组织和管理上的差异揭示出来，自然而然地告诉人们数据库技术产生的必然性。

1.1.1　文件组织数据的弊端

　　有一定计算机文化基础的人，可能都觉得数据的组织和管理好像并不需要一门专业的技术和课程，因为使用工作表之类的文件技术似乎就已足够。但是很多用户在使用工作表来组织和管理数据的时候，经常发现这样一些问题，如数据不一致或是管理困难等。

表 1-1 所示的是关于学生 E-mail 的一个简单工作表。由于这个工作表的主题很简单，所以管理也很轻松，也就是查询学生 E-mail、添加学生 E-mail、修改学生 E-mail 或者删除学生 E-mail。对于这样的工作表，使用 Excel 之类的电子表格文件技术绰绰有余。即使工作表中学生 E-mail 行很多，也可以按"学生姓名"这一列或按"E-mail"列排序，以提高检索速度，降低管理难度。总之，使用 Excel 之类的文件技术组织和管理表 1-1 所示的学生 E-mail 信息没有任何问题，不需要麻烦数据库技术。

表 1-1 　　　　　　　　　　　　电子表格式的学生 E-mail 表

学生姓名	E-mail
姜刘敏	547948328@qq.com
徐莉莉	Ixu1127@163.com
宋苏娟	276960500@qq.com
李晓东	Lidong91928@163.com
张大猛	774568142@qq.com
耿小丽	1570818754@qq.com

如果在表 1-1 中增加一列，存储学生导师的手机号码信息，形成表 1-2，虽然仍然可以使用 Excel 之类的文件技术组织和管理，但有些操作会出现问题。例如，假设要删除学生张大猛的 E-mail 数据（见表 1-2），那么就需要删除工作表的第 5 行，这时，我们会发现不仅删除了学生张大猛的数据，也删除了导师杨燕燕的姓名和她的电话 17788816961。上面看到的这个删除异常问题，是 Excel 之类的文件技术在组织数据时不可避免的。

表 1-2 　　　　　　　　　　　　学生/导师工作表的删除问题

学生姓名	E-mail	导师姓名	手机号码
姜刘敏	547948328@qq.com	姜笑枫	17788816965
徐莉莉	Ixu1127@163.com	徐涛	17788816967
宋苏娟	276960500@qq.com	姜笑枫	17788816965
李晓东	Lidong91928@163.com	徐涛	17788816967
张大猛	774568142@qq.com	杨燕燕	17788816961
耿小丽	1570818754@qq.com	徐涛	17788816967

删除行丢失了过多的数据

同样，更新工作表中的值也会导致一些意外结果。例如，如果改动了表 1-3 中第 1 行的手机号码，数据就会不一致。改动后，第 1 行显示了导师姜笑枫的一个手机号码，第 3 行却显示该导师的另一个手机号码，这就导致了数据的不一致性。看了这个工作表，我们会有以下的困惑：导师姜笑枫是有两个不同的手机号码，还是有两个手机号码不同的同名导师？总之，如果使用 Excel 之类的文件技术对表 1-3 执行更新操作后，工作表中的数据可能会产生更新不一致的问题，这会使用户产生困惑，导致了数据的不确定性。

最后，如果要给没有指导学生的导师添加数据，该如何做？例如，导师孙叶青没有指导学生，但是仍需要存储她的手机号码，此时就必须在工作表的学生姓名和 E-mail 字段中插入空值（待定的值，不知道的值），这样就出现了值不完全的行，如表 1-3 所示。值不完全的行在管理、维护和使用时会带来很多问题，应尽量避免使用它。

为什么对表 1-1 这样的一个简单工作表，再添加两列就会带来上述的删除异常问题、更新不一致问题和插入空值问题呢？这难道是工作表的列数问题吗？带着这个问题，大家再看看，表 1-4 中的学生/宿舍工作表也有 4 列，会不会出现表 1-3 中学生/导师工作表的问题。

表 1-3　　　　　　　　　　　　学生/导师工作表中的修改问题

学生姓名	E-mail	导师姓名	手机号码
姜刘敏	547948328@qq.com	姜笑枫	17788816966
徐莉莉	Ixu1127@163.com	徐涛	17788816967
宋苏娟	276960500@qq.com	姜笑枫	17788816965
李晓东	Lidong91928@163.com	徐涛	17788816967
张大猛	774568142@qq.com	杨燕燕	17788816961
耿小丽	1570818754@qq.com	徐涛	17788816967
NULL	NULL	孙叶青	17788816962

（左侧标注：不一致的数据——修改行；不完全的数据——插入行）

在表 1-4 所示的学生/宿舍工作表中，如果删除学生张大猛的数据，仅会丢失与该学生相关的数据，没有删除其他实体的数据。同样，修改学生姜刘敏的字段值也不会带来任何更新不一致问题。最后，添加学生马晓秀的数据也不会出现空值行的出现。

表 1-4　　　　　　　　　　　　学生/宿舍工作表

学生姓名	E-mail	手机号码	宿舍
姜刘敏	547948328@qq.com	15999916912	公寓 2#-501
徐莉莉	Ixu1127@163.com	15999916916	公寓 2#-501
宋苏娟	276960500@qq.com	15999916915	公寓 2#-501
李晓东	Lidong91928@163.com	15999916919	公寓 1#-201
张大猛	774568142@qq.com	15999916917	公寓 1#-201
耿小丽	1570818754@qq.com	15999916915	公寓 2#-109

表 1-3 所示的学生/导师工作表和表 1-4 所示的学生/宿舍工作表有一个本质区别，即表 1-4 中的学生/宿舍工作表中的数据是关于一个实体的：工作表中的所有数据都和学生有关，所添加的两列都是学生这个实体的手机号码和宿舍信息。而表 1-3 的学生/导师工作表是关于两个实体的：有些数据和学生有关，有些数据和导师有关。通常情况下，只要工作表中的数据关于两个或多个不同的实体，修改、删除以及添加行就会出现上述问题。

1.1.2　数据库组织数据的优势

早在 20 世纪 60 年代，运用工作表之类的文件技术组织数据的弊端就被发现了，因此，业界一直在寻找一种技术来组织数据以克服这些弊端，不少相关技术应运而生。随着时间的流逝，基于关系模型的数据库技术成为计算机人的选择。现在，主流的商用数据库都是基于关系模型的。基于关系模型的数据库被称为关系数据库，它的基本特征是使用关系表来组织和管理数据。本章第 3 节将深入介绍关系模型的相关内容，这里只是用关系数据表来组织和管理表 1-3 中的数据，看看是否可以解决用工作表文件管理数据时所产生的问题。

我们都知道，作文中的每个段落只应该有一个主题，如果一个段落包含多个主题，就需要将它拆分为两段或多段，使每个段落都有唯一的主题，这种思想就是设计关系数据库的基础。关系数据库可以包含若干个数据表，一般每个数据表中的数据有且仅有一个主题，也就是只能描述客观世界的一个实体。如果一个数据表有两个或多个主题，就需要将其分割为两个或多个数据表。

表 1-2 所示的学生/导师工作表有两个主题：学生和教师，因此我们用关系数据库组织表 1-2 的数据时，将关于学生的数据和关于教师的数据分别放入 student 表和 teacher 表中，这两个表共同承载了表 1-2 学生/导师工作表中的数据信息。详细情况如图 1-1 所示。需要指出的是，学生和导师是有联系的，某个学生总是归一个导师指导，因此将导师姓名也保留在 student 表中，导师姓名的值将两个表中的数据行关联起来。

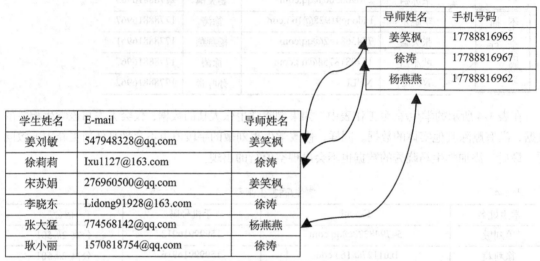

图 1-1   student 表和 teacher 表

图 1-1 包括两个表：student 表和 teacher 表。下面分析一下对图 1-1 中的数据进行删除、更新和插入操作是否会出现上面提到的删除异常、更新不一致以及插入空值行的问题。

首先分析一下删除操作。例如，从 student 表中删除学生张大猛的数据，只是删除了学生张大猛的数据，她的导师杨燕燕老师的数据信息仍然保存在 teacher 表中。

接着分析一下修改操作会不会导致更新异常情况。如果将教师杨燕燕的手机号码改为 13188896888，显然不会出现数据行不一致的数据，因为杨燕燕教师的电话信息仅在 teacher 表中存储一次。

最后再看一下插入操作。如果需要添加导师孙叶青的信息，只需将她的数据添加到 teacher 表中就可以了。因为现在没有学生选择导师孙叶青，因此在 student 表中不会出现空值行。

通过上面的分析，得到一个结论，使用数据库技术组织和管理数据可以解决工作表技术所遇到的操作异常问题，关键的原因在于两种技术的数据组织不同，数据库技术将同一个应用系统的不同实体的数据组织在不同的表中，而工作表技术将数据组织在同一个电子表中。

读者会提出这样的问题：将同一个应用系统中所有实体的数据分割到不同的表中时，如果用户需要访问多个表的相关信息怎么办？还有，如果删除了 teacher 表导师杨燕燕的信息，那么 student 表中的学生张大猛的信息就会不完整。这又怎么办？这些问题，数据库技术都有相应的机制来解决，第 4 章和第 5 章会详细讨论这些问题的解决方法。

数据库技术不仅从组织结构上解决了数据管理的操作异常问题，另外也解决了文件技术不能完全实现的数据共享、数据独立性以及数据冗余等问题。有兴趣的读者可查阅相关资料。

1.2　数据库系统的组成

数据库系统是在计算机系统中引入数据库后的系统，它是以计算机平台为基础，动态的组织、存储、管理和分析处理数据库数据的软硬件系统。数据库系统的组成如图 1-2 所示，它包括五个部分：计算机平台、用户、数据库应用程序、数据库管理系统和数据库。

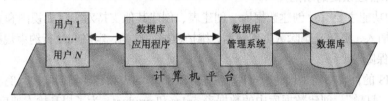

图 1-2　数据库系统的组成

在图 1-2 中，最右边的组成部分是数据库，它是描述实体的数据对象的集合。右边第二个组成部分是数据库管理系统，一般使用它的英文名字 DBMS，这是一个计算机系统软件，一般由软件巨头开发并授权用户使用，它的主要功能是创建、管理和维护数据库。

数据库应用程序是用户和 DBMS 间的媒介程序，它通过向 DBMS 发送请求命令来更新数据库中的数据，也可以通过 DBMS 检索数据库中的数据，并以友好的形式向用户显示结果。数据库应用程序可以由软件供应商提供，也可以由数据库用户编写。用户是数据库系统的第四个组成部分，他们一般通过数据库应用程序进行事务管理，当然高级用户也可以直接通过 DBMS 操作和管理数据库。下面重点介绍数据库、数据库管理系统和数据库应用程序。

1.2.1　数据库

数据库（DataBase）是指存储在计算机外部存储器上的、结构化的相关数据集合。为了便于数据的管理和检索，数据库中的大量数据必须按一定的逻辑结构加以存储，这就是数据"结构化"的概念，结构化的数据都满足用户指定的数据组织规律。

对于关系数据库而言，数据库是相互关联的数据表的集合。图 1-3 描述了数据库"订单"的数据结构和数据联系。订单数据库包含两个表：order 和 product。表 order 记录了每个订单的编号、日期、状态和商品编号四个属性；表 product 记录了商品的编号、名称、

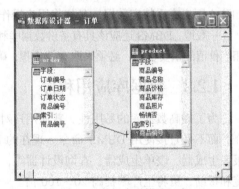

图 1-3　数据库系统的组成

价格、库存、照片和畅销否六个属性。表 order 和表 product 通过商品编号这个公共属性相互关联。

数据库中的数据通常可以被多个用户和（或）多个应用程序所共享。在一个数据库系统中，常常可以根据实际应用的需要创建多个数据库。

1.2.2　数据库管理系统

1. 数据库管理系统的概念

数据库管理系统（DataBase Management System）是一种管理和操作数据库的大型软件，简称

DBMS，其主要功能是创建、处理和管理数据库，在数据库系统中起核心的作用，是用户程序与数据库中数据的接口。

由于 DBMS 功能复杂，一般由软件供应商开发并授权用户使用。例如，Microsoft Visual FoxPro 就是微软公司开发的一个 DBMS，其他商用的 DBMS 产品还有 Microsoft 公司的 Access、Microsoft 公司的 SQL Server、Oracle 公司的 Oracle、IBM 公司的 DB2 等。尽管还有其他 DBMS 产品，但这 5 种 DBMS 几乎囊括了所有的市场份额。

2. 数据库管理系统的功能

DBMS 的功能主要有：创建数据库、创建表、创建其他支持对象（如视图和索引等），读取数据库数据，插入、更新或删除数据库数据，维护数据库结构，定义和执行约束规则，并发控制，提供数据安全保障等。

（1）DBMS 的首要功能是创建数据库、创建数据库中的表和其他辅助结构。例如，创建图 1-3 所示的数据库"订单"，创建数据库中的数据表 order 和 product。为了提高检索速度，还可以给数据表创建索引等支持结构。

（2）DBMS 的第二个功能是读取和修改数据库中的数据。为此，DBMS 接收用户或应用程序的请求，并将这些请求转化为对数据库文件的操作。DBMS 的第二个功能还包括数据库结构的维护。例如，根据业务变化修改表的结构或改变相关辅助对象的属性等。

（3）DBMS 一般还具有约束规则的定义和执行功能。例如，在图 1-3 所示的订单数据库中，如果用户在 order 表中提交一张订单，订单中有一个商品的商品编号在 product 表中没有相应的数据，就会导致错误。为了防止这种错误的发生，用户可以用 DBMS 制定如下的数据约束规则：order 表中商品编号的值必须引用 product 表中商品编号的值，对于 product 表不存在的商品编号，DBMS 应该拒绝含有这样商品编号的订单的插入或更新请求。

（4）DBMS 还应该具有并发控制功能，它可以保证一个用户的工作不会干扰另一个用户的工作。另外，DBMS 具有安全保证功能，它可以保证只有授权用户才能对数据库执行授权的活动，如防止用户查看特定数据，又如将用户操作限制在指定的范围内。

一般地，DBMS 还应该具有备份数据库和恢复数据库的功能。数据库是数据的集中仓库，是具有相当价值的重要资源，必须采取有效步骤，确保在软硬件故障或自然灾害等事件中没有数据丢失。

1.2.3　数据库应用程序

为了提高数据库的易用性，普通用户对数据库的管理和访问一般通过数据库应用程序作为媒介，而不是直接使用 DBMS 命令。现在的 DBMS 都给用户提供了很多的应用程序开发工具，如报表生成器、表单生成器、查询设计器等，它们为数据库应用程序的开发和使用提供了良好的环境和帮助，可将生产率提高 20~100 倍。

一般地，数据库应用程序的功能包括表单的创建和处理、查询的创建和处理、报表的创建和处理等。当然，数据库应用程序的上述功能都是围绕着特定应用的业务逻辑展开的。

1.3　关系数据库的数据模型

模型是对现实世界中的对象、系统或概念的模拟和抽象。在日常生活中，人们所说的模型通常是指某个真实事物按比例缩小的版本，例如航模飞机、地图等，它们与所模拟的真实事物在结构上是相似的。模型的一个重要作用是在制造真实事物之前，花费最少的代价，利用模型对真实事物的结构、性能等进行实验和评估，以降低真实事物的制造风险。

1.3.1 数据模型概述

1. 数据模型的概念

数据模型也是一种模型，它是抽象、表示和处理现实世界中实体信息的工具。如果将客观存在并且可以相互区分的事物称为实体，那么数据是对实体的特性和关联的一种记载和描述，而数据模型是对实体的数据组织结构和使用形式的描述。建立数据模型的目的同样是为了规避风险，将真实数据的组织、管理和分析处理风险掌握在可控范围中。

2. 数据模型的三个要素

由于数据模型是实体属性及其联系的一种模拟和抽象，是一种形式化描述数据、数据间联系以及有关语义约束规则的方法，因此数据模型通常由数据结构、数据操作和数据完整性约束三个要素组成。

（1）数据结构：数据结构描述了数据库的组成对象以及对象间的联系，它描述了数据库的静态特性，是数据模型中最基本的部分，不同的数据模型采用不同的数据结构。例如，关系模型中的域、属性、关系等，又如网状模型中的数据项、记录、系型等。

（2）数据操作：数据操作是指对数据库中各种数据对象允许执行的操作集合，包括操作及相应的操作规则，它描述了数据库的动态特性，主要有检索和更新两大类操作。

（3）数据完整性约束：一组完整性规则的集合。完整性规则是给定的数据模型中数据及其联系所具有的制约和依存规则，用以限定符合数据模型的数据库状态以及状态的变化，以保证数据的正确、有效、相容。

3. 常用的数据模型

数据库技术的发展是沿着数据模型的主线展开的，任何一个数据库管理系统都是基于某种数据模型的。历史上曾经比较流行的数据模型有三种，分别为层次模型、网络模型以及关系模型，最终关系模型成了计算机人的选择。主要的原因是关系模型不仅有严格的数学基础理论作保障，而且还具有结构简单、数据独立性高以及提供非过程性标准操作语言 SQL 等优势。

1.3.2 关系数据库的数据模型

关系数据库采用关系模型来管理数据。下面分别从数据结构、关系运算和完整性约束三个方面讲解关系数据库的数据模型。

1. 数据结构

关系模型具有单一的数据结构，不论是实体还是实体之间的联系都用关系表示。那么关系是什么呢？关系是一个满足如下条件的二维表。

（1）表的每行存储了某个实体或实体某个部分的数据。例如，在表 seller（见表 1-5）中，每行都包含某个销售员的数据信息。

（2）表的每列包含了用于表示实体某个属性的数据。例如，在表 seller（见表 1-5）中，每列都包含了销售员的一个属性，如姓名、性别或地址等。

（3）表中的每个单元格都不能再分，只能存储一个值。

（4）任意一列中所有单元格的数据类型必须一致。例如，表的第 1 行第 4 列是一个日期值，那么其他所有行中的第 4 列也必须是日期值。

（5）每列都必须有唯一的名称，但表中列的顺序任意。

（6）行的顺序任意，但表中任意两行不能有完全相同的数据值。

对于一个二维表关系，通常将其中的每一行称为一个记录，或称为一个元组；将其中的每一列称为一个字段，或称为一个属性。在表的属性中，若有一个属性或一组属性可以唯一地标识一个记录，就将这个属性或属性组称为关键字。

交待清楚关系这个概念后，再看一下关系模式这个概念。简单地说，关系模式是对关系数据结构的定义。如果关系指的是二维表的内容，那么模式就是二维表的结构。例如，关系 product 的模式可以简单地表示为 product（商品编号，商品名称，价格，库存）。限于篇幅原因，关系模式的形式化描述就不展开了。

上面介绍关系模型的数据结构时，涉及了很多的术语，为了便于理解，下面举一个例子来说明这些抽象的学术术语。日常生活中，大家常常需要买东西，当销售员将商品卖给我们的时候，一张订单就产生了。显然，销售员和商品是实体，订单反映的是销售员和商品之间的销售关系。

表 1-5 描述了关系 seller 的数据结构，表 1-6 描述了关系 product 的数据结构，表 1-7 描述了关系 order 的数据结构。需要注意的是，seller 和 product 的是反映实体的属性信息，而 order 反映的是实体销售员和实体商品的销售关系。在关系模型中，不论实体还是实体间联系都用关系表示。

表 1-5 关系模型数据结构举例 seller

销售员编号	姓名	性别	出生日期	地址
s01	张颖	女	1968/12/8	复兴门 245 号
s02	王伟	男	1962/2/19	罗马花园 890 号
s03	李芳	女	1973/8/30	芍药园小区 78 号
s04	郑建杰	男	1968/9/19	前门大街 789 号
s05	赵军	男	1965/3/4	学院路 78 号
s06	孙林	男	1967/7/2	阜外大街 110 号
s07	金士鹏	男	1960/5/29	成府路 119 号
s08	刘英玫	女	1969/1/9	建国门 76 号
s09	张雪眉	女	1969/7/2	永安路 678 号

记录

关键字

属性

表 1-6 关系模型数据结构举例 product

商品编号	商品名称	价格	库存
p01001	啤酒	42.52	111
p01002	牛奶	10.63	170
p01003	矿泉水	17.72	520
p02001	花生油	134.64	270
p02002	盐	7.09	530
p02003	酱油	31.89	120
p02004	味精	14.17	390
p03001	蛋糕	67.32	360
p03002	饼干	41.10	290

表 1-7　　　　　　　　　　　关系模型数据结构举例 order

订单编号	订单日期	销售员编号	商品编号	销量
10248	2008-7-5	s05	p03001	2
10249	2008-7-5	s06	p02003	5
10250	2008-7-8	s01	p01001	3
10251	2008-7-8	s02	p01002	2
10252	2008-7-9	s01	p01003	7
10253	2008-7-10	s02	p02001	1
10254	2008-7-11	s05	p02004	1
10255	2008-7-12	s09	p02002	3

2. 关系操作

由于关系模型借助于集合代数等概念和方法来处理数据库中的数据，因此关系操作是集合操作，即操作的对象和结果都是集合，这种操作称为一次一个集合的方式。

虽然关系模型支持选择、投影、连接、除、并、交、差等丰富的关系操作，但基本关系操作只有三种：选择、投影和连接。选择和投影的操作对象通常是一个表，相当于对一个表中的数据进行横向的或纵向的抽取；而连接操作则是对两个表进行的操作，如果需要对两个以上的表的数据进行操作，则应当进行两两连接。

（1）选择

从一个关系中找出满足给定条件的记录的操作称为选择。选择是从行的角度对关系内容进行的筛选，经过选择操作后得到的结果可以形成新的关系，其关系模式不变，其内容是原关系的一个子集。

例如，从表 1-5 所示的 seller 表中筛选出所有的女销售员，就是一种选择操作。得到的结果如表 1-8 所示。

表 1-8　　　　　　　　　　　选择操作举例——筛选所有的女销售员

销售员编号	姓名	性别	出生日期	地址
s01	张颖	女	1968/12/8	复兴门 245 号
s03	李芳	女	1973/8/30	芍药园小区 78 号
s08	刘英玫	女	1969/1/9	建国门 76 号
s09	张雪眉	女	1969/7/2	永安路 678 号

（2）投影

从一个关系中找出若干个字段组成新的关系的操作称为投影。投影是从列的角度对关系内容进行的筛选或重组，经过投影操作后得到的结果也形成新的关系。新关系的关系模式所包含的字段个数一般比原关系少，其内容是原表的一个子集。

例如，从表 1-5 所示的 seller 表中抽取"姓名"、"性别"两个字段构成一个新表的操作，就是一种投影操作。得到的结果如表 1-9 所示。

表 1-9　　　　　　　　　　　投影操作举例——显示销售员的姓名和性别

姓名	性别
张颖	女
王伟	男
李芳	女

姓名	性别
郑建杰	男
赵军	男
孙林	男
金士鹏	男
刘英玫	女
张雪眉	女

（3）连接

连接是将两个关系中的记录按一定的条件横向组合，拼接成一个新的关系。不同关系中的公共字段或者具有相同语义的字段是实现连接操作的纽带。

最常见的连接操作是自然连接，它是利用两个关系中共有的一个字段，将该字段值相等的记录内容连接起来，去掉其中的重复字段后作为新关系中的一条记录。表 1-10 给出了 product 表和 order 表按照商品编号进行自然连接的结果。

连接过程是通过连接条件来控制的：首先在表 1 中找到第一个记录，然后从表头开始扫描表 2，逐一查找满足连接条件的记录，找到后，将该记录和表 1 中的第一个记录进行拼接，形成查询结果中的一个记录。表 2 中的记录全部查找以后，再找表 1 中的第 2 个记录，然后再从头开始扫描表 2，逐一查找满足连接条件的记录，找到后，将该记录和表 1 中的第 2 个记录进行拼接，形成查询结果中的又一个记录。重复上述操作，直到表 1 中的记录全部处理完毕。可见，连接查询是相当耗费计算资源的，因此应该慎重选择连接操作。

表 1-10　　　　　　　　　　　　　　连接操作举例

商品编号	商品名称	价格	库存	订单编号	订单日期	销售员编号	销量
p01001	啤酒	42.52	111	10250	2008-7-8	s01	3
p01002	牛奶	10.63	170	10251	2008-7-8	s02	2
p01003	矿泉水	17.72	520	10252	2008-7-9	s01	7
p02001	花生油	134.64	270	10253	2008-7-10	s02	1
p02002	盐	7.09	530	10255	2008-7-12	s09	3
p02003	酱油	31.89	120	10249	2008-7-5	s06	5
p02004	味精	14.17	390	10254	2008-7-11	s05	1
p03001	蛋糕	67.32	360	10248	2008-7-5	s05	2

3. 完整性约束

数据完整性是指关系模型中数据的正确性与一致性，关系模型允许定义的完整性约束有实体完整性、域完整性和参照完整性。关系型数据库系统提供了对实体的完整性、域完整性和参照完整性约束的自动支持，也就是在进行插入、修改或删除操作时，数据库系统自动保证数据的正确性和一致性。

（1）实体完整性约束：此类约束要求，在任何关系的任何一个元组中，关键字的值不能为空值，也不能取重复的值。例如，关系 seller 指定销售员编号为主键；关系 product 指定商品编号为主键。

请读者思考：关系 order 应该怎样指定主键。

（2）域完整性约束：此类约束要求，表中字段必须具有正确的数据类型、格式及有效的数据范围。域完整性约束由用户根据实际情况设定，例如，seller 表中指定 sex 是字符型字段，它的宽度是 2，并且 sex∈{男，女}；order 表中销量是整型数据，并且销量值要大于 1，同时要低于 product 表的库存值。

（3）参照完整性约束：此类约束要求不引用不存在的实体，即不允许在一个关系中引用另一个关系中不存在的元组。例如，在 order 表中不能引用 seller 表中没有的销售员编号；order 表中不能出现 product 表中不存在的商品编号。

1.3.3　SQL 语言

前面介绍了关系模型的结构、操作和约束，那么怎样在数据库系统中定义关系的数据结构和完整性约束呢？又怎样来描述关系的操作呢？这就需要开发一种语言，它至少满足以下两个条件：首先功能必须是强大的，必须支持关系模型的三要素；其次可用性必须是很高的，必须是通用的、简洁的、易用的。只有满足这两个条件，数据库用户才能够接受这种语言，并使用它定义和操作关系数据库。

对于数据库技术来说，开发这样一种语言，是一个至关重要的问题，说它关系到数据库技术的生死存亡也不为过，因此一度出现了很多种语言。

随着时间的流逝，其中一种语言——SQL，成为了数据库用户的选择。SQL（Structure Query Language）的中文名称是结构化查询语言，它的主要功能是定义和操作数据库。今天，SQL 已成为国际标准。使用 SQL 可以轻松地定义数据库中数据表的数据结构和完整性约束，可以灵活地操作数据表中的数据。这部分内容将在第 5 章重点介绍。

习　题

一、单选题

【1】数据库、数据库系统、数据库管理系统这三者之间的关系是_____。

    A. 数据库系统包含数据库和数据库管理系统

    B. 数据库管理系统包含数据库和数据库系统

    C. 数据库包含数据库系统和数据库管理系统

    D. 数据库系统就是数据库，也就是数据库管理系统

【2】能对数据库中的数据进行插入、更新、查询、统计分析等操作的软件系统称为_____。

    A. 数据库系统　　　　　　　　　　B. 数据库管理系统

    C. 数据控制程序集　　　　　　　　D. 数据库软件系统

【3】假设 customer 数据表中有编号、姓名、年龄、职务、籍贯等字段，其中可作为关键字的字段是_____。

    A. 编号　　　　B. 姓名　　　　C. 年龄　　　　D. 职务

【4】如果要改变一个关系中属性的排列顺序，应使用的关系操作是_____。

    A. 并　　　　　B. 选取　　　　C. 投影　　　　D. 连接

【5】在关系型数据库管理系统中，所谓关系是指_____。

     A．各条数据记录之间存在着一定的关系

     B．各个字段数据之间存在着一定的关系

     C．一个数据库与另一个数据库之间存在着一定的关系

     D．满足一定条件的一个二维数据表

【6】数据库应用程序是_____。

     A．用户和数据库的媒介   B．数据库和 SQL 之间的接口

     C．用户和 DBMS 的媒介   D．负责对数据库进行关系操作

【7】一个关系型数据库管理系统所应具备的三种基本关系操作是_____。

     A．选择、投影与连接   B．编辑、浏览与替换

     C．插入、删除与修改   D．排序、索引与查询

【8】按照数据模型划分，Visual FoxPro 应当是_____。

     A．层次型数据库管理系统   B．网状型数据库管理系统

     C．关系型数据库管理系统   D．混合型数据库管理系统

二、填空题

【1】数据模型的三要素分别是_____、数据操作和_____。

【2】在关系数据库的基本操作中，从关系中抽取满足条件的元组的操作被称为_____。

【3】将两个关系中的元组按照一定条件组合在一起形成新关系的操作被称为_____。

【4】关系中的每一列称为一个字段，或称为关系的一个_____。

【5】二维表中的每一行称为一个记录，或称为关系的一个_____。

【6】对关系进行选择、投影或连接操作后，操作的结果仍然是一个_____。

【7】SQL 是_____的缩略词，它的中文名称是_____。

三、思考题

【1】关系数据库的标准操作语言是什么？操作泛指哪些操作？

【2】举例说明用 Excel 工作表表示两个实体的数据时，会导致哪些操作异常问题。

【3】请问数据库组织数据与 Excel 组织数据的主要区别是什么？

【4】请问满足哪些条件的二维表才会成为一个关系？

【5】在关系模型中，什么叫关系、字段、记录、关键字？

第2章
Visual FoxPro 基础

Visual FoxPro 6.0 是 Microsoft 公司于 1998 年推出的关系型数据库管理系统,它集数据库和程序设计语言于一体,是桌面数据库管理系统的经典产品。本章在介绍了 Visual FoxPro 6.0 的用户界面、操作方式、环境设置和设计工具以后,重点介绍了 Visual FoxPro 6.0 所支持的各种类型的数据及数据元素,这为后面继续学习数据库技术奠定了基础。

2.1 Visual FoxPro 的用户界面

启动 Visual FoxPro 6.0 的方法与启动任何其他的 Windows 应用程序相同,启动后出现的 Visual FoxPro 6.0 主窗口界面如图 2-1 所示。Visual FoxPro 6.0 主窗口除了包括标题栏、菜单栏、工具栏、窗口工作区、状态栏等元素外,还具有一个独特的命令窗口。

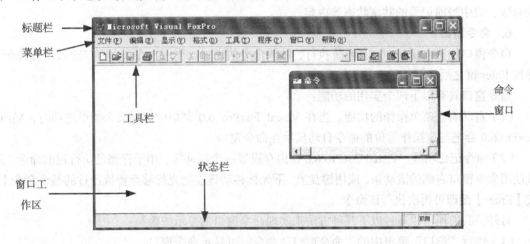

图 2-1   Visual FoxPro 6.0 的主窗口

1. 标题栏
标题栏位于主界面的第一行,包含"系统程序图标"、"主屏幕标题"、"最小化"按钮、"最大化"按钮和"关闭"按钮 5 个对象。

2. 菜单栏
菜单栏位于主界面的第二行,是程序提供的各种操作命令的集合,包含"文件"、"编辑"、"显示"、"格式"、"工具"、"程序"、"窗口"和"帮助"8 个下拉式菜单及其菜单项。大多数的操作均可通过菜单选择方式进行。

一般情况下，Visual FoxPro 6.0 只包含系统菜单项及其对应的子菜单，在程序运行过程中用到某些功能时，系统将会动态地增加或修改一些菜单项。

例如，刚启动 Visual FoxPro 6.0 时，"显示"菜单中只有"工具栏…"一个菜单项，但当打开一个数据表之后，就会有"浏览"、"表设计器"等多个菜单项。

3. 系统工具栏

工具栏位于菜单栏之下，由若干个工具按钮组成，每个按钮往往代表了最为常用的命令。有效地利用工具栏，能使程序的开发工作更加方便、快捷。默认情况只有"常用"工具栏可见。

除了常用工具栏外，Visual FoxPro 6.0 还为用户提供了 10 种工具栏：报表控件、报表设计器、表单控件、表单设计器、布局、查询设计器、打印预览、调色板、视图设计器和数据库设计器。在编辑相应的文档和窗口时，可选择所需要的工具栏。工具栏窗口如图 2-2 所示。

4. 窗口工作区

窗口工作区位于工具栏和状态栏之间，通常用于显示命令或程序的执行结果，同时也用来显示打开的各种窗口和对话框等。

图 2-2 工具栏窗口

5. 状态栏

状态栏位于主窗口的最下方，用于显示某一时刻的管理数据的工作状态。如果当前工作区中没有表文件打开，状态栏的内容为空白；如果当前工作区中有表文件打开，状态栏会显示表名、表所在的数据库名、表中当前记录的记录号、表中的记录总数、表中当前记录的共享状态等内容。

6. 命令窗口

命令窗口位于主窗口内，是系统执行、编辑命令的窗口。当用户在命令窗口键入正确的命令并按 Enter 键之后，系统就会执行该命令。

命令窗口具有以下两个实用的功能：

（1）自动响应菜单操作的功能。当在 Visual FoxPro 6.0 菜单中选择某个菜单选项时，Visual FoxPro 6.0 会把与该操作等价的命令自动显示在命令窗口。

（2）命令记忆功能。Visual FoxPro 6.0 在内存设置一个缓冲区，用于存储已执行过的命令。通过使用命令窗口右侧的滚动条，或用键盘上、下光标移动键能把光标移至曾执行过的某个命令上，按【Enter】键即可再次执行该命令。

另外，我们还可以通过以下几种方法来实现命令窗口的显示或隐藏：

（1）执行"窗口"菜单中的"命令窗口"命令，可显示命令窗口。

（2）单击"常用"工具栏中的"命令窗口"按钮，可显示或隐藏命令窗口。

（3）按 Ctrl+F2 组合键可以显示命令窗口，按 Ctrl+F4 组合键可以隐藏命令窗口。

2.2　Visual FoxPro 的操作方式

Visual FoxPro 6.0 提供了三种工作方式，即命令执行方式、菜单执行方式和程序执行方式，命令执行方式和菜单执行方式又统称为交互操作方式。

2.2.1　命令执行方式

Visual FoxPro 6.0 命令执行方式是利用"命令"窗口来实现的。在命令窗口中键入一条命令后按 Enter 键，系统立刻执行该命令，即可在屏幕上显示执行的结果。命令被正确执行后，若有显示结果则在窗口工作区中显示，如果命令执行过程中出现错误，系统会弹出一个对话框，指出错误的原因。

凡是执行过的命令都会显示在命令窗口中，它们可被用户查阅或再次被利用。通过光标移动键（↑，↓，←，→），将光标移动到某条命令行上，并按回车键，即可再次执行该命令。光标移动到某一命令上后，如果需要，用户可以编辑修改该命令。

2.2.2　菜单执行方式

菜单执行方式是指利用系统提供的菜单、工具栏、窗口、对话框等进行交互操作。用户不必熟悉命令的细节和相应的语法规则，仅通过对话来完成操作。Visual FoxPro 6.0 的大部分功能都可以通过菜单操作来实现，菜单操作方式是 Visual FoxPro 6.0 的一种重要的工作方式。

2.2.3　程序执行方式

前两种操作方式虽然给用户带来了很多方便，但却降低了执行速度。在实际工作中，常常会将一批经常要执行的命令按照所要完成的任务和系统的约定编写成程序，并将其存储为程序文件（或称命令文件），待需要时执行该程序文件，就可以自动执行其内包含的一系列命令，完成所要完成的任务。

程序执行方式的突出优点是运行效率高，而且编制好的程序可以反复执行。对于最终用户来说，采用程序执行方式可以不必了解程序中的命令和内部结构，便能方便地完成程序所规定的功能。

对于一些复杂的数据处理与管理问题，通常都是采用程序执行方式运行的。Visual FoxPro 6.0 支持结构化的程序设计方法和面向对象程序设计方法，开发人员可以结合这两种方法并根据所要解决问题的具体要求，编制出相应的应用程序。

2.3　Visual FoxPro 的环境设置

Visual FoxPro 6.0 在启动时通常使用默认值设置系统工作环境。如果默认配置不能满足用户的需要，可以重新设置系统工作环境。例如，用户可以将默认工作目录设置为自己所建的文件夹；调整日期和时间的显示格式以适应自己的习惯等。通常用户可以使用 Visual FoxPro 6.0 的"选项"对话框或 SET 命令对工作环境进行设置，这里主要介绍采用"选项"对话框设置默认目录、默认日期时间格式的方法。

2.3.1　"选项"对话框

使用"选项"命令可以临时设置或永久设置系统的工作环境。选择"工具"菜单下的"选项"命令，即可打开图 2-3 所示的"选项"对话框，其中包含了一系列的选项卡。单击不同的选项卡，可以进行相应的设置。例如，使用"显示"选项卡可以控制是否显示状态栏、时钟、命令结构或系统信息；使用"常规"选项卡可以设置在改写文件之前是否警告等；使用"文件位置"选项卡可以设置系统默认的目录位置等；使用"区域"选项卡可以设置日期时间、货币及数字格式等。在未弄清各项意义之前应该取其默认值，不要随便更改，以免系统出错。

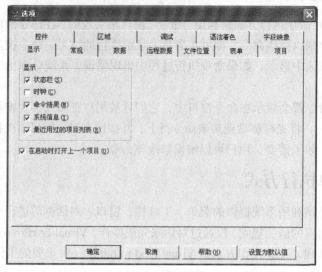

图 2-3 "选项"对话框

2.3.2 设置默认目录

Visual FoxPro 6.0 默认的工作目录位于安装该系统时用户确定的目录，如"C:\Program Files\Microsoft visual studio\VFP"，所有的系统文件都安装在此目录中，如果用户不改变的话，所有用户文件也存储在这里，这样将会对用户的文件和系统文件造成混乱，若操作错误还可能删除系统文件。为避免混乱，可以先建立一个文件夹，然后把它设定为默认目录，这样所有的数据表以及程序等文件都会自动存储在此目录下，便于管理。

具体设置步骤如下：

（1）单击"文件位置"选项卡，系统显示如图 2-4 所示。

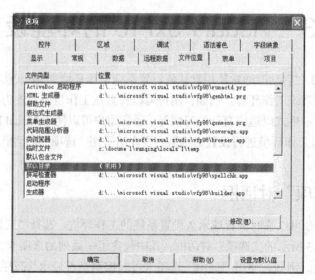

图 2-4 "文件位置"选项卡

（2）在"文件类型"列表框中选中"默认目录"，然后单击"修改"按钮，弹出"更改文件位置"对话框，如图 2-5 所示。在其中输入自己的工作目录，如"E:\sq"。

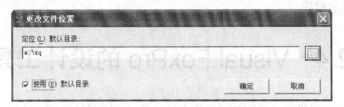

图 2-5　"更改文件位置"对话框

（3）单击"确定"按钮关闭"更改文件位置"对话框。

默认目录设置完成后，用户新建的文件将自动保存到这个默认的文件夹中，并且在打开某个文件时，默认的文件路径也将是这个文件夹。

需要说明的是：当"选项"对话框的各选项设置完成后，如果直接单击"确定"按钮关闭该对话框，则用户所作的各种设置仅在本次 Visual FoxPro 6.0 运行期间有效。若要永久保存用户所作的各种设置，应在单击"确定"按钮关闭"选项"对话框之前，单击对话框右下角的"设置为默认值"按钮。

2.3.3　设置日期和时间格式

在图 2-6 所示的"区域"选项卡中，可以设置日期和时间的显示格式。默认情况下，Visual FoxPro 6.0 中的日期格式为美语格式，即"月/日/年"。用户可以根据需要设置相应的格式。

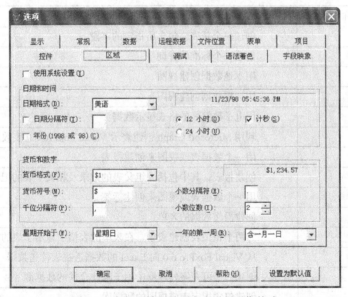

图 2-6　在"区域"选项卡中设置日期格式

在"区域"选项卡中，可以进行以下日期设置：

（1）若选中了"年份"复选框，年份就会显示为 4 位，否则只显示后 2 位。

（2）单击"日期格式"右端的下拉列表，即可出现不同的日期格式，单击列表选项即可进行相应设置。例如，选中"汉语"格式，则预览结果为"1998 年 11 月 23 日"。

（3）"日期分隔符"选项可以用来设置年、月、日之间的分隔符号。例如，若设置日期分隔符为"/"，则首先选中"日期分隔符"复选框，然后在其后的文本框中输入"/"。

（4）时间若取 12 小时制，则在时间后面加 AM 表示上午或 PM 表示下午。"计秒"复选框用来设定时间是否显示秒数。

2.4　Visual FoxPro 的设计工具

Visual FoxPro 6.0 提供了一整套的可视化设计工具，这些工具可以帮助用户轻松地完成应用程序组件的设计任务，从而加快应用程序的开发速度，大大提高工作效率。它包括向导、设计器和生成器三大类。

2.4.1　向导

向导是一种交互式的快速设计工具。Visual FoxPro 6.0 为用户提供了许多功能强大的向导（Wizards）。用户可以在向导程序的引导和帮助下，不用编程就能快速地建立良好的应用程序，完成许多数据库的操作和管理功能，向导为非专业用户提供了一种较为简便的操作使用方式。

Visual FoxPro 6.0 提供了 20 多种向导，从创建表、视图、查询等数据文件，到建立报表、标签、图表、表单等 VFP 文档，再到创建 VFP 的应用程序等操作，均可使用相应的向导工具来完成。表 2-1 列出了各种向导及其主要用途。

表 2-1　　　　　　　　　　　　　Visual FoxPro 6.0 向导一览表

向 导 名 称	主 要 功 能
表向导	创建一个新表，包含所指定的字段
查询向导	创建一个标准的查询
本地视图向导	用本地数据创建视图
远程视图向导	用远程数据创建视图
交叉表向导	用电子数据表的格式显示数据
图形向导	利用 Microsoft Graph 创建表示 Visual FoxPro 6.0 表数据的图形
报表向导	用一个数据表或视图来创建报表
一对多报表向导	创建报表，其中包括一组父表的记录及相关子表的记录
标签向导	用一个数据表或视图来创建标签
表单向导	创建操作数据的表单
一对多表单向导	为两个相关表创建表单，在表单的表格中显示子表的字段
数据透视表向导	从 Visual FoxPro 6.0 向 Excel 的数据透视表传送数据
邮件合并向导	创建一个可在字处理器中用于邮件合并的数据源
数据库向导	创建包含指定表或视图的数据库
应用程序向导	利用 Visual FoxPro 6.0 应用程序框架和基础类库创建应用程序
导入向导	将其他应用程序的数据导入到 Visual FoxPro 6.0 表中
Oracle 升迁向导	创建 Visual FoxPro 6.0 数据库的 Oracle 版本
SQL Server 升迁向导	创建 Visual FoxPro 6.0 数据库的 SQL Server 版本
Web 发布向导	在 Web 上发布 Visual FoxPro 6.0 数据
安装向导	为一个 Visual FoxPro 6.0 应用程序创建安装程序

2.4.2　设计器

设计器是创建和修改数据库对象和应用程序组件的一种可视化工具。Visual FoxPro 6.0 提供的一系列设计器（Designers），为用户提供了一个友好的图形界面操作环境，用户可以使用设计器创建、定制、编辑数据库结构、表结构、报表格式、应用程序组件等。设计器一般比向导具有更强的功能。表 2-2 列出了 Visual FoxPro 6.0 的各种设计器及其主要功能。

表 2-2　　　　　　　　　　　　Visual FoxPro 6.0 设计器一览表

设计器名称	主 要 功 能
表设计器	创建或修改一个表及表中字段、索引，并实现有效性检查等
数据库设计器	创建或修改数据库，管理库中的表、视图和表之间的关系
表单设计器	可视化地创建或修改表单或表单集
报表设计器	可视化地创建或修改用于显示或打印数据的报表
标签设计器	可视化地创建或修改标签布局和标签内容
查询设计器	创建或修改在本地表中运行的一个查询
视图设计器	创建或修改视图，即创建或修改可更新的查询
菜单设计器	创建或修改应用程序的菜单或快捷菜单
数据环境设计器	创建或修改表单或报表所使用的数据源，包括表、视图和关系等
连接设计器	为远程视图创建或修改命名的连接

2.4.3　生成器

生成器通常是一些带有选项卡的对话框，主要用来在对象和程序的构建中创建和生成某种控件，还可用来帮助用户生成一个应用程序框架。Visual FoxPro 6.0 系统提供了若干个生成器（Builders），用以简化设计过程，提高软件开发的质量和效率。大多数生成器都包含若干个选项卡，允许用户访问并设置所选择对象的相关属性。用户可将生成器生成的控件直接转换成程序编码，使用户从逐条编写程序代码、反复调试程序的手工作业中解放出来。

例如，可利用对应的生成器在表单中构造和生成文本框、组合框、命令按钮组和选项按钮组等。表 2-3 列出了 Visual FoxPro 6.0 提供的各种生成器及其主要功能。

表 2-3　　　　　　　　　　　　Visual FoxPro 6.0 生成器一览表

生成器名称	主 要 功 能
表单生成器	生成表单，方便向表单中添加字段和其他控件
编辑框生成器	生成用来编辑多行文本的编辑框
组合框生成器	生成组合框并为其设置属性
文本框生成器	生成用来输入和编辑数据的文本框
列表框生成器	生成一个可供选择的列表并为其设置属性
表格生成器	在表单或页面中生成一个数据表格并为其设置属性
命令按钮组生成器	生成一个包含多个命令按钮的控件并为其设置属性和布局等
选项按钮组生成器	生成一个包含多个单选按钮的控件并为其设置属性和布局等
自动格式生成器	对选定的同类型的控件应用设定同一组样式
参照完整性生成器	在数据库表之间创建参照完整性并设置相应的触发器
应用程序生成器	帮助创建一个完整的应用程序或应用程序框架

2.5 Visual FoxPro 的数据基础

数据是计算机加工处理的对象，也是各种程序设计语言的基础。从计算机处理数据的角度来划分，VFP 提供了四种类型的数据：常量、变量、函数和表达式。常量和变量是数据运算和处理的基本对象，函数和表达式则体现了对数据进行运算和处理的能力。

2.5.1 常量

常量（Constant）用于表示一个具体的、不变的数据。在 Visual FoxPro 6.0 中，定义了六种类型的常量：字符型、数值型、货币型、日期型、日期时间型和逻辑型。

1. 字符型常量

字符（Character）型常量简称为 C 型常量，是用半角的单引号、双引号或方括号等定界符括起来的一串字符，定界符必须配对使用。

例如：'销售量'、"customer"、[12345] 都是字符常量。

如果某一种定界符本身就是字符串的内容，就需要另一种定界符为该字符串定界。

例如：["顾客"customer]

某个字符串所含字符的个数被称为该字符串的长度。Visual FoxPro 6.0 允许 C 型数据的最大长度为 254。

此外，只有定界符而不含任何字符的字符串也是一个 C 型常量，用来表示一个长度为零的空字符串。应当注意，空字符串和包含空格的字符串是不同的。

2. 数值型常量

数值（Numeric）型常量简称 N 型常量。N 型常量可以是由阿拉伯数字、小数点和正负号构成的各种整数、小数或实数。

例如：123、−123。

N 型常量还可以用科学计数法表示，例如，1.234E-6 代表 1.234×10^{-6}，即 0.000001234。必须注意的是：在 Visual FoxPro 6.0 中，分数（包括百分数）并不是一个 N 型常量。

3. 货币型常量

货币（Currency）型常量简称 Y 型常量，是由符号"$"作为前缀的一个表示货币量的数值。货币型常量默认 4 位小数，当小数部分超过 4 位时将自动四舍五入。

例如：$−123.4000、$12.3456。

4. 逻辑型常量

逻辑（Logical）型常量简称 L 型常量，只有逻辑真与逻辑假两个值，通常用.T.或.Y.表示逻辑真值，用.F.或.N.表示逻辑假值。这里须注意的是：字母两侧的小圆点是不能缺少的，字母大小写通用。逻辑型数据固定用一个字节表示。

5. 日期型常量

日期（Date）型常量简称 D 型常量，用来表示一个不带时间的日期。例如，日期型常量可以在严格的日期格式和传统的日期格式两种环境下使用，可用命令 SET STRICTDATE TO [0/1]来切换这两种环境。

（1）严格的日期格式

在严格的日期格式下，日期格式为{^yyyy-mm-dd}或{^yyyy/mm/dd}，必须以"^"开头，年份必须使用 4 位表示。

例如：{^2012-03-25}表示 2012 年 3 月 25 日。

（2）传统的日期格式

在传统的日期格式下，日期格式为{mm-dd-yy}或{mm-dd-yyyy}，不必以"^"开头，而且年月日的顺序及年份的位数不固定。

例如：{03-25-12}或{2012-03-25}都表示 2012 年 3 月 25 日。

{}、{ }、{/}也是符合语法的日期型常量，均表示值为空的日期。

此外，Visual FoxPro 6.0 的各种日期表示格式还受到 SET DATE TO 命令和 SET CENTURY 命令的影响。

6. 日期时间型常量

日期时间（Date Time）型常量简称 T 型常量，用来表示一个具体的日期与时间。默认格式为{^yyyy-mm-dd,[hh[:mm[:ss]][a|p]]}，方括号中的内容为可选项，日期和时间之间的分隔符可以是空格或逗号，还可以用"{/:}"符号表示值为空的日期时间型常量。

例如：{^2012-03-25,11:30 a}表示 2012 年 3 月 25 日上午 11 点 30 分。

2.5.2　变量

变量是指在命令操作或程序的执行过程中可能会变化的量。它由变量名、变量类型、变量宽度和变量值四部分组成。变量实际上是一个命名的存储空间，变量的数据类型是由其所含数据的类型所决定的。在 Visual FoxPro 6.0 中，可以用字母、汉字、数字或下划线及它们的组合为变量命名。此外，变量名必须以字母或汉字开头，最多不能超过 10 个字符，并且不能含有空格。变量可分为字段变量、内存变量、数组变量、系统变量和对象变量 5 类。这里仅介绍字段变量和内存变量。

1. 字段变量（Field Variable）

数据表中的每一个字段，会由于记录的不同而取不同的值，因此表中的每一个字段都是一个字段变量，数据表中的字段名即其字段变量名，如图 2-7 所示。

顾客编号	顾客姓名	顾客性别	最近购买时间	消费积分	顾客地址	联系电话
37010001	王女士	女	12/23/11	800	济南市大明路19号	15588826856
37010002	王先生	男	11/30/11	700	济南市文化西路100号	18656325987
37020001	孙皓	男	05/01/12	900	青岛市莱阳路10号	053288966516
37020002	方先生	男	08/10/11	1000	青岛市云南路9号	053288566619
11010001	黄小姐	女	09/29/12	1200	北京市东园西甲128号	01051688889
11010001	王先生	男	10/16/11	900	北京市黄厅南路128号	01051685555
53050001	陈玲	女	06/22/12	1000	昆明市广发北路78号	08716678965

图 2-7　customer 表

customer 表中顾客编号、顾客姓名、顾客性别、最近购买时间、消费积分、顾客地址和联系电话都是字段变量。在数据表中有一个专门用来指示记录的记录指针，我们把该指针指向的记录称为当前记录。字段变量的当前值就是当前记录中该字段的值。

字段变量除有字符型、数值型、货币型、日期型、日期时间型和逻辑型之外，还有备注（M）型和通用（G）型。

备注（Memo）型数据简称 M 型数据，用于定义数据表中的备注型字段。我们知道一个字符型数据最多只允许包含 254 个字符，但实际上有时需要输入更多的文本字符，M 型字段即为此目的而设。事实上，M 型字段的长度固定为 4 个字节，仅用来存放一个指针，该指针指向一个与数据表同名而扩展名为.FPT 的表备注文件内的某一个信息块，实际的备注文本数据就存放在这个信息块中，且只受磁盘空间的限制。M 型数据可以被编辑、显示或打印，但不能进行任何形式的运算。

通用（General）型数据简称为 G 型数据，用于定义数据表中的通用型字段，用于存储各种OLE（Object Linking and Embedding）对象，例如"照片"字段等。与 M 型字段类似，G 型字段的长度同样固定为 4 个字节，也是仅用来存放一个指针，该指针同样指向一个与数据表同名的.FPT文件内的某一个信息块。

需要指出的是，一个数据表不管有几个 M 型字段或 G 型字段，其对应的表备注文件只有一个。

2. 内存变量（Memory Variable）

内存变量是在内存中开辟的存放数据的临时工作单元，它独立于数据表而存在，用来存放数据处理过程中的一些有关的中间结果和最终结果数据，并在程序中充当循环变量和其他工作变量等。内存变量的数据类型由它所保存的数据的类型决定。一般情况下，可用赋值的方法来建立内存变量，所赋之值的数据类型也就决定了该内存变量的类型。

（1）内存变量赋值

可用以下命令创建内存变量并为其赋值。

格式 1：STORE <表达式> TO <内存变量表>

格式 2：<内存变量>=<表达式>

说明

以上两条命令的功能都是将指定表达式的计算结果值赋给指定的内存变量，所不同的是前者允许把同一个表达式的值赋给以逗号分隔的多个变量，而后者只能给单个变量赋值。

【例 2-1】 给多个变量赋值。
```
STORE 2 TO a1, a2
? a1, a2
```
屏幕显示结果：
```
2        2
```
【例 2-2】 给单个变量赋值。
```
顾客姓名='孙皓'
消费积分=900
STORE 消费积分+100  TO  消费积分
最近购买时间={^2012-05-01}
?顾客姓名,消费积分,最近购买时间
```
屏幕显示结果：
```
孙皓      1000      05/01/12
```
（2）内存变量的显示

格式：LIST|DISPLAY MEMORY [LIKE <通配符>]

功能：显示当前的内存变量信息，包括变量名、作用域、类型和当前值。

说明　LIST MEMORY 命令为一次性不分屏显示所有指定的内存变量；而 DISPLAY MEMORY 命令为分屏显示所有指定的内存变量，显示满一屏后暂停，按任意键继续显示。

【例 2-3】　显示内存变量。

```
CLEAR MEMORY        &&清除所有内存变量
ncbl_bh="37020001"
ncbl_xm="孙皓"
ncbl_jf=900
ncbl_rq={^2012/05/01}
LIST MEMORY LIKE ncbl_*
```

主窗口显示的输出结果如图 2-8 所示。

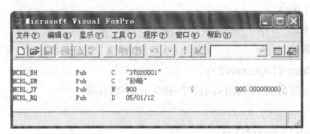

图 2-8　例 2-3 的输出结果

（3）内存变量的释放

格式 1：RELEASE <内存变量名表>

格式 2：RELEASE ALL [LIKE <通配符> | EXCEPT <通配符>]

功能：释放指定的内存变量。

说明：

① RELEASE <内存变量名表>命令是释放逐个指明的内存变量；

② RELEASE ALL 命令是释放所有的内存变量（不包括系统内存变量）；

③ RELEASE ALL LIKE <通配符>命令是释放与通配符相匹配的内存变量；

④ RELEASE ALL EXCEPT <通配符>命令是释放与通配符不相匹配的内存变量。

格式 3：CLEAR MEMORY

功能：清除当前内存中的所有内存变量。

（4）内存变量的几点说明

① 内存变量允许和字段变量同名，当某个内存变量与当前打开的数据表中的某个字段变量同名时，可在变量名前冠以 "M." 或 "M->" 以特指内存变量，否则系统默认为字段变量。

② 内存变量根据其作用域的不同，有全局变量和局部变量之分。

2.5.3　函数

Visual FoxPro 6.0 提供了 200 余种函数，每一种函数都代表了一种特定的数据操作功能。与数学中的函数类似，Visual FoxPro 6.0 的函数也有其自变量及对应的函数返回值。函数的数据类型是由其返回值（即该函数计算的结果值）的数据类型所决定的。此外，各种函数对自变量的个数、排列顺序、值域和数据类型等都有自己的规定和要求，应用时必须严格遵守。

除宏代换函数"&"之外，Visual FoxPro 6.0 函数的表示形式均是在一个特有的函数名之后紧跟一对圆括号，并且在括号内给出若干个一定类型的自变量。此外，函数允许嵌套，即允许一个或多个函数作为另一个函数的自变量。这里主要介绍 5 类常用的函数。

1. 数值型函数

（1）绝对值函数

格式：ABS(<expN>)

功能：求<expN>的绝对值。

（2）取整数函数

格式：INT(<expN>)

功能：取<expN>的整数部分。

（3）平方根函数

格式：SQRT(<expN>)

功能：求<expN>的平方根。<expN>的值须大于等于零。

（4）四舍五入函数

格式：ROUND(<expN1>,<expN2>)

功能：对<expN1>四舍五入到由<expN2>指定的小数位数。

（5）求余数函数

格式：MOD(<expN1>,<expN2>)

功能：求<expN1> 除以<expN2> 的余数。

（6）求最大值函数

格式：MAX(<expN1>,<expN2>|<expD1>,<expD2>)

功能：取两个数据中的较大者。

（7）求最小值函数

格式：MIN(<expN1>,<expN2>|<expD1>,<expD2>)

功能：取两个数据中的较小者。

注意

上面各函数，除 MAX() 和 MIN()既可以为数值型也可以为日期型外，其余函数的自变量与函数值均为数值型。

【例 2-4】 数值型函数综合应用举例。

```
X= -10
Y=3
? X+Y,ABS(X+Y)
      -7      7
? INT(X/Y)
      -3
? MOD(X,Y), MOD(-X,Y), MOD(X,-Y)
       2       1       -1
? ROUND(123.4567,3)
 123.457
? ROUND(123.4567,-1)
 120
? SQRT(6-x)
```

```
         4
? MAX(x,y)
         3
? MIN(x,x-y)
        -13
C1="男顾客"
C2="女顾客"
C3="订单"
? MAX(C1,C2,C3)
女顾客
? MIN(C1,C2,C3)
订单
```

2. 字符型函数

（1）宏代换函数

格式：&<字符型内存变量>

功能：代换字符型内存变量的内容。

（2）子串搜索函数

格式 1：AT(<expC1>,<expC2>)

格式 2：ATC(<expC1>,<expC2>)

功能：返回<expC1>在<expC2>中存在的起始位置值，不存在时则返回零值。ATC()搜索时不区分大小写，而 AT()是严格区分大小写的。

（3）求字符串长度函数

格式：LEN(<expC>)

功能：返回<expC>中包含字符的个数。

（4）取子串函数

格式：SUBSTR(<expC>,<expN1>[,<expN2>])

功能：截取<expC>中第<expN1>个字符开始的共<expN2>个字符。默认<expN2>时，则为第<expN1>个字符开始的所有字符。

（5）取左子串函数

格式：LEFT(<expC>,<expN>)

功能：截取<expC>左面的<expN>个字符。

（6）取右子串函数

格式：RIGHT(<expC>,<expN>)

功能：截取<expC>右面的<expN>个字符。

（7）删除尾部空格函数

格式：TRIM(<expC>)

功能：删除<expC>的尾部空格。

（8）删除左端空格函数

格式：LTRIM(<expC>)

功能：删除<expC>的左端空格。

（9）删除两端空格函数

格式：ALLTRIM(<expC>)

功能：删除<expC>前后端的空格。

（10）生成空格字符串函数

格式：SPACE(<expN>)

功能：产生<expN>个空格字符。

（11）小写转换为大写函数

格式：UPPER(<expC>)

功能：将<expC>中的小写字母转换成大写字母。

（12）大写转换为小写函数

格式：LOWER(<expC>)

功能：将<expC>中的大写字母转换成小写字母。

（13）字符串重复函数

格式：REPLICATE(<expC>,<expN>)

功能：将<expC>的内容重复<expN>次。

（14）子串替换函数

格式：STUFF(<expC1>,<expN1>,<expN2>,<expC2>)

功能：删除<expC1>中由第<expN1>个字符开始的共<expN2>个字符，并将<expC2>插入其中。

以上函数除 AT()和 LEN()为数值型函数外，其余均为字符型函数。

下面举例说明这些函数的功能与用法。

【例2-5】 字符型函数综合应用举例。

```
name="孙皓"
孙皓="老顾客"
? name,&name
 孙皓      老顾客
? "你好! &name .先生"      && name 后的小圆点表示宏代换的结束
你好! 孙皓先生
? AT("IS" , "This IS a boy")
      6
? ATC("IS" , "This IS a boy")
      3
顾客姓名=name+SPACE(2)
? 顾客姓名+"先生"
孙皓   先生
? TRIM(顾客姓名)+"先生"
孙皓先生
? LEN(顾客姓名)
      6
s1="你好!孙皓先生。"
? AT("孙皓",s1)
      6
```

```
? LEFT(s1,5)
你好!
? RIGHT(s1,10)
孙皓先生。
? SUBSTR(s1,6,4)
孙皓
? SUBSTR(s1,6)
皓先生。
? UPPER("This IS a boy ")
THIS IS A BOY
? REPLICATE("this",3)
Thisthisthis
? STUFF(s1,6,8,"陈玲小姐")
你好!陈玲小姐。
```

3. 日期和时间型函数

（1）系统日期函数

格式：DATE()

功能：返回当前系统日期。

（2）系统时间函数

格式：TIME()

功能：返回当前系统时间。

（3）取年份函数

格式：YEAR(<expD>)

功能：返回<expD>中的年份数（用4位整数表示）。

（4）取月份函数

格式：MONTH(<expD>)

功能：返回<expD>中的月份数。

（5）取日子函数

格式：DAY(<expD>)

功能：返回<expD>中的日期号数。

（6）取英文星期函数

格式：CDOW(<expD>)

功能：返回<expD>是星期几（用英文表示）。

（7）取英文月份函数

格式：CMONTH(<expD>)

功能：返回<expD>是哪一月（用英文表示）。

 以上各函数，DATE()的函数值为 D 型，DAY()、MONTH()、YEAR()的函数值为 N 型，其余均为 C 型。

【例 2-6】　日期时间函数应用举例。

```
? DATE()
03/25/13
? TIME()
```

```
09:50:23
? DAY(DATE())
25
? MONTH(DATE())
3
? YEAR(DATE())
2013
? CMONTH(DATE()+20)
April
```

4. 转换函数

（1）字符串转换为 ASCII 码函数

格式：ASC(<expC>)

功能：返回<expC>中首字符的 ASCII 码值。

（2）ASCII 码转换为字符串函数

格式：CHR(<expN>)

功能：返回 ASCII 码值为<expN>的对应字符或控制码。

（3）数值转换为字符串函数

格式：STR(<expN1>[,<expN2>[,<expN3>]])

功能：将 <expN1> 转换成字符串。

<expN2> 决定字符串长度，缺省时长度为 10；<expN3>决定四舍五入后保留的小数位数，默认时只取<expN1>的整数部分。

（4）字符串转换为数值函数

格式：VAL(<expC>)

功能：将数码、正负号、小数点构成的数值形式的 C 型数据转换成 N 型数据。

对于非数值形式的 C 型数据则返回零值。返回值默认保留 2 位小数。

（5）字符串转换为日期函数

格式：CTOD(<expC>)

功能：将日期形式的 C 型数据转换成 D 型数据。

（6）日期转换为字符串函数

格式：DTOC(<expD>)

功能：将 D 型数据转换成 C 型数据。

以上函数基本都是数据类型转换函数，其中 ASC()与 CHR()、STR()与 VAL()、CTOD()与 DTOC()均存在两两相对且互为反函数的特点。

【例 2-7】 转换函数应用举例。

```
? ASC("abc")
97
? CHR(65)
A
s1=1234.5678
```

```
? STR(s1,8,3)
 1234.568
? STR(s1)
     1235
? VAL("1234.5678")
 1234.57
? VAL("This")
       0.00
s2=CTOD("03/25/13")
? YEAR(s2)
 2013
? DTOC(DATE())+"开业"
03/25/13 开业
```

5. 测试函数

（1）数据类型测试函数

格式：TYPE('<expr>')

功能：返回表达式<expr>的数据类型。

'<expr>' 两端的引号是必须保留的，当<expr>为非法表达式时，返回 "U"。

（2）表首测试函数

格式：BOF()

功能：测试当前记录指针是否指向数据表首记录前的开始标志。

（3）表尾测试函数

格式：EOF()

功能：测试当前记录指针是否指向数据表末记录后的结束标志。

（4）当前记录号测试函数

格式：RECNO()

功能：返回当前记录的记录号。

（5）记录删除测试函数

格式：DELETED()

功能：测试当前记录是否有删除标志。

（6）查询测试函数

格式：FOUND()

功能：测试当前查询是否成功。

（7）字段个数测试函数

格式：FCOUNT()

功能：返回当前数据表的字段个数。

（8）记录个数测试函数

格式：RECCOUNT()

功能：返回当前数据表的记录个数。

（9）条件测试函数

格式：IIF(<expL>,<expr1>,<expr2>)

功能：<expL>为真时取<expr1>之值，否则取<expr2>之值。<expr1>与<expr2>的数据类型可以不同。

以上 RECNO()、FCOUNT()和 RECCOUNT() 3 个函数为数值型函数，IIF()函数的类型不定，其余均为逻辑型函数。

【例 2-8】 测试函数应用举例。

```
USE  customer              && 打开 customer 数据表，见图 2-7
? TYPE('顾客姓名')
C
? TYPE('最近购买时间')
D
? TYPE('消费积分')
N
? RECNO()                  && 数据表刚打开时指针指向第一条记录
1
? BOF()                    && 第一条记录并不是表文件的开始标志
.F.
SKIP -1                    && 记录指针向上移动一步指向表文件的开始标志
? BOF()
.T.
GO BOTTOM                  && 记录指针指向最后一条记录
? EOF()                    && 最后一条记录并不是表文件的结束标志
.F.
SKIP                       && 记录指针向下移动一步指向表文件的结束标志
? EOF()
.T.
? RECCOUNT()               && 说明当前数据表共有 7 条记录
7
```

2.5.4 表达式

表达式（Expression）是指将常量、变量、函数等数据元素用运算符按一定规则连接起来的一个有意义的式子。表达式经过运算，将得到一个具体的结果值，称为表达式的值。表达式的类型取决于表达式值的类型，可分为数值表达式、字符表达式、日期表达式和逻辑表达式等。

1. 数值表达式

数值表达式（Numeric Expression，expN）是由算术运算符将各类数值型数据元素连接而成，其运算结果为一个数值型数据。Visual FoxPro 6.0 的各种算术运算符，按其运算的优先级别由高到低排列如表 2-4 所示。

表 2-4   算术运算符

运 算 符	作 用	例 子
( )	括号内的运算最优先	3+5*(2+9)结果为 58
^ 或**	乘方运算	4^2 或 4**2
* 、 / 、 %	分别为乘、除、求余运算	1/2*3 结果为 1.5
+ 、 -	分别为加、减运算	2-4+5 结果为 3

求余运算和 MOD()函数作用相同，其结果的正负号与除数一致。

【例 2-9】 求下列表达式的值。

```
? 15%4, 15%-4, -15%4, -15%-4
结果为: 3  -1  1  -3
```

2. 字符表达式

字符表达式（Character Expression，expC）是由字符运算符将各类 C 型数据元素连接而成，其运算结果为一个字符串。字符运算符及其含义如表 2-5 所示。

表 2-5　　　　　　　　　　　　　　　　字符运算符

运 算 符	作 用	例 子
+	两字符串相连	"Visual　"+"FoxPro " 结果为："Visual　FoxPro "
−	两字符串相连，并将前串的尾部空格移至结果字符串尾部	"Visual　"+"FoxPro " 结果为："VisualFoxPro　"

字符串运算符的优先级相同。

3. 日期表达式

日期表达式（Date Expression，expD）的运算结果为某个具体日期。日期表达式的运算符有"+"和"−"，但与字符运算符不同。日期运算符及其含义如表 2-6 所示。

表 2-6　　　　　　　　　　　　　　　　字符运算符

运 算 符	作 用	例 子
+	加法运算	{^2013-03-15}+10 结果为：{^2013-03-25}
−	减法运算	{^2013-03-15}-10 结果为：{^2013-03-05}

注意：

① 一个日期型数据加上或减去一个 N 型数据时，N 型数据被作为天数，得到的是这个日期加上或减去 N 天后的日期。

② 两个日期数据可以相减，结果是这两个日期相差的天数。这说明两个 D 型表达式相减的结果是一个 N 型数据。

③ 两个日期型数据相加是无意义的。

4. 逻辑表达式

逻辑表达式（Logical Expression，expL）的运算结果为逻辑真值或逻辑假值，逻辑表达式常在各种命令中充当"条件"。下面介绍的关系运算式和逻辑运算式的运算结果都将产生一个非"真"即"假"的逻辑值，故这些运算式都属于逻辑表达式。

（1）关系运算式

关系运算式是用关系运算符把两个相同类型的数据元素连接起来的式子。关系运算符及其含义如表 2-7 所示。

表 2-7 关系运算符

运 算 符	作 用	例 子
<	小于	33<44 结果为.T.
>	大于	"A">"a"结果为.F.
=	等于	11=12 结果为.F.
>=	大于等于	"孙">="刘"结果为.T.
<=	小于等于	{^2013-03-25}<={^2013-03-15} 结果为.F.
<>、!=、#	都代表不等于	4 # - 6 结果为.T.
==	字符串精确匹配，即两个字符串是否精确相等	"This is　"=="This is" 结果为.F.
$	字符串包含比较，左侧字符串是否被包含在右侧字符串中	"营销"$"市场营销" 结果为.T.

注意：

① 关系运算通常只能在两个 N 型数据、两个 C 型数据或两个 D 型数据之间进行；而运算符"=="和运算符"$"仅能用于 C 型数据之间的比较。

② 比较 D 型数据时，日期在前者为小，日期在后者为大。

③ C 型数据是通过自左向右逐个比较其字符的排列顺序来决定数据大小的，排列在前者为小，排列在后者为大。Visual FoxPro 6.0 规定了"Machine"、"PinYin"、"Stroke"3 种字符排列顺序。

④ 当排列顺序设定为"PinYin"时，西文字母按其字母序排列，但小写字母在前大写字母在后。汉字则按其对应拼音字母的顺序排列。Visual FoxPro 6.0 默认的字符排列顺序为"PinYin"。若要更改为其他排列顺序，可选择"工具"—"选项"命令中的"数据"选项卡，如图 2-9 所示。

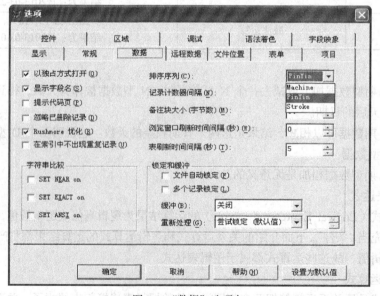

图 2-9 "数据"选项卡

⑤ 当用运算符"= ="对两个字符串进行精确比较时，只有当两个字符串包含的所有字符的顺序完全相同时，表达式结果才为逻辑真值。

⑥ 当用运算符"="对两个字符串进行一般比较时，其结果受命令"SET EXACT ON/OFF"影响。当处于 OFF 状态时，比较时以"="右边的字符串为准，只要右侧的字符串与左边字符串的前面内容相匹配，即认为相等。当处于 ON 状态时，将会在较短字符串的尾部添加空格，使得两个字符串长度相等后再进行比较。

【例 2-10】 SET EXACT 命令对字符串使用"="的影响。

```
SET EXACT OFF
X="FoxPro"
Y="FoxPro "
Z="FoxPro教材"
? X=Y, Y=X, X=Z, Z=X, Y=Z, Z=Y     &&结果为.F. .T. .F. .T. .F. .F.
SET EXACT ON
? X=Y, Y=X, X=Z, Z=X, Y=Z, Z=Y     &&结果为.T. .T. .F. .F. .F. .F.
```

（2）逻辑运算式

逻辑运算式是用逻辑运算符将 L 型数据元素连接起来的式子，逻辑运算只能在 L 型数据间进行，其运算结果依然是 L 型数据。逻辑运算符及其含义如表 2-8 所示。

表 2-8　　　　　　　　　　　　　　逻辑运算符

运 算 符	作 用	例 子
NOT 或！	逻辑非	NOT(3<6)结果为.F.
AND	逻辑与	(3>6)AND(4*5=20)结果为.F.
OR	逻辑或	(3>6)OR(4*5=20)结果为.T.

逻辑运算规则如表 2-9 所示，其中的 A 与 B 分别代表两个逻辑型数据。

表 2-9　　　　　　　　　　　　　　逻辑运算规则表

A	B	.NOT.A	A.AND.B	A.OR.B
.T.	.T.	.F.	.T.	.T.
.T.	.F.	.F.	.F.	.T.
.F.	.T.	.T.	.F.	.T.
.F.	.F.	.T.	.F.	.F.

注意：

① 逻辑运算只能在逻辑型数据间进行。逻辑与（AND）和逻辑或（OR）都是双目运算，即要求其左侧与右侧必须都是逻辑型数据；逻辑非（NOT）是单目运算，要求其右侧必须是逻辑型数据。

② 逻辑运算符的前后应各加一个小圆点或空格与其他数据分开。

③ 当不同的运算符出现在同一表达式中时，它们的优先级次序为括号优先（最内层的括号最优先），其次是数值运算或字符运算，然后为关系运算，最后才是逻辑运算。对于相同优先级的运算，则从左到右按顺序进行。

5. 表达式书写规则

表达式是 Visual FoxPro 6.0 命令和程序语句中的一个重要组成部分，正确书写表达式是学好 Visual FoxPro 6.0 程序设计语言的一项基本内容。书写表达式时，需要遵循下面的规则。

（1）每个字符应占同样大小的一个字符位，所有字符都应写在同一水平线上。

（2）数值表达式中有相乘关系的地方，一律采用"*"号表示，不能省略。

（3）在需要括号的地方，一律采用圆括号"()"，且左右括号必须配对。

（4）不得使用罗马字符、希腊字符等非英文字符。

（5）变量名与函数名中的字母可以大写也可以小写，其效果是相同的。

（6）逻辑运算符 NOT、AND、OR 的前后应加圆点（小数点）或空格与其他内容分开。

（7）表达式中的各数据应具有同一数据类型。类型不匹配时，将出现错误警告，如图 2-10 所示。

图 2-10　数据类型不匹配错误警告

6. 表达式的输出

在前面的例题中已多次用到了以"?"开头的输出命令，此外 Visual FoxPro 6.0 还有一条以"??"开头的输出命令。这两条命令均可用来完成表达式的计算并将其结果在屏幕上输出，其命令格式及相应功能如下。

格式 1：? [<表达式表>]

功能：计算<表达式表>中各表达式的值，并在屏幕的下一行开始输出其计算结果。

格式 2：?? [<表达式表>]

功能：计算<表达式表>中各表达式的值，并从屏幕的当前行当前列开始输出其计算结果。

　　　　以上两条命令中的<表达式表>都可以是一个或多个相同类型或不同类型的表达式，若为多个表达式时，各表达式间需要用逗号分隔。此外，对于"?"命令，若默认<表达式表>，则将输出一个空行。

【例 2-11】　表达式输出命令举例。

```
name= "孙皓"
? " 姓名：",name
? name+"先生"
?? name+"先生"
```

结果为：

姓名：孙皓

孙皓先生孙皓先生

2.5.5　数组

与许多高级语言一样，Visual FoxPro 6.0 允许使用数组。数组是一组有序数据的集合，用一个数组名标识这一组数据，而用下标来表示数组中元素的序号，下标的个数决定了数组的维数。

Visual FoxPro 6.0 的数组具有以下特点。

（1）在 Visual FoxPro 6.0 中只允许定义一维数组和二维数组。

（2）数组的命名规则与变量的命名规则相同。

（3）每个数组最多可有 3600 个元素。

（4）同一数组内各元素的数据类型可以不同。

（5）数组元素的下标从 1 开始，且下标必须用括号括起来，不能把 B(3)写成 B3。

1. 数组的定义

格式：DIMENSION|DECLARE<数组名>(<expN1>[,<expN2>])

　　　　[,<数组名>(<expN1>[,<expN2>])],...]

功能：用本命令可建立一个或多个一维或二维数组。

说明：

（1）可以选择 DIMENSION 和 DECLARE 的其中一个来定义，二者等价。

（2）在 Visual FoxPro 6.0 中，同一数组可以存放不同类型的数据，因此，数组定义时不必指定数组的类型。

（3）<expN1>用来指定数组第一维的最大下标，<expN2>则用来指定数组第二维的最大下标。默认<expN2>时定义的是一维数组，否则为二维数组。

（4）用本命令定义的数组，其各元素的初值均默认为逻辑假值.F.。

2. 数组的表示方法

（1）一维数组的表示方法

一维数组元素按其下标排列。

例如数组 a(4)，其中的元素是：a(1)、a(2)、a(3)、a(4)

（2）二维数组的表示方法

① 下标法：用行号和列号标识各元素。例如数组 a(3,3)，则 a(3,2)表示数组 a 中第 3 行第 2 列的元素。

② 序号法：同一维数组一样，二维数组也可以按其下标大小排列。

【例 2-12】　二维数组 a(3,3)各元素的两种表示方法。

a(1,1)	a(1,2)	a(1,3)
a(2,1)	a(2,2)	a(2,3)
a(3,1)	a(3,2)	a(3,3)

a(1)	a(2)	a(3)
a(4)	a(5)	a(6)
a(7)	a(8)	a(9)

　　　　（a）下标法　　　　　　　　　　（b）序号法

3. 数组的使用

数组建立后，其中的每一个元素只是一个带下标的内存变量而已，因此其性质及使用方法与普通内存变量是类似的。在使用数组与数组元素时，应注意以下几点。

（1）在可以使用内存变量的地方，均可使用数组元素。

（2）可用各种对内存变量赋值的命令对数组元素赋值。若用赋值命令对数组名赋值时，则表示对该数组的所有元素赋予这同一个值。

（3）可用 LIST/DISPLAY MEMORY、RELEASE、CLEAR MEMORY 等命令查看、释放、清除已建立的数组变量。

（4）可用 SAVE 命令将数组存入指定的内存变量文件（.MEM），或用 RESTORE 命令将其恢复到内存中来。

（5）在同一运行环境中，应注意数组名与一般的内存变量名不要重名。

【例 2-13】 在命令窗口依次执行下列命令，并分析其显示结果。

```
CLEAR MEMORY
DIMENSION customer(2,3)
customer (1,1)="37020001"
customer (2)="孙皓"
STORE "男" TO customer (1,3)
customer (5)=900
LIST MEMORY LIKE customer *
```

在主窗口的显示结果如图 2-11 所示。

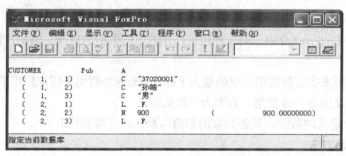

图 2-11 例 2-13 的显示结果

【例 2-14】 用 STORE 命令对整个数组的所有元素赋予字符"订单"。

```
CLEAR MEMORY
DIMENSION array(2,2)
STORE "订单" TO array
LIST MEMORY LIKE array*
```

在主窗口的显示结果如图 2-12 所示。

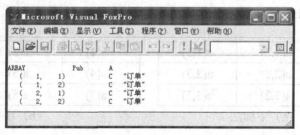

图 2-12 例 2-14 的显示结果

2.5.6 命令格式

Visual FoxPro 6.0 向用户提供了近 500 条命令，虽然大多数命令的功能可以通过菜单选择和对话框操作来实现，但是掌握命令的格式并直接在命令窗口键入命令来执行操作，对提高操作速度与灵活性，及对今后的程序设计等都极有帮助。所以正确地理解各种命令的构成，进而掌握命令的书写格式与使用方法是十分必要的。

1. 命令结构

一般来说，Visual FoxPro 6.0 的命令总是由一个被称为命令字的动词开头，随后是短语（称为命令子句），用来说明命令的操作对象、操作结果与操作条件。

这些命令具有如下类似的命令结构：

`<命令动词> [<范围>] [FOR <条件>][WHILE <条件>] [FIELDS <字段表>]`

对上述命令的详细说明如下。

（1）命令的语法约定

< >	意味着此尖括号中的内容在命令中必须给出；
[ ]	意味着此方括号中的内容可以根据实际情况，写或者不写；
……	意味着命令中剩余的其他部分以与前面命令格式类似的方式延续下去；
a | b	意味着命令中只能写该竖线符号左侧或右侧的内容。

（2）命令字

命令字通常是某种操作所对应的英文单词，表示要执行此种操作。例如，BROWSE 为浏览命令、LOCATE 为定位查找命令、INDEX 为索引命令等。

（3）范围短语

范围短语用来限定该命令处理的数据表记录范围，允许有以下四种选择：

ALL	对当前数据表中的所有记录。
NEXT <expN>	对自当前记录开始的<expN>条记录。
RECORD <expN>	仅对第<expN>条记录。
REST	对自当前记录开始的所有记录。

多数数据表操作命令在缺省范围短语时，如无特别说明则默认范围为 ALL，但也有一些命令除外。例如 DISPLAY 命令，若无范围短语和条件短语，默认显示当前记录。

（4）条件短语

条件短语用来限制仅对符合指定条件的表记录进行操作。所有合法的逻辑表达式都可以充当这里的<条件>。FOR <条件> 与 WHILE <条件> 的区别在于：前者表示对指定范围内的所有符合条件的记录进行处理；后者则由当前记录开始按顺序将记录与条件进行比较，一旦遇到不符合条件的记录就结束本命令的执行，记录指针将定位在第一条不满足条件的记录上，而不再理会后续记录是否符合条件。

Visual FoxPro 6.0 允许 FOR <条件> 短语与 WHILE <条件> 短语同时出现在一个命令中，在处理上 WHILE <条件> 比 FOR <条件> 优先。

（5）FIELDS 短语

FIELDS 短语用来限制仅对指定的若干个字段进行操作。默认时为对当前数据表中的所有字段进行操作，但不包括备注型字段和通用型字段。<字段表> 中的各字段之间应有逗号分开，"FIELDS" 这几个字在许多情况下可以省去不写。

综上所述可以看出，命令中的范围短语和条件短语是筛选所要操作的表中记录；FIELDS 短语则是筛选所要操作的表中字段。它们的各种组合将大大地扩充各种数据表处理命令的操作功能和灵活性。各种命令在结构上除了它们的共性外，还有其个性，在使用时仍应仔细区别对待。

2. 命令书写规则

书写或在键入 Visual FoxPro 6.0 命令时需要遵循以下规则。

（1）各种命令均应以命令动词开头，命令子句通常无先后顺序，但必须用空格分隔。

（2）命令动词和各种短语中的英文单词均可用其前四个字母表示，且不区分大小写。

（3）文件名、字段名和变量名应避免使用保留字，以免产生错误。

（4）命令中的所有符号除汉字之外，均应在英文半角状态下输入。

（5）一个命令的最大长度为 8192 个字符，一行写不下时可在行尾加分号作续行符，然后换行继续键入命令后面的部分。

2.5.7 文件类型

Visual FoxPro 6.0 的各种数据和程序都是以文件形式存储在磁盘上的。不同类型的文件通常是由不同的文件扩展名来加以保存和区分的，Visual FoxPro 6.0 各种文件的类型及其扩展名如表 2-10 所示。

表 2-10 Visual FoxPro 6.0 的文件类型

文 件 类 型	扩展名	文 件 说 明
项目文件	.PJX	对应用项目中的各类文件进行组织与管理
项目备注文件	.PJT	存储项目文件的相关信息
表文件	.DBF	存储表结构及记录数据
表备注文件	.FPT	存储表文件中备注字段与通用字段的内容
数据库文件	.DBC	存储数据库中的表及表之间的关系等
数据库备注文件	.DCT	存储数据库文件的相关信息
数据库索引文件	.DCX	存储数据库索引的相关信息
单索引文件	.IDX	只有单个索引标识的索引文件
复合索引文件	.CDX	有若干个索引标识的索引文件
生成的查询程序	.QPR	由查询设计器生成的查询程序
编译后的查询程序	.QPX	对.QPR 文件编译后产生的文件
程序文件	.PRG	用 Visual FoxPro 6.0 语言编写的程序
编译后的程序文件	.FXP	对.PRG 文件编译后产生的文件
表单文件	.SCX	存储设计完成的表单信息
表单备注文件	.SCT	存储与表单文件有关的信息
报表文件	.FRX	存储设计完成的报表信息
报表备注文件	.FRT	存储与报表文件有关的信息
标签文件	.LBX	存储设计完成的标签信息
标签备注文件	.LBT	存储与标签文件有关的信息
菜单文件	.MNX	存储设计完成的菜单信息
菜单备注文件	.MNT	存储与菜单文件有关的信息
生成的菜单程序文件	.MPR	由菜单格式文件生成的程序文件
编译后的菜单程序文件	.MPX	对.MPR 文件编译后产生的文件
内存变量文件	.MEM	存储由 SAVE TO 命令保存的内存变量信息
文本文件	.TXT	用于与其他应用程序进行数据交换
生成的应用程序文件	.APP	可在 Visual FoxPro 6.0 环境运行的编译后的程序
可执行程序文件	.EXE	可直接在操作系统环境运行的编译后的程序
可视类库文件	.VCX	存储若干个类的定义
可视类库备注文件	.VCT	存储.VCX 文件的相关信息
ActiveX 控件文件	.OCX	包含合并 Visual FoxPro6.0 后可以使用的外部控件
Windows 动态链接库	.DLL	包含专为 Visual FoxPro6.0 内部调用而建立的函数

习　　题

一、单选题

【1】以下关于[命令窗口]的叙述中，_____是正确的。

    A.　显示程序运行结果　　　　　　　　B.　调试程序

    C.　跟踪程序执行过程　　　　　　　　D.　执行命令

【2】以下关于工具栏的叙述中，_____是正确的。

    A.　工具栏只能位于窗口的固定位置，不能随意拖动

    B.　工具栏只能随当前的操作自动打开或关闭，不能由用户打开或关闭

    C.　可以创建自己的工具栏

    D.　不能修改系统提供的工具栏

【3】在[选项]对话框的[文件位置]选项卡中可以设置_____。

    A.　字符串的比较　　　　　　　　　　B.　表单的显示位置

    C.　文件的默认位置　　　　　　　　　D.　日期和时间

【4】下列正确的字符型常量是_____。

    A.　[1' 2' 3" 4,5']　　　　　　　　　　B.　" 1" 2"

    C.　" 12" ab　　　　　　　　　　　　　D.　'1' 2'

【5】在 Visual FoxPro 6.0 中，变量有_____两大类型。

    A.　内存变量和数组变量　　　　　　　B.　字段名变量和内存变量

    C.　字段名变量和简单变量　　　　　　D.　字段名变量和数组变量

【6】在下列变量中，不符合变量命名规则的是_____。

    A.　x_123　　　　　　　　　　　　　　B.　姓名

    C.　1x　　　　　　　　　　　　　　　　D.　name-1

【7】函数 MOD(5,3)、MOD(-5,-3)、MOD(-5,3)和 MOD(5,-3)的正确结果_____。

    A.　2、2、1、−1　　　　　　　　　　　B.　2、−2、−1、−1

    C.　2、−2、−1、1　　　　　　　　　　　D.　2、−2、1、−1

【8】函数 LEN(ALLTRIM(" VFP 二级考试 "))的正确结果（字符前后各有 2 个空格）_____。

    A.　7　　　　　　　　　　　　　　　　B.　11

    C.　13　　　　　　　　　　　　　　　　D.　15

【9】在下列函数中，值为逻辑型的是_____。

    A.　AT("订单", "产品订单")　　　　　　B.　BOF()

    C.　DTOC(DATE())　　　　　　　　　　D.　RECNO()

【10】如果当前记录指针指在表文件开始处，RECNO()函数的返回值是_____。

    A.　0　　　　　　　　　　　　　　　　B.　与第一条记录号相同

    C.　与第一条记录前面的记录号相同　　D.　1

二、填空题

【1】在 Visual FoxPro 6.0 中，如果一个表达式包含数值运算、逻辑运算和关系运算时，运算的优先次序是_____。

【2】执行以下命令：

```
STORE  123.456  TO AX
STORE  STR(AX+AX,5)  TO BX
STORE  ASC(BX)  TO CX
```

执行后，AX 的类型是_____，CX 的类型是_____，BX 的类型是_____。

【3】设 Visual FoxPro 6.0 的当前状态已设置为 SET EXACT OFF，则以下命令的显示结果是_____。

```
? "你好吗?"=[你好]
```

【4】表达式 YEAR（DATE()）的值是_____。

【5】写出下面命令的结果_____。

```
S1='AB'
S2='CD'
? .NOT.(S1=S2)
```

【6】对于赋值命令 length=99-RECNO()，变量是_____，常量是_____。

【7】表达式 date()-{^2012-1-21}的结果是_____类型的数据。

【8】顺序执行下列命令之后，主窗口显示的结果是_____。

```
STORE "顾客" TO customer
STORE "女顾客" TO females
? customer .AND. females
```

【9】执行如下命令，最后输出结果是_____。

```
X=STR(33,2,0)
Y=LEFT(x,1)
Z="&X-&Y"
? &Z
```

【10】请对以下命令填空，使最后的输出结果为"庆祝某公司 2013 年上市成功"。

```
s1="2013年庆祝某公司成功上市"
s2=_____(s1,7,10)+ _____(s1,6) +_____(s1,4)+subs(s1,17,4)
? s2
```

三、思考题

【1】简述 Visual FoxPro6.0 与 DBMS 的关系？

【2】说明使用"工具"菜单配置 Visual FoxPro 6.0 默认目录的方法？

【3】举例说明 Visual FoxPro 6.0 中主要的常量数据类型有哪些？

【4】请说明常量、变量、函数以及表达式的关系？

【5】请用实验说明 Visual FoxPro 6.0 的命令操作方式和菜单操作方式的一致性。

第3章
数据表的创建与维护

Visual FoxPro 的数据表分为自由表和数据库表两种，这两种表的创建和维护是类似的，都可以通过菜单操作和命令操作两种方式来完成。本章以自由表为例，介绍数据表的创建和维护。数据表的创建包括结构的建立和记录的插入。数据表创建后，就进入维护阶段，最主要的维护性操作包括：对数据表中的数据进行更新，这主要涉及数据表记录的显示、插入、修改和删除等操作，而这些操作都需要进行记录的定位；对数据表的结构进行修改和完善，这主要涉及数据表结构的查看和修改；对数据表的数据进行有序化，这涉及物理排序和逻辑排序；对于生命期中的数据进行备份，以保证数据的安全性，对生命期以外的数据进行删除，以节约存储空间，降低管理成本；对数据表中的数据进行导入和导出，实现 Visual FoxPro 和其他系统之间的数据转换和共享。

3.1 数据表的建立

Visual FoxPro 的数据表分为自由表和数据库表两种。单独存在的、不属于任何数据库的数据表称为自由表；从属于某个数据库，并且通常还与该数据库中的其他数据有一定联系的数据表称为数据库表。自由表与数据库表的基本操作是类似的，本章以自由表为例，介绍数据表的创建和维护，关于数据库表的相关内容，请参见第 4 章。

表结构和记录数据两部分组成了 Visual FoxPro 的数据表。要创建一个数据表，首先需要设计和建立一个表结构，然后再输入具体的记录数据。例如，图 3-1 所示的 customer 表的创建分为两步：首先要建立这个表的结构，也就是定义表中的顾客编号、顾客姓名、顾客性别、最近购买时、消费积分、顾客地址、联系电话这七个字段的名字、类型、宽度和小数位数等属性；然后再按照已经定义的表结构，在表中插入（37010001，王女士，女，……）等七个记录的数据。下面就以 customer 表为例，详细介绍创建表的基本方法及有关操作。

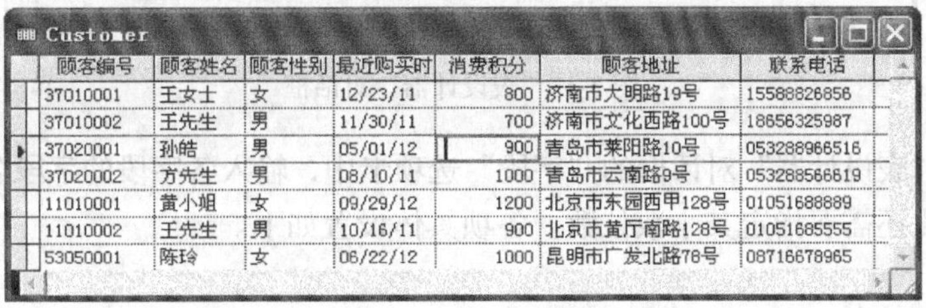

顾客编号	顾客姓名	顾客性别	最近购买时	消费积分	顾客地址	联系电话
37010001	王女士	女	12/23/11	800	济南市大明路19号	15588826856
37010002	王先生	男	11/30/11	700	济南市文化西路100号	18656325987
37020001	孙皓	男	05/01/12	900	青岛市莱阳路10号	053288966516
37020002	方先生	男	08/10/11	1000	青岛市云南路9号	053288568619
11010001	黄小姐	女	09/29/12	1200	北京市东园西甲128号	01051688889
11010002	王先生	男	10/16/11	900	北京市黄厅南路128号	01051685555
53050001	陈玲	女	06/22/12	1000	昆明市广发北路78号	08716678965

图 3-1 customer 表

3.1.1 表结构的建立

表结构的建立可以通过"表设计器"以及"表向导"等工具来完成，也可以通过 SQL 命令来完成。本章讲解用"表设计器"建立表结构的方法，第 5 章讲解相关的 SQL 命令。

使用表设计器建立表结构，首先要打开表设计器这个工具。表设计器的打开，用户可以通过菜单方式，也可以使用 Visual FoxPro 的 CREATE 命令。

1. 菜单方式

步骤一：执行"文件"菜单下的"新建"命令，在弹出的"新建"对话框（见图 3-2）中选中"表"后，再单击"新建文件"按钮，出现如图 3-3 所示的"创建"对话框。

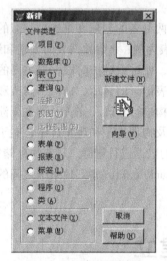

图 3-2 "新建"对话框

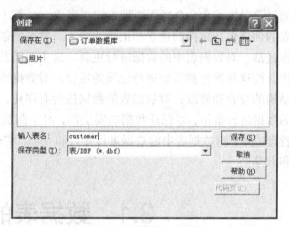

图 3-3 "创建"对话框

步骤二：在"创建"对话框中设定保存的文件夹、输入表名 customer、保存类型等，单击"保存"按钮，弹出如图 3-4 所示的"表设计器"对话框。

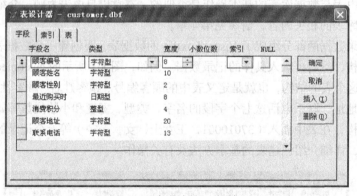

图 3-4 "表设计器"对话框

步骤三：在"表设计器"对话框的"字段"选项卡中，输入各字段的字段名、类型和宽度，对于数值型的字段还需要指定其小数位数。各项具体设置如下。

（1）字段名

字段名即字段变量名，表中每一列都应有一个唯一的字段名。为字段命名时应注意以下几点。

- 字段名可以由英文字母、汉字、数字和下划线等组成，不能包含空格。
- 字段名必须以字母或汉字开头。
- 自由表的字段名最多为 10 个字符，数据库表的字段名最多为 128 个字符。

（2）字段类型

字段类型决定了存储在该字段中的数据类型。Visual FoxPro 的字段类型除了上一章所介绍的字符型、数值型、货币型、日期型、日期时间型、逻辑型，以及数据表特有的备注型与通用型之外，还有以下几种。

- 整型（Integer）：即整数型数据，是不含小数部分的数值型数据，以二进制形式存储，占用 4 个字节。
- 浮点型（Float）：也是数值型数据的一种，由尾数、阶码等组成，在存储形式上采取浮动小数点格式，具有较高的精度。
- 双精度型（Double）：占用 8 个字节的存储空间，是具有更高精度的数值型数据。
- 字符型（二进制）：用于存储当代码页更改时字符内容不变的字符数据。所谓代码页是供计算机正确解释并显示数据的字符集，通常不同的代码页对应不同的语言或应用平台。
- 备注型（二进制）：用于存储当代码页更改时内容不变的备注数据。

（3）字段宽度

字段宽度也称为字段长度，字段宽度应能容纳所要存储在该字段中的数据，在设定时应注意以下几点。

- 字符型字段的宽度不能超过 254 个字符，超过时应作为备注型字段存储。
- 数值型与浮点型字段的宽度为其整数位数与小数位数的和再加 1（小数点占 1 位），且不得超过 20，有效位数为 16 位。
- 对于数值型与浮点型字段还需要指定小数位数，小数位数不能超过 9 位。
- 逻辑型字段的宽度固定为 1 个字节。
- 日期型、日期时间型、货币型、双精度型字段的宽度固定为 8 个字节。
- 备注型、通用型、整数型等字段的宽度固定为 4 个字节。
- 整个记录的宽度将是所有字段的宽度总和再加上 1。

（4）NULL 值

在设计表结构时，可指定某个字段是否接受 NULL 值。NULL 值也称为空值，空值与数值零、空格及不含任何字符的空字符串等具有不同的含义，表示还没有确定的值。例如，对于一个表示价格的字段，空值可表示暂未定价，而数值零则可能表示免费。

一个字段是否允许为空值与实际应用有关，例如，作为关键字的字段是不允许为空值的，而那些暂时还无法确切知道具体数据的字段则往往可设定为允许空值。

步骤四：各字段的属性设定后，单击"确定"按钮即可完成表结构的创建。此时将弹出对话框，询问"现在输入数据记录吗？"，回答"是"即出现记录输入界面，便可输入记录内容；回答"否"则结束表结构的建立，等以后再输入具体的记录数据。

表结构建立后，如果其中未包含备注型字段或通用型字段，则仅创建一个扩展名为.dbf 的表文件；如果包含一个或多个备注型字段或通用型字段，则还将自动创建一个与数据表同名但扩展名为.fpt 的表备注文件。

2. **命令方式**

格式：CREATE [<表文件名> / ?]

功能：新建一个 Visual FoxPro 数据表。

说明：

● 如果在命令窗口执行"CREATE <表文件名>"命令，将直接进入如图 3-4 所示的"表设计器"窗口，即可创建表的结构。

● <表文件名>中可以包括盘符和路径名，此时将按指定的磁盘和文件路径保存数据表文件。

● 如果只在命令窗口执行"CREATE"命令或"CREATE？"命令，则将弹出如图 3-3 所示的"创建"对话框，指定保存位置并输入表名后单击"保存"按钮，即可在弹出的如图 3-4 所示的"表设计器"窗口中设计该表的结构。

【例 3-1】 若要新建一个学生信息表 customer.dbf，可执行如下命令：

```
CREATE customer
```

3.1.2 表记录的输入

在"表设计器"中完成表结构的设计后单击"确定"按钮，将弹出"现在输入数据记录吗？"对话框，若回答"是"，即可出现如图 3-5 所示的记录输入界面窗口。

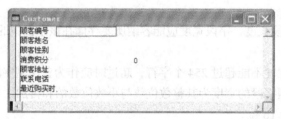

图 3-5 记录输入窗口

1. 一般字段的输入

在记录输入窗口中可按记录顺序逐个输入各数据项，用户只需在某条记录的各个字段名对应的位置上单击鼠标，然后输入对应的具体数据即可。一条记录输入完成后，即可输入下一条记录的内容。输入时应注意，输入数据的类型、宽度、取值范围等必须与该字段已设定的字段属性一致。

输入日期数据时，需要按照当前默认的日期格式来进行，如果要改变日期格式，则要选择"工具"菜单的"选项"命令中的"区域"选项卡来设置。

2. 备注字段的输入

在记录输入窗口中，双击备注型字段的 memo 字样，或当光标停留在 memo 字样上时，按 Ctrl+PgDn 组合键均可打开备注型字段编辑窗口，即可输入或修改具体的备注内容。输入的文本可以复制、粘贴，并可以设置字体与字号。输入或编辑完成后可单击关闭按钮，或按 Ctrl+W 组合键关闭编辑窗口并存盘，若按 Esc 键或 Ctrl+Q 组合键则放弃本次备注内容的输入和修改。数据表中备注型字段的 memo 字样变为 Memo，则表示该字段已有具体内容。

假设在 Customer 表中增加一个"消费偏好"的备注型字段，那么图 3-6 就是已经输入了内容后的备注型字段编辑窗口的示例。

思考：目前表中没有"消费偏好"这个字段，请问是否可以将这个字段加到表的结构中？如果可以，你认为应该用什么工具将这个字段加上？

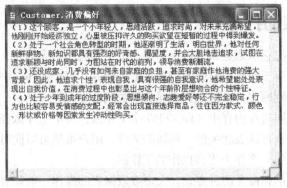

图 3-6 备注型字段编辑窗口

3. 通用字段的输入

通用型字段在记录输入窗口中显示为 gen 字样，双击通用型字段的 gen 字样，或当光标停留在 gen 字样上时按 Ctrl+PgDn 组合键均可打开通用型字段编辑窗口，即可在窗口内输入或修改信息。输入或编辑完成后可单击关闭按钮，或按 Ctrl+W 组合键关闭编辑窗口并存盘，若按 Esc 键或 Ctrl+Q 组合键则放弃本次的输入和修改。通用型字段的 gen 字样变为 Gen，则表示该字段已有具体内容。

通用型字段的数据可以通过剪贴板粘贴，也可通过"插入对象"的方法来插入各种 OLE 对象。例如，要输入照片，需事先将照片扫描后保存为图片文件，打开通用型字段编辑窗口后，执行"编辑"菜单下的"插入对象"命令，在弹出的"插入对象"对话框（见图 3-7）中选定"由文件创建"单选按钮，单击"浏览"按钮在磁盘上选取所需插入的图片文件，再单击"确定"按钮，即可在通用型字段编辑窗口出现该照片。

图 3-7 "插入对象"对话框

3.2 数据表的数据维护

数据表的数据维护操作主要包括记录的显示、插入、修改、删除等，这些操作都涉及记录指针的定位。另外，要对数据表进行数据维护操作，首先需要将数据表打开，维护完成后，一定要将数据表关闭。

记录的显示、插入、修改和删除操作，既可以用 Visual FoxPro 专有命令完成，也可以在 Visual FoxPro 提供的浏览窗口中完成。另外更强大的数据维护手段是使用相关的 SQL 命令，这方面的内容将在第 5 章介绍。

3.2.1 数据表的打开

打开表实际上就是把它从磁盘调入内存的某一个工作区，迄今为止，我们所做的各种数据表操作，都是在默认的内存工作区中打开的数据表上进行的。每个工作区中只能打开一个数据表，若打开一个新的数据表则原先打开的数据表将自动关闭。

Visual FoxPro 允许同时在内存中开辟 32767 个工作区，每个工作区都有一个编号，可以在其中打开一个数据表文件及与该表相关的一些辅助文件。用户虽然可以同时使用多个工作区，但在任一时刻只能选定其中的一个作为当前操作的工作区。

数据表的打开有菜单和命令两种方式。大多数数据表的操作一般都有菜单和命令两种方式，它们的作用是相同的。只不过菜单方式简单易学，而命令方式更加灵活。

1. 菜单方式

执行“文件”菜单中的“打开”命令或单击工具栏中的“打开”按钮均将弹出如图 3-8 所示的“打开”对话框，选取所要打开的文件类型为“表（*.dbf）”，并选定具体的文件名后单击“确定”按钮即可打开指定的数据表。需要注意的是：若需要对打开的表文件进行修改，则必须在“打开”对话框的下方选定“独占”复选框。

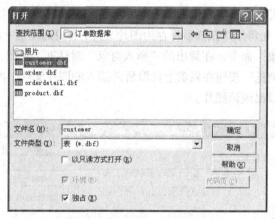

图 3-8 “打开”对话框

数据表打开后其信息已调入内存，但并不在屏幕上显示其记录内容。若要查看已打开的数据表记录内容，需要执行相关的显示或浏览命令。

2. 命令方式

格式：USE [<表文件名>]

功能：打开指定的数据表或关闭数据表。

说明：

● 当指定<表文件名>时，系统将在当前默认的文件夹中查找指定的数据表文件，找到时将该数据表文件调入当前内存工作区。在<表文件名>中可以包括盘符和路径名，此时将按指定的磁盘和文件路径查找数据表文件并将其打开。

● 若缺省 <表文件名>，则本命令将关闭当前工作区中已打开的数据表文件。

3.2.2 数据表的关闭

除了不带任何选项的 USE 命令可以关闭当前工作区中已打开的数据表文件之外，以下各条命令也均能关闭已打开的数据表。

格式 1：CLOSE DATABASES

功能：关闭所有工作区中打开的数据表文件及相关文件，选择 1 号工作区为当前工作区。

格式 2：CLOSE ALL

功能：关闭所有工作区的所有文件，选择 1 号工作区为当前工作区。

格式 3：CLEAR ALL

功能：关闭所有文件，释放内存变量，选择 1 号工作区为当前工作区。

格式 4：QUIT

功能：关闭所有文件，安全退出 Visual FoxPro，返回宿主操作系统。

3.2.3 记录指针的定位

在操作表时，Visual FoxPro 为数据表设置一个记录指针，记录指针中存放的是当前记录的记录序号，指针所指向的记录称为当前记录。数据表刚打开时，其记录指针指向该表的第一条记录。Visual FoxPro 的记录指针定位一般使用命令方式，其中常用的是下面三条。

1. 绝对定位

格式 1：GO[TO] <expN>

功能：将记录指针移到第<expN>条记录。

格式 2：GO[TO] TOP

功能：将记录指针移到当前表的第一条记录。

格式 3：GO[TO] BOTTOM

功能：将记录指针移到当前表的最后一条记录。

2. 相对定位

格式：SKIP [<expN>]

功能：相对于当前记录，记录指针向上或向下移动若干条记录。

当<expN>的值为正数时，向下移动<expN>条记录；当<expN>的值为负数时，向上移动<expN>条记录；缺省<expN>时，默认向下移动一条记录。

【例 3-2】 记录指针移动示例。

```
USE customer
? RECNO()        &&显示当前记录号为 1
SKIP 3           &&记录指针向下移动 3 条
? RECNO()        &&显示当前记录号为 4
SKIP -2          &&记录指针向上移动 2 条
? RECNO()        &&显示当前记录号为 2
GO BOTTOM        &&记录指针移到最后一条记录
? EOF()          &&显示.F.，说明最后一条记录并不是文件尾
SKIP             &&记录指针再向下移动一条
? EOF()          &&显示.T.，说明记录指针已到文件尾
USE
```

3. 条件定位

条件定位命令是 LOCATE，它可以找到满足条件的第一条记录，如果还需要以相同条件继续

查找，可使用与之配套的继续查找命令 CONTINUE。

（1）LOCATE 命令

格式：LOCATE [<范围>] FOR <条件>

功能：在当前表文件的指定范围内按顺序查找符合指定条件的第一条记录，并将记录指针指向该记录。

说明：

● 命令中的条件短语是必须要有的。

● 若指定范围，则从当前记录开始在指定范围内查找，缺省范围短语时默认为 ALL。

● 找到时，记录指针指向第一条满足条件的记录，且 FOUND()函数返回逻辑真值。

● 若找不到，FOUND()函数返回逻辑假值。此时如果指定了查找范围，记录指针将指向范围内最后一条记录；否则，记录指针指向文件尾。

（2）CONTINUE 命令

LOCATE 命令在查找到符合条件的首记录时，记录指针即指向该记录。若要以相同条件继续查找，可使用与之配套的继续查找命令，其命令格式如下。

格式：CONTINUE

功能：按最近一次 LOCATE 命令的条件在后续记录中继续查找。

【例 3-3】 在顾客信息表中查找消费积分为 1000 的女客户。

```
USE customer
LOCATE FOR      顾客性别="女"  AND  消费积分=1000
DISPLAY         &&显示找到的第 7 号记录的内容。
CONTINUE        &&继续按相同条件查找。
? FOUND()       &&显示.F.，表示没有找到。
? EOF()         &&显示.T.，表示记录指针指向文件尾。
USE
```

3.2.4　记录的显示

格式 1：LIST [<范围>] [FOR<条件>] [WHILE <条件>] [[FIELDS]<字段列表>] [OFF] [TO PRINT]

格式 2：DISPLAY [<范围>] [FOR<条件>] [WHILE <条件>] [[FIELDS]<字段列表>] [OFF] [TO PRINT]

功能：在主窗口输出指定范围内满足条件的各个记录的有关字段内容。

说明：

● 缺省所有短语时，LIST 显示当前数据表的所有记录的记录号及各字段的内容（不包括备注字段和通用字段）；而 DISPLAY 只显示当前记录的相关内容。

● 指定<字段列表>时，仅输出各指定字段的值。

● LIST 命令缺省范围短语时，默认记录范围为 ALL；DISPLAY 命令在缺省范围和条件短语时默认为当前记录，但 DISPLAY 命令在缺省范围短语而有条件短语时则默认为全部记录。

● DISPLAY 命令在输出内容满屏幕后会暂停显示，按任意键继续，LIST 命令则不然。

● 选择 OFF 短语时不输出记录号。

● 选择 TO PRINT 短语时则在打印机上输出。

这两条命令在执行过程中都可能会引起记录指针的移动。当操作范围为 ALL 或默认为 ALL

时，或者范围为 REST 时，待此命令执行完毕后，记录指针将指向表文件的结束标志。

【例 3-4】　显示顾客信息表 Customer.dbf 中当前记录的姓名信息。

```
USE customer
DISPLAY FIELDS 顾客姓名
USE
```

思考：本例中 DISPLAY 可以用 LIST 替换吗？

【例 3-5】　显示顾客信息表 Customer.dbf 中女顾客的姓名、性别、积分情况。

```
USE customer
LIST 顾客姓名,顾客性别,消费积分 FOR 顾客性别="女"
USE
```

思考：本例中 LIST 可以用 DISPLAY 替换吗？

3.2.5　记录的更新

记录的更新一般指的是记录的插入、修改和删除。

1. 记录的插入

Visual FoxPro 常用的记录插入命令包括两条：INSERT 和 APPEND。其中 INSERT 可以在数据表指定的位置插入新记录，而 APPEND 是在数据表的末尾插入记录，所以又称为记录的追加。需要特别指出的是，由于 Visual FoxPro 6.0 某些版本的功能局限性，INSERT 命令的功能没有得到完全实现，只能在数据表末尾插入记录。

（1）INSERT 命令

格式：INSERT [BLANK] [BEFORE]

功能：在当前数据表指定的位置上插入一条新记录。

说明：

● 选用 BEFORE 短语时在当前记录前插入，否则在当前记录后插入。

● 缺省 BLANK 短语时将弹出如图 3-5 所示的记录编辑窗口，由用户键入插入记录的具体内容。

● 选用 BLANK 短语时将插入一条空记录，不出现记录编辑窗口而由系统在内部自动完成插入工作。

● 插入新记录后，其后面的所有记录均将自动顺次后移。

【例 3-6】　在顾客信息表的第 8 号记录前插入一条记录。

```
USE Customer
GOTO 8                           &&将记录指针指向第 8 条记录
INSERT BEFORE
USE
```

【例 3-7】　在顾客信息表的第 10 号记录后插入一条空记录。

```
USE Customer
GOTO 10                          &&将记录指针指向第 10 条记录
INSERT BLANK
USE
```

（2）APPEND 命令

用 APPEND 命令同样可以实现记录的插入，不过它是在数据表的末尾添加新的记录，所以 APPEND 命令的功能常被称为记录的追加，它的功能完全可以用 INSERT 代替。

格式：APPEND [BLANK]

功能：在当前数据表的末尾增加新记录。

说明

  缺省 BLANK 短语时，将弹出如图 3-5 所示的记录编辑窗口，由用户在当前数据表的末尾输入新记录的具体内容。若选择 BLANK 短语，则不出现记录编辑窗口，由系统自动在数据表的末尾添加一条空记录。

2. 记录的修改

记录的修改实际上就是字段的替换，实现此功能的命令基本情况如下。

格式：REPLACE [<范围>] [FOR <条件>] [WHILE <条件>] <字段 1> WITH <表达式 1>
       [,<字段 2> WITH <表达式 2> ...]

功能：对指定范围内符合条件的记录，用指定的<表达式>的值替换指定<字段>的内容。

说明：

● 本命令在系统内部用指定的表达式的值替换指定字段的内容。

● 缺省范围短语和条件短语时，仅对当前记录进行替换。

● 本命令有计算功能，系统会先计算出表达式的值，然后再将该值赋给指定的字段。要注意的是，表达式的数据类型必须与被替换字段的数据类型一致。

● 可以在一条命令中同时替换多个字段的值。

【例 3-8】 用命令方式将顾客信息表中女顾客的消费积分增加 50 分。

```
USE customer
REPLACE 消费积分 WITH 消费积分+50  FOR 顾客性别="女"
BROWSE
USE
```

3. 记录的删除

Visual FoxPro 的记录删除操作需要分两步进行：第一步先进行逻辑删除，即把要删除的记录做上删除标志；第二步才是物理删除，即把确认要真正删除的有删除标志的记录从数据表中彻底删除掉。

用命令方式实现记录删除时，先用 DELETE 命令将需要删除的记录打上删除标志，即进行逻辑删除；然后再用 PACK 命令整理数据表，剔除带有删除标志的记录，即实现物理删除。此外，还允许用 RECALL 命令去掉已经打上的删除标志，或用 ZAP 命令对表中所有记录作一次性删除。具体内容如下。

（1）逻辑删除

格式：DELETE [<范围>] [FOR<条件>] [WHILE <条件>]

功能：对指定范围内满足条件的记录打上"*"号作为删除标志。

说明：

● 缺省范围和条件选项时，仅对当前记录做删除标志。

● 被打上删除标志的记录通常仍可进行各种操作,在用 LIST 命令或 DISPLAY 命令查看数据表时，可见到这些记录前的删除标志"*"；而在浏览窗口查看数据表时，可见到这些记录左侧的小方块已被涂黑。

● 可用 DELETED() 函数来检测当前记录是否带有删除标志。

● 对已被打上删除标志的记录的操作与 SET DELETED ON/OFF 命令的设置有关。当执行命令 SET DELETED ON 后，所有打上删除标志的记录被"屏蔽"起来，如同这些记录真的已被删除一样。系统默认的状态是 SET DELETED OFF。

（2）恢复逻辑删除

格式：RECALL [<范围>] [FOR<条件>] [WHILE <条件>]

功能：去除指定范围内满足条件的记录已经打上的删除标志。

说明：

● 缺省范围和条件短语时，仅去掉当前记录的删除标志。

● 若事先已用 SET DELETED ON 命令将打有删除标志的记录"屏蔽"了起来，则本命令不起作用。

（3）物理删除

格式：PACK

功能：对当前数据表进行整理，剔除带有删除标志的记录。

（4）物理删除全部记录

格式：ZAP

功能：删除当前数据表中的所有记录，使其成为只剩有表结构的空表文件。

本命令等价于 DELETE ALL 命令与 PACK 命令连用，但速度要快得多。执行本命令后，原表数据一般无法恢复，故须特别注意。

【例 3-9】 删除记录示例。

```
USE Customer
DELETE RECORD 2       &&逻辑删除第 2 条记录
LIST                  &&显示记录，第 2 条记录可见，并有删除标志"*"
PACK                  &&物理删除有删除标志的记录
DISPLAY ALL           &&显示所有记录，发现表中第 2 条记录被彻底删除
USE
```

3.2.6 记录的窗口维护

Visual FoxPro 提供了一个"浏览维护"窗体，在这个窗体中，用户不用使用命令，就可以对数据进行可视化的浏览和更新。"浏览维护"窗体，下文简称"浏览"窗口。

在数据表已经打开的前提下，要打开这个数据表的"浏览"窗口，可以执行"显示"菜单中的"浏览"命令，也可以执行 BROWSE 命令。

需要指出的是，BROWSE 命令的语法很复杂，但在实际工作中，由于默认形式的"浏览"窗口就可以满足日常的数据维护需要，所以用户没有必要掌握 BROWSE 命令的复杂语法形式。下面简要介绍一下这个命令。

格式：BROWSE [FIELDS <字段表>][NOAPPEND][NOMODIFY]

功能：以窗口方式显示当前数据表数据，供用户浏览查看或进行更新操作。

说明：

● 若选择 FIELDS <字段表>短语，则只能浏览和修改<字段表>中列出的字段。

● 若选择 NOAPPEND 短语，则禁止追加记录。

● 若选择 NOMODIFY 短语，则只可浏览数据表，而禁止修改表中的任何内容。

● 常用的短语还有 LOCK 和 FREEZE，感兴趣的读者可以参阅 MSDN。

【例 3-10】 打开 customer.dbf 表的浏览维护窗口。

```
USE Customer
BROWSE
```

命令执行后，就打开图 3-1 所示的"浏览"窗口。在这个窗口中，用户可用图 3-9 所示的 Visual FoxPro 窗口中的"表"菜单中的相关命令，对数据表数据进行定位和更新。

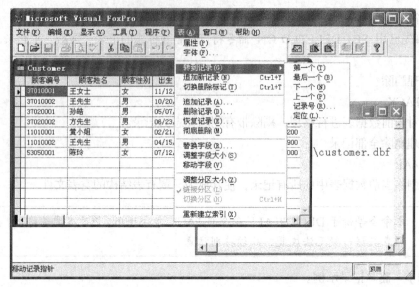

图 3-9 数据表 Customer 的浏览窗口及表菜单命令

1. 记录的浏览

在"浏览"窗口中显示数据表时有浏览和编辑两种查看方式，图 3-1 所示为浏览查看方式，图 3-5 所示为编辑查看方式。通过"显示"菜单的"浏览"或"编辑"命令可在两种显示方式间进行切换。

在"浏览"窗口的左下角有一个黑色窗口分隔条，向右拖动此分隔条可将窗口分为两个对应的窗格，在一个窗格中作了修改，另一窗格中的对应数据将随之改变，并且可在两个窗格中同时以不同的方式显示当前的数据表，其效果如图 3-10 所示。

图 3-10 同时以两种方式显示数据表

2. 记录指针的定位

单击"表"菜单选择"转到记录"，可选项有"第一个"、"最后一个"、"下一个"、"前一个"或"记录号"，若选"记录号"则输入记录号，然后单击"确定"按钮，指针就可以指向相应的记录。

3. 记录的追加

追加记录是指在数据表的末尾添加新的记录。在浏览窗口打开的情况下，执行"显示"菜单中的"追加方式"命令或执行"表"菜单中的"追加新记录"命令，均可在浏览窗口添加新记录。

二者的区别为：执行"追加方式"命令可允许连续追加多条记录，而执行"追加新记录"命令则只允许追加一条新记录。

4. 记录的删除

若要删除少量记录，可以在浏览窗口中单击某条记录左侧的白色小框，使其变成黑色，表明该记录已经标示了逻辑删除标志，如图 3-11 所示。再次单击此小框，则由黑色变回到白色，表明该记录已经去掉了删除标志。当需要真正删除作了删除标志的记录时，可执行"表"菜单中的"彻底删除"命令。

顾客编号	顾客姓名	顾客性别	最近购买时	消费积分	顾客地址	联系电话
37010001	王女士	女	12/23/11	800	济南市大明路19号	15588826858
37010002	王先生	男	11/30/11	700	济南市文化西路100号	18658325987
37020001	孙皓	男	05/01/12	900	青岛市莱阳路10号	053288966516
37020002	方先生	男	08/10/11	1000	青岛市云南路9号	053288566619
11010001	黄小姐	女	09/29/12	1200	北京市东园西甲128号	01051688889
11010002	王先生	男	10/16/11	900	北京市黄厅南路128号	01051685555
53050001	陈玲	女	06/22/2012	1000	昆明市广发北路78号	08716678965

图 3-11　逻辑删除标志

若要删除大量记录，可以执行"表"菜单中的"删除记录"命令，选择范围并指定条件，然后进行逻辑删除。后续操作如上所述。

5. 记录的修改

执行"表"菜单的"替换字段"命令，打开"替换字段"对话框，在对话框中选择要进行替换的字段，并构造出替换表达式、替换条件、替换范围，就可以按要求修改字段的值。图 3-12 所示为将顾客信息表中女顾客的消费积分增加 50 分的相关控件的设置。

图 3-12　替换字段对话框

3.3　数据表的结构维护

数据表的结构性维护操作主要包括数据表结构的显示和修改。要对数据表进行结构性的维护操作，首先需要将数据表打开，维护完成后，再将数据表关闭。

3.3.1　数据表结构的显示

格式 1：LIST STRUCTURE

格式 2：DISPLAY STRUCTURE

功能：在主窗口显示当前打开的数据表结构。

说明：

● LIST STRUCTURE 命令用于连续显示当前数据表的结构；DISPLAY STRUCTURE 命令用于分页显示当前数据表的结构。

● 显示的表结构信息中，包括表的名称与存储位置、数据记录数、最近更新时间，以及各字段的字段名、类型、宽度和小数位等。其中字段宽度的总计数为各字段宽度之和再加上 1，外加的这 1 个字节是专门用来放置删除标记的。

3.3.2 数据表结构的修改

数据表结构的修改可用使用 SQL 命令，也可以使用表设计器。相关 SQL 命令在第 5 章有详细介绍，下面介绍用表设计器修改表结构。

在数据表已打开的情况下，在 Visual FoxPro 主窗口执行"显示"菜单下的"表设计器"命令，或在命令窗口中执行 MODIFY STRUCTURE 命令，都将打开"表设计器"对话框，并在其中显示出当前数据表的结构，用户即可根据需要修改该数据表中各字段的属性，或者增加、删除字段及调整字段的位置等。

1. 修改字段属性

在打开的如图 3-4 所示的"表设计器"对话框中，用户可以和创建表结构时一样，直接在其"字段"选项卡中修改已有字段的名称、类型、宽度、小数位数等。修改完成后应单击"确定"按钮。

2. 插入字段

将光标定位到要插入新字段的位置，然后单击"插入"按钮，此时在插入位置上出现一个新字段，输入新字段的各个属性即可。

3. 删除字段

将光标定位到要删除的字段，然后单击"删除"按钮即可。

4. 调整字段位置

用鼠标拖动字段名左侧的小方块上下移动到所需位置即可。

【例 3-11】 在主屏幕上显示顾客信息表 Customer.dbf 的结构后，打开表设计器给表增加一个备注型字段"消费偏好"。

```
USE customer
LIST STRUCTURE
MODIFY STRUCTURE
```

执行命令后，主屏幕上就以文本的形式显示表 customer 的结构信息，并打开如图 3-4 所示的"表设计器"窗口。在这个窗口中，用户可以单击"插入"按钮，此时在插入位置上出现一个新字段，输入字段名"消费偏好"，并指定该字段的类型为"备注"即可。

3.4 数据表的排序

在工作中，经常需要按某种特定的次序对数据表中的数据进行排列，如按照销售额排列销售员的名次，又如按照年龄显示公司的员工信息。Visual FoxPro 提供了物理排序与逻辑排序两种方法，这两种方法都可以将数据表中的记录按照某种顺序排列。

物理排序和逻辑排序的主要区别是：物理排序在源数据表的基础上生成一个新的目标数据表，源数据表与目标数据表的结构是一致的，记录的内容是一致的，只是记录的存储顺序不一致，目标数据表中的记录是按照指定的字段重新排序的；逻辑排序是在源数据表的基础上生成一个新的索引文件，这个索引文件与源数据表的结构是不一致的，内容上也是不一致的，索引文件没有存储源数据表的任何一个记录，只是存储了源数据表所有记录的一种排序映射。由于逻辑排序是基于索引文件的排序映射形成的，因此逻辑排序又称为索引排序。

3.4.1　物理排序

物理排序是在源数据表的基础上，另外生成一个与源数据表记录内容一致的新数据表，这个新数据表中的记录是按指定的字段排好序的，而源数据表中的记录顺序保持不变。注意，在进行排序之前，一定要打开源数据表，使之成为当前数据表。Visual FoxPro 进行物理排序一般使用 SORT 命令，下面介绍一下这个命令的使用方法。

格式：SORT ON <字段 1> [/A][/C][/D] [,<字段 2>[/A][/C][/D]...] TO <文件名>
　　　　　[<范围>] [FOR<条件>] [WHILE <条件>] [FIELDS <字段表>]
　　　　　[ASCENDING|DESCENDING]

功能：对当前数据表中指定范围内满足条件的记录，按指定<字段>的值的大小重新排序后生成一个给定名称的新数据表文件。

说明：

● 缺省范围短语和条件短语时，将对所有记录排序。

● 排序结果存入由 TO <文件名> 短语指定的新表文件中，其扩展名默认为.DBF。新表的结构由 FIELDS 短语规定，缺省该短语时新表结构与当前表的结构相同。

● 本命令可实现多重排序，系统首先按<字段 1>的值的大小进行排序，如果有可选项<字段2>，则在<字段 1>的值相同的情况下，再按<字段 2>的值的大小进行记录排序，其余类推。

● 指定 "/A" 为升序排序，指定 "/D" 为降序排序；同时指定 "/A" 和 "/D" 只承认降序；默认为升序排序。

● 选用 ASCENDING，表示所有关键字段都按升序排序；选用 DESCENDING，表示所有关键字段都按降序排序。

● 指定 "/C" 时，则排序时不区分字母的大小写。

【例 3-12】　将顾客信息表中的所有记录，按姓名进行物理排序。

```
USE customer
SORT ON 顾客姓名 TO xmpx
USE xmpx
BROWSE          &&显示的排序结果如图 3-13 所示
USE
```

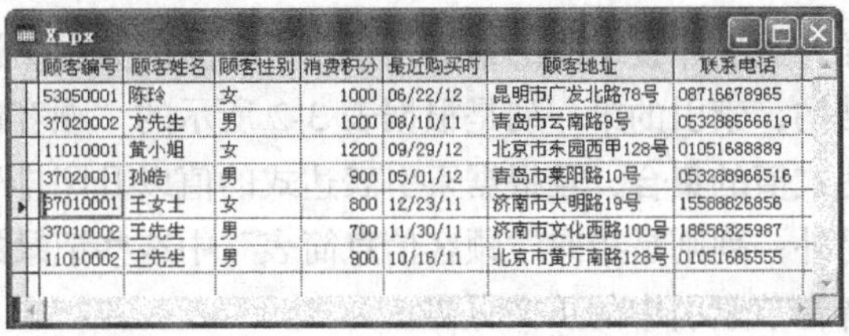

图 3-13　按姓名排序结果

【例 3-13】 将顾客信息表中的所有记录，先按性别再按消费积分的降序进行物理排序。

```
USE customer
SORT ON 顾客性别,消费积分/D TO xbjfpx
USE xbjfpx
BROWSE      &&显示的排序结果如图 3-14 所示
USE
```

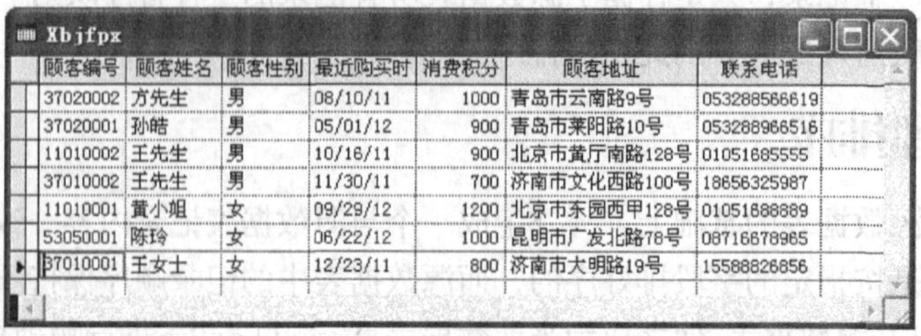
Xbjfpx

顾客编号	顾客姓名	顾客性别	最近购买时	消费积分	顾客地址	联系电话
37020002	方先生	男	08/10/11	1000	青岛市云南路9号	053288566619
37020001	孙皓	男	05/01/12	900	青岛市莱阳路10号	053288966516
11010002	王先生	男	10/16/11	900	北京市黄厅南路128号	01051685555
37010002	王先生	男	11/30/11	700	济南市文化西路100号	18656325987
11010001	黄小姐	女	09/29/12	1200	北京市东园西甲128号	01051688889
53050001	陈玲	女	06/22/12	1000	昆明市广发北路78号	08716678965
37010001	王女士	女	12/23/11	800	济南市大明路19号	15588826856

图 3-14 先按顾客性别再按消费积分降序排列

3.4.2 逻辑排序

数据表的逻辑排序是通过索引技术来实现的。没有人不知道索引，对于它的作用，大家都了如指掌。就索引的结构和作用而言，Visual FoxPro 与新华字典大致是类似的。比照数据库技术的概念，新华字典里的拼音检字法和部首检字法就是新华字典的两种不同的索引，而新华字典的正文则相当于数据表。

表 3-1 所示为新华字典拼音音节索引的一个节选，这个节选表概要地描述了拼音音节索引的结构：索引中包含若干索引项，每一个索引项都包括拼音音节、正文页码两个列。请注意，索引表中的索引项是按照拼音音节字符串升序排列的。

表 3-1　　节选的拼音音节索引的结构

拼音音节及首字		正文页码
A	啊	1
An	安	4
Ao	熬	8
Ba	八	7
Bao	包	15
Ben	奔	21
Fa	发	119
Zuo	作	652

像字典中的索引一样，数据库技术中的索引也是一个独立的数据结构，表 3-3 从逻辑上简单地刻画了索引的二维表结构，索引的第一列是根据表 3-2 所示的“顾客信息简表”中字段“联系电话”所生成的索引表达式值的集合，且根据索引表达式的值以升序排列，这一列类似于新华字典的拼音音节。索引的另外一列则是指向“顾客信息简表”中这些记录的存储地址的逻辑指针的集合，这一列类似于拼音音节索引中的正文页码。

表 3-2　　　　　　　　　　　　　　　　顾客信息简表

记录号	顾客姓名	最近购买时间	消费积分	联系电话
1	王女士	2011-12-23	800	15588826856
2	王先生	2011-11-30	700	18656325987
3	孙皓	2012-5-1	900	053288966516
4	方先生	2011-8-10	1000	053288566619
5	黄小姐	2012-9-29	1200	01051688889
6	王先生	2011-10-16	900	01051685555
7	陈玲	2012-6-22	1000	08716678965

表 3-3　　　　　　　　　以字段"联系电话"为索引关键字的索引文件结构

索引关键字（联系电话）	记录地址指针（以记录号代替）
01051685555	6
01051688889	5
053288566619	4
053288966516	3
08716678965	7
15588826856	1
18656325987	2

在 Visual FoxPro 中，创建索引并不会改变数据表中数据记录的物理位置，它只是创建了一个新的数据结构来指向这个数据表，因此，索引实际上是一个数据表的排序映射。Visual FoxPro 支持给一个数据表创建多个索引，不同的索引对应不同的排序方法。

基于索引的有序化，Visual FoxPro 可按索引表排列的记录顺序对数据表中的数据记录进行操作，因此，从逻辑上讲，源数据表中的各条记录是有序的。

索引不仅可以使数据表的数据记录在逻辑上有序化，还可以提高数据表记录的检索速度。应用索引提高检索速度的过程类似于查新华字典，比起逐一查阅字典正文查找某一个具体的汉字，显然使用任一种检字法都可以更快地在字典正文中找到这个汉字，这也是数据库系统引入索引技术的最重要的原因。

通过前面介绍的内容可知，物理排序是按某个字段或字段组合，对数据表中的记录的逻辑关系进行排序，并在外部存储器上对数据表中的所有数据记录重新写入，生成一个新的有序的数据表。而逻辑排序只是按字段或字段组合的逻辑关系排完顺序后，生成一个索引表，并不在外部存储器上对数据表中的数据记录进行重新整理和重新写入。

1. 索引文件的建立

按索引项的数量来分，索引文件可分为单索引文件和复合索引文件，前者扩展名为.IDX，后者扩展名为.CDX。单索引文件只包含一个索引项，复合索引文件可以包含多个索引项，每个索引有一个索引标识，代表一种记录的逻辑顺序。

复合索引文件又分为结构索引文件与非结构索引文件，与数据表同名的.CDX 文件称为结构复合索引文件，它随数据表的打开而打开，在对数据表记录进行修改时会自动得到维护，使用方便，因而是最常用的。非结构复合索引文件与数据表不同名，在使用时需要用专门的命令进行打开，因而较少使用。

可以根据需要为一个数据表建立多个索引文件，包括单索引文件和复合索引文件。而在一个复合索引文件中，可为一个数据表建立多个索引项。

（1）用表设计器建立结构复合索引文件

打开某个数据表后，执行"显示"菜单下的"表设计器"命令，或在命令窗口执行"MODIFY STRUCTURE"命令，均可打开"表设计器"。

在"表设计器"对话框的"字段"选项卡中，可以直接指定某个字段是否为索引项。如图 3-15 所示，选中某个字段后，用鼠标单击其"索引"列中的下拉列表框，可以选择"无"、"升序"或"降序"。如果选择升序或降序，则将建立一个以当前字段为索引表达式的普通索引，此索引项的标识名与该字段同名。

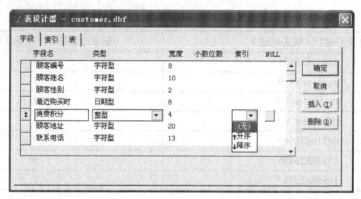

图 3-15　在表设计器中建立索引

字段选项卡只能建立索引名和索引表达式都与相应字段相同的索引项，而且索引的类型是默认的。如果要灵活地建立索引项，可以切换到图 3-16 所示的索引选项卡。

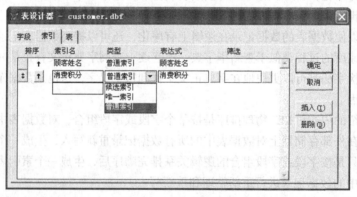

图 3-16　改变索引类型

在索引选项卡中，用户可以灵活地建立新索引项，也可以修改字段选项卡建立的旧索引项。不管是新建还是修改，索引项的名字、索引表达式以及索引类型都可以由用户指定。注意：Visual FoxPro 虽然支持主索引、候选索引、普通索引和唯一索引 4 种类型，但对于自由表，不支持主索引这一类型。各种类型索引的基本情况如下所述。

① 主索引

主索引仅适用于数据库表，其索引关键字段的值不允许有重复值和 NULL 值。一个数据表只能创建一个主索引。一般把最具有代表性的字段作为表中的主索引。

②　候选索引

候选索引与主索引一样，不允许其索引关键字段有重复值和 NULL 值，但一个数据表可以建立多个候选索引。

③　普通索引

普通索引的索引关键字段允许有重复值和 NULL 值，无任何限制，是最常用的索引类型。一个数据表可以建立多个普通索引。

④　唯一索引

唯一索引也允许其索引关键字段有重复值和 NULL 值，但在其索引项的列表中仅保留重复值的首条记录。一个数据表可以建立多个唯一索引。

如果要建立包含多个字段的较复杂的表达式索引项，则可按下述步骤进行。

①　在"索引"选项卡的"索引名"列下面的文本框中，输入要创建的索引名。

②　单击"类型"列中的下拉列表框，选择其索引类型。

③　单击"表达式"列右侧带省略号的生成器按钮，打开如图 3-17 所示的"表达式生成器"对话框。

④　在"表达式生成器"对话框的"表达式"框中，可以直接输入索引表达式的组成元素，当然也可以借助于"字段"、"函数"以及"变量"三个列表框中提供的元素。

⑤　单击"确定"按钮，完成表达式的输入，返回"表设计器"对话框。

例如，如果以 customer 表中顾客性别、消费积分两个字段组合建立索引，那么索引表达式的生成，如图 3-17 所示。

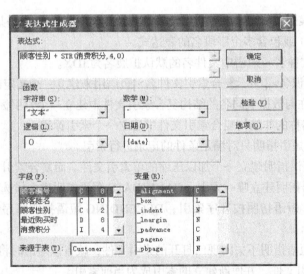

图 3-17　"表达式生成器"对话框

说明：

①　索引表达式中"顾客性别"字段与"消费积分"字段的数据类型是不同的，需要将"消费积分"字段的类型转换为字符型后，才能与"顾客性别"字段合法组成。

②　索引项创建后，customer 表的浏览窗口并不会立刻呈现图 3-18 所示的记录顺序，原因是该索引项还没有对 customer 表的排列顺序起控制作用。该内容在后面介绍。

图 3-18　先按顾客性别再按消费积分逻辑排序的结果

 说明　　　在"表设计器"中建立的每一个索引项，实际上都是与该数据表同名的结构复合索引文件中的一个索引标识。

（2）用命令建立索引文件

格式 1：INDEX ON <关键字表达式> TO <单索引文件名> [FOR <条件>] [COMPACT] [UNIQUE|CANDIDATE] [ASCENDING|DECENDING] [ADDITIVE]

格式 2：INDEX ON <关键字表达式> TAG <索引标识名> [OF <索引文件名>] [FOR<条件>] [UNIQUE|CANDIDATE] [ASCENDING|DECENDING] [ADDITIVE]

功能：命令格式 1 是对当前数据表中的记录按<关键字表达式>值的大小排列，建立一个单索引文件。命令格式 2 是对当前数据表中的记录按<关键字表达式>值的大小排列，建立一个复合索引文件中的索引标识。

说明：

● ON <关键字表达式>短语中的表达式即索引关键字表达式，可以是某个字段名（不允许是备注型和通用型字段）或包含多个字段名的表达式。

● TO <单索引文件名> 短语中文件名的默认扩展名为.IDX。

● TAG <索引标识名> [OF <复合索引文件名>]短语用来建立一个指定的索引标识。缺省 OF <索引文件名>时，将在与数据表同名的结构复合索引文件中建立一个索引标识；添加 OF <索引文件名>时，将在指定名称的非结构复合索引文件中建立一个索引标识。

● FOR <条件> 短语指明只对满足条件的记录进行索引。

● COMPACT 短语指明建立一个加以压缩的单索引文件。而复合索引文件总是压缩的。

● UNIQUE 短语指明建立唯一索引；CANDIDATE 短语指明建立候选索引。

● ASCENDING 短语指明按升序索引；DECENDING 短语指明降序索引；默认为按升序索引。

● ADDITIVE 短语指明不关闭现已打开的索引文件，缺省该短语时将在建立本索引的同时关闭所有已打开的索引文件，并使新建立的索引成为当前索引。

【例 3-14】　对 customer 表按"最近购买时"这一字段的升序建立单索引文件。

```
USE customer
INDEX ON 最近购买时 TO zjgm
BROWSE
USE
```

执行 BROWSE 命令后出现的浏览窗口如图 3-19 所示，可以发现其中的记录已按最近购买时间的升序排列整齐。

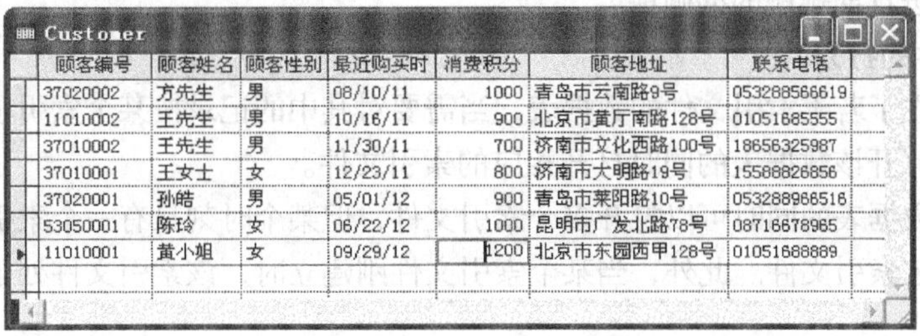

顾客编号	顾客姓名	顾客性别	最近购买时	消费积分	顾客地址	联系电话
37020002	方先生	男	08/10/11	1000	青岛市云南路9号	053288566619
11010002	王先生	男	10/16/11	900	北京市黄厅南路128号	01051685555
37010002	王先生	男	11/30/11	700	济南市文化西路100号	18656325987
37010001	王女士	女	12/23/11	800	济南市大明路19号	15588826856
37020001	孙皓	男	05/01/12	900	青岛市莱阳路10号	053288966516
53050001	陈玲	女	06/22/12	1000	昆明市广发北路78号	08716678965
11010001	黄小姐	女	09/29/12	1200	北京市东园西甲128号	01051688889

图 3-19　按"最近购买时"升序排列的结果

【例 3-15】　对 customer 表中所有记录先按"性别"排列，"性别"相同时再按"消费积分"升序建立单索引文件 xbjfsy。

```
USE customer 消费积分
INDEX ON 顾客性别+STR(消费积分,4,0)  TO  xbjfsy
BROWSE
USE
```

显示结果如图 3-18 所示。

【例 3-16】　为 customer 表建立一个结构复合索引文件，包括一个按"顾客性别"索引的标识 xb 和一个按"顾客姓名"与"最近购买时"索引的标识 xmgmsj。再创建一个名为 xfjf 的非结构复合索引文件，包含一个按消费积分索引的标识 jf。

```
USE customer
INDEX ON 顾客性别 TAG xb
BROWSE              &&显示结果按性别排序。
INDEX ON 顾客姓名+DTOC(最近购买时,1) TAG  xmgmsj
BROWSE              &&显示结果如图 3-20 所示。
INDEX ON 消费积分 TAG jf OF xfjf
BROWSE              &&显示结果按消费积分排序。
USE
```

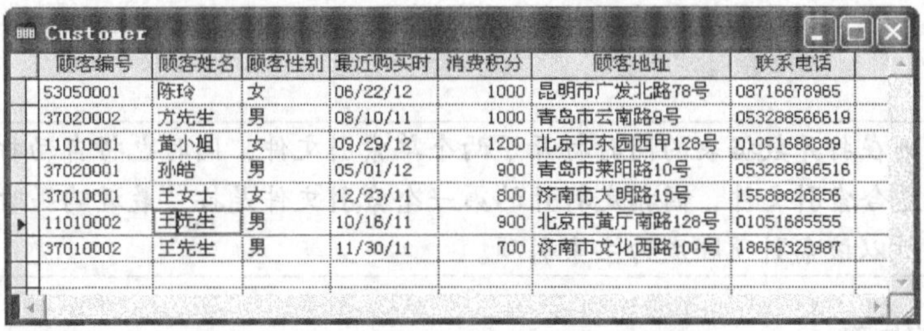

顾客编号	顾客姓名	顾客性别	最近购买时	消费积分	顾客地址	联系电话
53050001	陈玲	女	06/22/12	1000	昆明市广发北路78号	08716678965
37020002	方先生	男	08/10/11	1000	青岛市云南路9号	053288566619
11010001	黄小姐	女	09/29/12	1200	北京市东园西甲128号	01051688889
37020001	孙皓	男	05/01/12	900	青岛市莱阳路10号	053288966516
37010001	王女士	女	12/23/11	800	济南市大明路19号	15588826856
11010002	王先生	男	10/16/11	900	北京市黄厅南路128号	01051685555
37010002	王先生	男	11/30/11	700	济南市文化西路100号	18656325987

图 3-20　按姓名与最近购买时间索引的结果

说明：

① 本例将创建一个名为 customer.cdx 的结构复合索引文件，包含 xb 和 xmgmsj 两个索引标识。另外将创建一个名为 xfjf.cdx 的非结构复合索引文件，包含一个 jf 索引标识。

② 在按"姓名"与"最近购买时"索引时，因"顾客姓名"字段与"最近购买时"字段的数据类型不同，需要将"最近购买时"字段的类型转换为字符型后才能与"姓名"字段组成一个合法的关键字表达式。

③ 在转换函数 DTOC(出生日期,1)中，参数 1 的作用是确保将日期转换为以年月日排列的字

符串，从而确保按日期排序的准确性。

2. 索引文件的打开

对于已经建立了若干索引文件的数据表，当需要对其中的记录按某个索引项的逻辑顺序进行操作时，必须在打开该数据表的同时打开相应的索引文件。

在打开一个数据表的同时可以打开多个索引文件，但某个时刻只有一个索引文件起作用，称该索引文件为主控索引文件。此外，当某个索引文件刚建立时，该索引文件处于打开状态并为主控索引文件。

与数据表同名的结构复合索引文件是在打开数据表时自动打开的，但对于单索引文件和非结构复合索引文件则必须用以下命令打开。

格式 1：USE <数据表文件名> INDEX <索引文件名表>

功能：在打开指定数据表的同时，打开与之相关的一系列索引文件。

格式 2：SET INDEX TO <索引文件名表>

功能：在数据表已打开的情况下，打开与之相关的一系列索引文件。

说明：

● <索引文件名表>可以是用逗号分隔的多个索引文件，包括单索引文件和非结构复合索引文件。

● 执行本命令后，<索引文件名表>中的第一个索引文件如果是单索引文件，则其中的单索引项起作用；如果<索引文件名表>中有多个索引文件，而第一个索引文件不是单索引文件，在此种情况下所有索引项均不起作用。

● 如果<索引文件名表>中有多个索引文件，而第一个索引文件不是单索引文件，则系统自动为各打开的索引项按下列顺序统一编号：首先是单索引文件，然后是结构复合索引文件中的各个索引项，最后是非结构复合索引文件中的各个索引项。

【例 3-17】 在打开 customer 表的同时打开按"最近购买时"排序的单索引文件 zjgm.idx 以及按"顾客性别"和"消费积分"升序排列的单索引文件 xbjfsy.idx。

```
USE customer INDEX zjgm, xbjfsy
BROWSE                 &&显示结果将按最近购买时间排序。
USE
```

本例在打开数据表的同时打开了两个单索引文件，同时也将自动打开与数据表同名的结构复合索引文件，因指定打开的第一个索引文件是按"最近购买时"排序的单索引文件，所以该索引项即成为主索引项。

3. 索引项的生效

要想控制记录表的排列顺序，必须使已经打开的复合索引文件中的一个索引项（或称索引标识）生效，即使其起作用，则该索引标识被称为主控索引标识。

常用的主控索引项的指定有菜单和命令两种方式。

（1）菜单方式

对于已经打开的结构复合索引文件中的多个索引标识，可以选择"表"菜单的"属性"命令选项，打开"工作区属性"对话框，设置其中的"索引顺序"来指定主控索引项，浏览窗口的记录将会以该索引顺序排序。方法如图 3-21 所示。

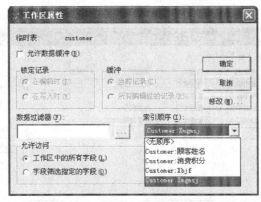

图 3-21　设置主控索引项

（2）命令方式

对于打开的多个索引文件，或对于复合索引文件中的多个索引标识，可以用以下的命令来指定主控索引项。

格式 1：SET ORDER TO [<expN>][ASCENDING|DESCENDING]

格式 2：SET ORDER TO [<单索引文件名>][ASCENDING|DESCENDING]

格式 3：SET ORDER TO [[TAG]<索引标识名>][ASCENDING|DESCENDING]

功能：指定主控索引文件或主控索引标识。

说明如下。

● SET ORDER TO <expN>：指定第<expN>号索引项为主控索引。其中，<expN>是系统为已打开的各个索引项统一编制的序号。

● SET ORDER TO <单索引文件名>：指定某个单索引文件为主控索引文件。

● SET ORDER TO [TAG]<索引标识名>：指定某个索引标识为主控索引标识。

● 若执行 SET ORDER TO 命令或 SET ORDER TO 0 命令，则取消当前的主控索引项，以原表记录的物理顺序进行处理。

● 不管原索引项是升序还是降序，均可用 ASCENDING 指定以升序对数据表进行处理，而用 DESCENDING 指定以降序对数据表进行处理。

【例 3-18】　如图 3-22 所示，设 customer 表已在其结构复合索引文件中，分别依次按"顾客性别+DTOC(最近购买时)"、"顾客姓名"、"最近购买时"、"消费积分"建立了 4 个索引项。另外还创建了一个按"顾客性别"与"消费积分"索引的单索引文件 xbjfsy.idx。我们来讨论执行以下命令后，表中记录的排列顺序。

```
USE customer              &&同时自动打开结构复合索引文件
BROWSE                    &&按原表顺序排列显示
SET ORDER TO 2            &&指定第 2 个索引项为主索引
BROWSE                    &&按顾客姓名（的拼音字母）顺序排列显示
SET ORDER TO TAG 最近购买时
BROWSE                    &&按最近购买时间的升序排列显示
SET INDEX TO xbjfsy       &&打开按性别与消费积分索引的单索引文件
BROWSE                    &&先按性别再按消费积分的大小排列显示
SET ORDER TO 0            &&取消当前的主索引
```

```
BROWSE                    &&按原表顺序排列显示
USE
```

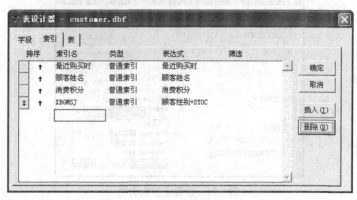

图 3-22 customer 表建立的索引

【例 3-19】 在索引文件或索引项起作用的情况下，记录指针移动举例。

```
USE customer         &&同时自动打开同名的复合索引文件
SET ORDER TO TAG 消费积分
BROWSE               &&浏览窗口显示顺序如图 3-23 所示。
GO TOP               &&记录指针指向索引表中的第 1 条记录
DISPLAY              &&显示消费积分排序的第 1 条（王先生）记录
SKIP                 &&记录指针指向索引表中的下一条记录
DISPLAY              &&显示消费积分排序的第 2 条（王女士）记录
GO 1                 &&明确指定移动到第 1 号记录
DISPLAY              &&显示记录号为 1（王女士）的记录
GO BOTTOM            &&记录指针指向索引表中的最后一条记录
DISPLAY              &&显示消费积分排序的最后（黄小姐）一条记录
USE
```

图 3-23 按消费积分升序的显示结果

在和数据表相关的若干个索引文件打开的情况下，当某个索引项起作用时，记录指针实际上是在该索引项对应的索引表上进行移动。但当明确指定移动到某记录号时，记录指针则指向源数据表的物理记录位置。

4. 索引文件的关闭

格式 1：CLOSE INDEXES

格式 2：SET INDEX TO

功能：关闭当前工作区内除了结构复合索引文件之外的所有索引文件。

此外，当用各种命令关闭了数据表文件后，则与之相关的所有索引文件将自动随之关闭。

5. 索引文件的更新

对于建立了索引文件的数据表，如果对其记录进行了增删或记录数据发生了变化，应及时对已有的索引文件中的各索引项重新进行索引。

重新索引有两种情况：一种是在打开数据表的同时打开有关索引文件，在此情况下对数据表进行的修改都将自动使打开的索引文件的各索引项得到重新索引。因与数据表同名的结构复合索引文件总是和数据表一起打开的，所以总能自动得到重新索引。另一种是在对数据表中数据进行修改时没有事先打开有关的单索引文件或非结构复合索引文件，这就需要在事后同时打开这些索引文件，再用如下命令对修改后的数据表进行重新索引。

格式：REINDEX

功能：分别根据各打开的索引文件中的索引表达式的规定，对当前数据表重新进行索引，使对应的索引文件得到更新。

3.5　数据表的备份和删除

数据是有生命周期的，对于生命期中的数据需要进行复制备份，以保证数据的安全性，生命期以外的数据需要进行删除，以节约存储空间，降低管理成本。

3.5.1　数据表的复制备份

1. 表结构的复制

格式：COPY STRUCTURE TO <表文件名> [FIELDS <字段表>]

功能：对当前数据表结构进行复制，形成一个指定名称的新表结构。

　　当缺省[FIELDS<字段表>]时，复制后得到的新表结构与原表完全一样；选用[FIELDS<字段表>]时，则仅复制指定的字段，并且新表的字段排列顺序与指定的<字段表>中各字段的排列顺序一致。

【例 3-20】　在顾客信息表 customer.dbf 的基础上，产生一个只包含姓名、联系地址和联系方式这 3 个字段的数据表 lxfs.dbf 的结构。

```
USE customer
COPY STRUCTURE TO lxfs FIELDS 姓名, 联系地址, 联系方式
USE lxfs                 &&打开联系方式表 lxfs.dbf
LIST STRUCTURE           &&显示 lxfs.dbf 的结构
```

2. 数据表的复制

格式：COPY　TO <表文件名> [<范围>] [FOR <条件>] [WHILE <条件>] [FIELDS <字段表>] [TYPE <文件类型>]

功能：对当前数据表中指定范围内符合条件的记录进行复制,形成一个指定名称的新数据表。

说明：

● 缺省范围短语、条件短语和 FIELDS<字段表>短语时，复制后得到的新数据表与原表完全

一样；选用[FIELDS<字段表>]时，则仅复制指定的字段，并且新表的字段排列顺序与指定的<字段表>中各字段的排列顺序一致。

● 选择 TYPE <文件类型>短语时，复制后产生的是扩展名为.TXT 的文本文件，其中<文件类型>可以是 SDF 或 DELIMITED<分隔符>等。

【例 3-21】 在顾客信息表 customer.dbf 的基础上，产生一个只包含性别为女的记录的数据表xb.dbf。

```
USE customer
COPY TO xb FOR 顾客性别="女"
USE xb
BROWSE
USE
```

3.5.2 数据表的删除

数据表的删除既包括表结构又包括表中记录。可以使用命令 DELETE FILE 删除数据表。该命令的语法为 DELETE FILE "盘符：\路径\表名.dbf"。

当前打开的表不能被删除。

3.6 数据表的导入和导出

数据表的导入和导出功能可以实现 Visual FoxPro 和其他应用程序之间的数据共享，实现数据的高效使用，避免数据的重复录入。

数据表的导入是将其他应用软件管理的数据转化成 Visual FoxPro 的数据表，最常见的导入是将文本文件或电子表格文件转换成数据表文件。数据表的导出是将 Visual FoxPro 创建的数据表中的数据转化成其他应用软件可使用的数据，最常见的导出是将数据表数据转换成文本数据或电子表格数据。

数据表的导入和导出既可以使用菜单操作方式，也可以使用命令操作方式。导入可以用IMPORT FROM 命令来实现；导出可以用 COPY TO 命令来实现。这两个命令的具体使用方法，请读者参看 MSDN。

在工作中，一般采用菜单操作方式对数据表进行导入和导出。下面给出两个示例，介绍如何使用 Visual FoxPro 的导入和导出菜单，实现 Visual FoxPro 的数据表数据和 Excel 的电子表格数据之间的转换。

【例 3-22】 通过 Visual FoxPro 6.0 数据导入功能，将图 3-24 所示的工作簿 sales.xls 中工作表 product 中的数据导入到 Visual FoxPro 中来，导入的文件为 sales.dbf。

（1）单击"文件"菜单中命令项"导入"，打开图 3-25 所示的"导入"对话框。

（2）在"导入"对话框中指定源文件的类型、文件标识符以及工作表的名字，系统会自动生成目标文件的文件标识符，如图 3-26 所示。

（3）在"导入"对话框中，单击"确定"按钮，就会生成数据表文件 sales.dbf。

图 3-24　工作簿 sales.xls 中的工作表 Product

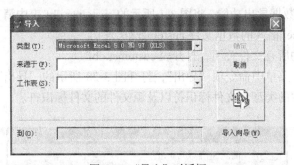

图 3-25　"导入"对话框

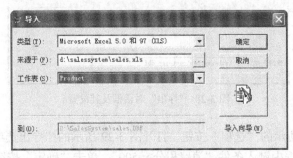

图 3-26　源文件和目标文件的设置

（4）生成的数据表 sales.dbf 处于打开状态，单击"查看"菜单的"浏览"命令可以看到数据表 sales.dbf 的浏览视图，如图 3-27 所示。

　　　　通过上述步骤生成的数据表 sales.dbf 的字段名和类型都是默认的。如果想按照实际需要来指定字段名和字段类型，在执行步骤（3）之前，可以单击图 3-25 所示的"导入向导"按钮，打开"导入向导"指定字段名字和类型。更灵活的方法是，将默认导入的数据表 sales.dbf 通过表设计器来指定字段名和字段类型。

图 3-27　目标数据表 sales.dbf 的浏览视图

【例 3-23】　通过数据导出功能，将图 3-1 所示的 customer.dbf 表中消费积分不低于 500 的顾客记录，导出生成 Excel 格式的数据文件 customer.xls。

（1）将工作区中的所有文件关闭，打开表 customer.dbf。

（2）单击"文件"菜单中命令项"导出"，打开图 3-28 所示的"导出"对话框。在"导出"对话框中指定目标文件的类型、文件标识符以及源文件的文件标识符。

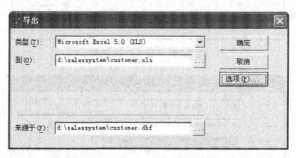

图 3-28　"导出"对话框及其设置

（3）单击图 3-28 所示的"选项"按钮，打开图 3-29 所示的"导出选项"对话框，在该对话框中"FOR 条件"文本框中键入条件"消费积分>=500"，单击"确定"按钮。

　　　　在导出数据操作中，既可以将表中的记录和字段全部导出，也可以将其中一部分记录或字段导出，这是通过图 3-28 所示的"导出选项"对话框来实现的。在该对话框中通过设定相应的作用范围、筛选条件和字段列表，可以导出满足条件的数据。

（4）单击图 3-28 所示的"确定"按钮，生成 Excel 格式的数据文件 customer.xls。打开这个工作簿文件，导出的工作表数据如图 3-30 所示。

图 3-29　"导出选项"对话框及其设置

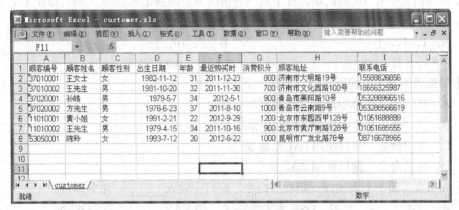

图 3-30　工作簿 customer.xls 的工作表 customer

 　在将数据表文件转换成 Excel 文件时，数据类型可以得到平滑的过渡。

　　由上述的两个例题可见，数据的导入和导出是一对相反的操作。导入是将其他类型的数据转换为数据表数据，导出则是将数据表中的数据转换成其他类型文件格式的数据。

习　　题

一、单选题

【1】打开一个建立了结构复合索引的数据表，表记录的顺序将按_____显示。

    A．第一个索引标识　　　　　　　　B．最后一个索引标识

    C．主索引标识　　　　　　　　　　D．原顺序

【2】设已打开表文件的当前记录号为 100，若要将记录指针指向记录号为 50 的记录，应使用的命令是_____。

    A．SKIP 50　　　　　　　　　　　　B．GO 50

    C．SKIP 100　　　　　　　　　　　　D．GO -50

【3】对某一个数据库建立以出生年月（D 型）和工资（N，7，2）的多字段结构复合索引的正确的索引关键字表达式为_____。

    A．出生年月+工资　　　　　　　　B．DTOC（出生年月）+STR（工资，7，2）

    C．出生年月+STR（工资，7，2）　　D．DTOC（出生年月）+工资

【4】假定学生数据表 STUDENT.DBF 中前 10 条记录均为女生的记录，执行以下命令序列后，记录指针定位在_____。

```
USE STUDENT
GO 2
LOCATE NEXT 4  FOR 性别="女"
```

    A. 第 1 条记录上　　　　　　　　　B. 第 2 条记录上

    C. 第 4 条记录上　　　　　　　　　D. 第 3 条记录上

【5】设当前表中有 10 条记录，在下列三种情况下：当前记录号为 1 时；EOF（）为真时；BOF（）为真时，命令? RECNO（）的结果分别是_____。

    A. 1，11，1　　　　　　　　　　B. 1，10，1

    C. 1，11，0　　　　　　　　　　D. 1，10，0

【6】如果想删除表中的所有记录，只留下表的结构，应该_____。

    A. 从"表"菜单中选择"彻底删除"命令

    B. 从"表"菜单中选择"删除记录"命令

    C. 在"命令"窗口使用 PACK 命令

    D. 在"命令"窗口使用 ZAP 命令

【7】如果要关闭一个表文件，则在"命令"窗口中输入_____命令即可。

    A. USE　　　　　B. USE 表文件名　　C. CLEAR　　　　D. OPEN

【8】在为表建立索引时，下面的_____字段不能作为索引排序字段。

    A. 数值型　　　　B. 通用型　　　　C. 日期型　　　　D. 字符型

【9】为当前"学生"表的所有记录的入学成绩增加 20 分的命令是_____。

    A. REPLACE 入学成绩 WITH 入学成绩＋20

    B. REPLACE ALL 入学成绩 WITH 入学成绩+20

    C. CHANGE 入学成绩 WITH 入学成绩＋20

    D. CHANGE ALL 入学成绩 WITH 入学成绩＋20

【10】如果要删除表中的多条记录，可以使用条件删除，在"删除"对话框的"作用范围"中的 RECORD 是指_____。

    A. 全部记录　　　　　　　　　　B. 从表中当前记录开始的若干条记录

    C. 从当前记录开始到文件尾　　　　D. 特指某条记录

【11】排序可以有逻辑排序，也可以利用_____命令进行物理排序。

    A. INDEX　　　　B. SORT　　　　C. INDEX ON　　　D. ORDER

【12】如果要在"浏览"窗口中显示"学生"表中的某两个字段，则应打开"浏览"窗口，选择"表"菜单下的"属性"命令，在"工作区属性"对话框中设置_____选项。

    A. "数据过滤"　　　B. "字段筛选"　　C. "索引顺序"　　　D. "数据缓冲"

【13】在浏览方式或编辑方式下查看表记录时，选择"显示"菜单中的_____命令，即可输入记录。

    A. "输入记录"　　　B. "插入记录"　　C. "追加方式"　　D. "浏览"

二、填空题

【1】物理删除表中数据，要先完成_____的操作。

【2】一个表文件对应磁盘上的一个扩展名为_____的文件，有备注和通用型字段时，则磁

盘上还会有一个对应扩展名为＿＿＿＿＿＿＿的文件。

【3】Visual FoxPro 中的 SKIP 命令可使记录指针＿＿＿＿＿＿＿。

【4】设在 Visual FoxPro 中，要使所有职称为"工程师"的记录的工资增加 50,应使用的命令是＿＿＿＿＿＿＿。

【5】在 Visual FoxPro 中 SKIP 命令是按＿＿＿＿＿＿＿定位，即当使用索引时，是按＿＿＿＿＿＿＿的顺序定位的。

【6】结构复合索引文件与＿＿＿＿＿＿＿同名，在＿＿＿＿＿＿＿时自动打开，在＿＿＿＿＿＿＿时自动重新索引。

【7】在对数据表进行添加、删除及修改记录等操作时，结构复合索引文件的内容进行＿＿＿＿＿＿＿修改。

【8】＿＿＿＿＿＿＿字段用于保存大量的文本信息。

三、思考题

【1】数据表中常用的数据类型有哪些？

【2】数据表的结构和数据有什么区别和联系？

【3】物理排序和逻辑排序生成的结果文件的结构有什么不同？

【4】索引项有哪几种类型？在建立和使用时有什么不同？

【5】对数据表进行更新操作的 Visual FoxPro 专有命令有哪些？

四、操作题

【1】设计一个银行卡数据表，存放本班同学的银行卡信息，包括卡号、开户行、余额。

【2】在 Visual FoxPro 6.0 中建立银行卡这个自由表。

【3】通过表设计器给银行卡数据表增加两个字段：持卡人身份证号和持卡人姓名。

【4】对银行卡数据表建立三个最合适的索引：两个候选索引和一个普通索引。

【5】打开浏览维护窗口，对银行卡数据表中的记录进行增加、删除和修改操作。

【6】将银行卡数据表中的数据导出到一个 Excel 表中。

第4章
数据库的创建与管理

数据库是指存储在外部存储器上的有结构的数据集合，在关系数据库中数据集合的组织结构是满足关系特征的二维表，称为数据库表。Visual FoxPro 数据库是一个容器，它通过一组文件将相互联系的数据库表及其相关的数据库对象进行统一组织和管理。本章以订单数据库为例，重点讲解数据库的创建、管理、约束定义以及数据库中对象信息的组织形式。

4.1　数据库的创建

在 Visual FoxPro 中，数据库是一个逻辑上的概念和手段，用于统一管理和组织相互联系的数据库表及其相关的数据库对象。在物理上，创建数据库表现为建立了一个用来存放数据库的定义信息的扩展名为.DBC 的文件。与此同时，还将自动建立一个扩展名为.DBT 的数据库备注文件和一个扩展名为.DCX 的数据库索引文件。

4.1.1　容器的创建

数据库的创建有菜单和命令两种方式。不管是哪种方式，新创建的数据库只是一个空库，这个容器中没有一个数据库对象，此后可根据需要在其中创建或添加数据库表，并建立表之间的关系和参照完整性等。新创建的数据库名称会显示在"常用"工具栏的下拉列表框中。

1. 菜单方式

用菜单方式创建数据库的操作步骤如下：

（1）执行"文件"菜单下的"新建"命令，弹出"新建"对话框。

（2）在"新建"对话框中，选定"数据库"后单击"新建文件"按钮。

（3）在打开的"创建"对话框中，选定保存该数据库文件的文件夹，并输入数据库名称，如"订单"，单击"保存"按钮。此时就创建了"订单"这个空数据库，并打开"数据库设计器"窗口，同时弹出"数据库设计器"工具栏，如图 4-1 所示。

（4）在"数据库设计器"窗口内，可根据需要新建数据库表或将已有的数据库表添加进来，并可进行其他相关的操作。

图 4-1　"数据库设计器"窗口

2. 命令方式

格式：CREATE DATABASE <数据库名>

功能：创建一个指定名称的数据库文件。

　　　　执行此命令后，指定名称的数据库即可创建完成，并成为当前打开的数据库，但并不出现"数据库设计器"窗口。

例如，创建订单数据库的命令如下：

CREATE DATABASE　订单

4.1.2　在容器中创建表

刚刚创建的数据库自动成为当前数据库，接着创建的表自动成为当前数据库中的数据库表。数据库表结构的创建可以用 SQL 命令，也可以用数据库表设计器。SQL 命令 CREATE TABLE 在第 5 章有详细介绍，本章只介绍怎样用表设计器创建数据库表结构。

1. 表设计器的打开

数据库表的创建经常采用下列四种方法之一，不管用哪一种方法实际都是打开如图 4-2 所示的数据库的"表设计器"，由用户手工定义数据库表的字段和索引等。

（1）执行"文件"菜单中的"新建"命令，在弹出的"新建"对话框中选定"表"，然后单击"新建文件"按钮。

（2）直接在命令窗口执行 CREATE <表文件名> 命令。

（3）打开"数据库设计器"窗口，然后在主窗口新增加的"数据库"菜单中执行"新建表"命令。

（4）单击"数据库设计器"工具栏中的"新建表"按钮。

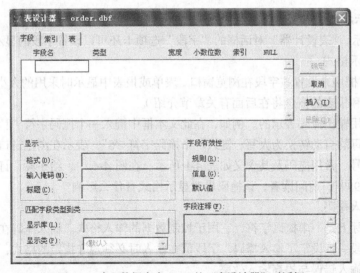

图 4-2　建立数据库表 order 的"表设计器"对话框

用户可以注意到，图 4-2 所示的"表设计器"比创建自由表时所出现的"表设计器"的内容更为丰富，为每个字段增加了"显示"、"字段注释"、"字段有效性"等多项设置。

2．字段基本属性的定义

创建数据库表的操作与创建自由表时是类似的，即应根据需要输入新表每个字段的"字段名"、"类型"、"宽度"和"小数位数"等信息，并在需要时以某个字段或表达式为关键字建立索引等。图 4-3 生动地刻画了如何用"表设计器"定义表 order 各个字段的基本属性。

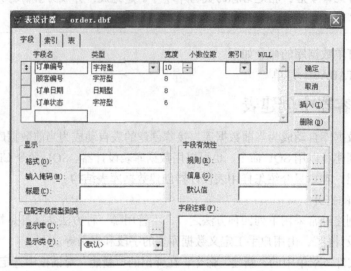

图 4-3　在"表设计器"中设置字段属性

需要注意的是，Visual FoxPro 允许为数据库表中的字段指定一个不超过 128 个字符的字段名，还可以为数据库表指定一个不超过 128 个字符的长表名，以便更加清楚地表达字段或表的含义。长表名、长字段名均可在"表设计器"中的"字段"选项卡和"表"选项卡分别定义，并存储在数据库文件中。

3．字段显示属性的定义

如图 4-4 所示，"表设计器"对话框的"字段"选项卡还可以设置字段的显示属性。

（1）设置显示格式。

"格式"文本框用来设置该字段在浏览窗口、表单或报表中显示时采用的大小写、字体大小和样式（有关表单和报表的概念将在后面有关章节介绍）。

显示格式是用输出掩码表示的。例如，在此文本框中键入一个掩码字符"!"，表示在浏览窗口中该字段的字母均自动转换为大写；键入一个掩码字符"$"，表示在浏览窗口输出数值数据前显示浮动的￥符号。常用掩码及其含义如表 4-1 所示。在图 4-4 中，给字段"订单编号"设置了显示格式"!!999999"，请问读者，该掩码串对显示格式有什么影响？

（2）设置输入掩码。

输入掩码实际上是一串掩码字符，它用于控制数据的输入格式。输入掩码在"输入掩码"文本框中设置，字段一旦设定了输入掩码，字段值在输入时必须遵守指定的格式，以便限制数据的输入范围，减少输入错误与提高输入效率。

输入掩码必须按位指定格式，常用的输入掩码可以包含的字符如表 4-1 所示。如图 4-4 所示，将"订单编号"字段的输入掩码设置为"NN99999999"，则在输入该字段内容时前 2 位只允许输入数字或字母，其他 8 位只能是数字。

表 4-1	常用掩码及其含义
掩 码 符 号	作 用
！	把小写字母转换成大写字母
(	当数据为负数时用括号括起来
$	在输出的数值数据前显示浮动的$号
^	用科学计数法显示数值型数据
*	数值型数据的前导零用星号替换
.	指出小数点的位置
,	用逗号分隔数值的整数部分
#	只允许数字、空格与正负号
9	允许输入数字
A	只允许字母
D	使用 SET DATE 设置的日期格式
L	在数值型数据输出时给出前导零
N	只允许字符和数字

（3）设置字段标题。

"标题"文本框用来设置该字段的标题。如图 4-4 所示，在 order 中"订单编号"字段的"标题"设置为"订单号"，那么在浏览窗口中，该字段的列标题即显示为"订单号"。

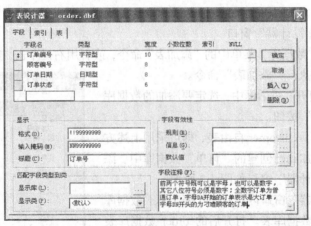

图 4-4　在"表设计器"中设置字段属性

4. 字段注释的定义

在"字段注释"文本框内输入信息，即可对每一个字段进行注释，主要是提醒自己和他人该字段的数据有什么作用和意义。图 4-4 给"订单编号"设置了一个注释，解释"订单编号"这个字段的某些编码规则。

需要说明的是，字段的显示属性和注释都不是必须有的，用户可根据具体需要选择是否设置。另外，在数据库表设计器中还可以定义字段有效性等约束规则，这个内容将在 4.3 节专门介绍。

5. 数据记录的追加

在"订单"数据库使用表设计器创建了数据库表 order 后，数据库容器中就有了第一个对象 order。创建表 order 后的"数据库设计器"窗口如图 4-5 所示。

在数据库“订单”中刚刚创建的数据库表 order 也是空的，只有表的结构。可以在“数据库设计器”窗口内，双击代表 order 数据库表的小表格打开该数据库表的浏览窗口，然后在追加方式下录入图 4-6 所示的记录行。这样就完成了在数据库中创建数据库表的任务。

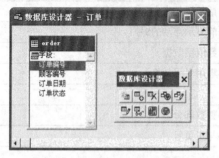

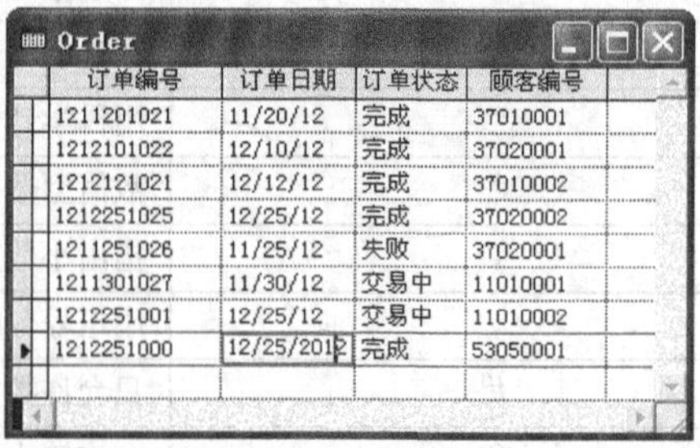

图 4-5　添加了 order 表的“数据库设计器”窗口

订单编号	订单日期	订单状态	顾客编号
1211201021	11/20/12	完成	37010001
1212101022	12/10/12	完成	37020001
1212121021	12/12/12	完成	37010002
1212251025	12/25/12	完成	37020002
1211251026	11/25/12	失败	37020001
1211301027	11/30/12	交易中	11010001
1212251001	12/25/12	交易中	11010002
1212251000	12/25/2012	完成	53050001

图 4-6　order 数据库表的记录内容

4.1.3　在容器中添加和移除表

数据库中的表有两个来源，一个来源是在数据库容器中建表，另一个来源是将自由表添加到数据库容器中。注意：不可以将一个数据库中的表添加到另一个数据库中，因为一个数据库表只能为某一个数据库所有，不能同时添加到多个数据库中。

1. 向数据库容器中添加表

（1）用菜单方式向数据库中添加表。

操作步骤如下：

① 打开“数据库设计器”窗口。

② 执行主窗口“数据库”菜单中的“添加表”命令，或者用右键单击“数据库设计器”窗口，在弹出的快捷菜单中执行“添加表”命令。

③ 在弹出的“打开”对话框中，选定要添加的数据库表，然后单击“确定”按钮。

例如，已经创建了 customer 自由表，即可采用上述方法将这个数据库表添加到已创建的“订单”数据库中。添加表后的“数据库设计器”窗口如图 4-7 所示。

图 4-7　添加了 customer 表的“数据库设计器”窗口

在“数据库设计器”窗口内，双击代表 order 数据库表的小表格可打开该数据库表。打开后的 order 数据库表的记录内容如图 4-6 所示。

（2）用命令方式向数据库中添加表。

格式：ADD TABLE <数据库表名>

功能：向已经打开的数据库中添加指定名称的数据库表。

例如：在当前数据库中添加数据库表，命令为 ADD TABLE customer。

2. 从数据库容器中移去表

（1）菜单界面方式。

操作步骤如下：

① 打开订单库，进入“数据库设计器”窗口。

② 在其中选定要移去的数据库表，如 order。

③ 执行主窗口"数据库"菜单中的"移去"命令，order 成了自由表。

（2）命令方式。

格式：REMOVE TABLE <数据库表名> [DELETE]

功能：从打开的数据库中移去或删除指定名称的数据库表。

如果选用 DELETE 短语，表示从数据库中移去指定数据库表的同时从磁盘上删除该数据库表；否则，只从数据库中移去指定的数据库表，把它变为自由表。

当将自由表添加到某个数据库中时，该自由表即变成了数据库表，且同时具有数据库表的优点；当将某个数据库表移出数据库时，该数据库表也就变成了自由表，并且同时失去了数据库表的优点。

4.2　数据库的管理

4.2.1　数据库的打开

1. 菜单方式

① 执行"文件"菜单下的"打开"命令，弹出"打开"对话框。

② 在"打开"对话框中，选定"数据库"文件类型后，如果要对数据库进行修改，则要勾选"独占"方式，然后单击"确定"按钮，如图 4-8 所示。

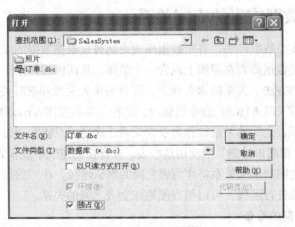

图 4-8　"打开"对话框

2. 命令方式

格式：OPEN DATABASE <数据库名>

功能：打开指定名称的数据库文件。

可以同时打开多个数据库，所有打开的数据库名均显示在主窗口"常用"工具栏的下拉列表中，可在该列表中选定其中一个作为当前数据库。

4.2.2 数据库的关闭

格式 1：CLOSE DATABASES

功能：关闭所有打开的数据库和数据库表。

格式 2：CLOSE ALL

功能：关闭所有打开的数据库和数据库表，同时关闭除主窗口外的各种窗口。

4.2.3 数据库的修改与删除

数据库打开后，数据库的修改就是对数据库中的对象进行建立、修改和删除等操作，可以通过数据库菜单、数据库设计器工具栏完成。若要打开数据库设计器，除了可以通过打开数据库的方法来实现，还可以用命令来实现。

1. 修改数据库命令

格式：MODIFY DATABASE <数据库名>

功能：打开"数据库设计器"窗口，在其中显示指定的数据库内容以供修改。

2. 删除数据库命令

格式：DELETE DATABASE <数据库名> [DELETE TABLES]

功能：删除指定名称的数据库文件。

选择 DELETE TABLES 短语时，数据库中的所有数据库表都将被删除；否则只删除数据库文件，原数据库中的表随即变成自由表。

4.2.4 建立数据库表的表间关系

数据库中可以有多个数据库表，各个数据库表之间可以根据数据的联系建立关联关系。正是这种关联关系使得相关数据库表在逻辑上成为一个整体，从而体现数据库的优越性。数据库表之间的关系从建立关系的方法、关系的永久性上，可分为永久关系和临时关系。

临时关系是用 SET RELATION 命令创建的，这种关系在关闭 Visual FoxPro 时自动解除。

数据库中各数据库表之间的关系被称为永久关系，这种关系能在运行结束后一直保存。每当在"查询设计器"或"视图设计器"中使用这些表，或者在创建表单或报表的"数据环境设计器"中使用这些表时，表之间的永久关系将作为表之间的默认连接。在"数据库设计器"窗口中，通过在两表之间的索引项进行连线，可以很方便地建立表之间的关系。

1. 建立永久关系前的准备

在创建永久关系之前，要建立关系的两个表必须有公共的字段，以及依据这些字段建立的相应索引。Visual FoxPro 对公共字段有如下规定：发出关联的表（即主表）中，必须为两表的公共字段建立一个主索引或候选索引。被关联的表（即子表）中，如果两表间要建立一对一的关系，则子表要为该公共字段建立一个主索引或候选索引；如果两表间要建立一对多的关系，则子表要为该公共字段建立一个普通索引或唯一索引。两表中的公共字段分别创建的索引必须具有相同的索引表达式。

数据库中的数据库表可以建立若干个候选索引、普通索引和唯一索引，但是只能建立一个主索引，而且只能由主关键字字段来建立主索引和候选索引。

建立索引时，可以通过命令方式建立（参看第 5 章），也可通过"表设计器"的"索引"选项卡选择不同的索引类型。

【例 4-1】　在"表设计器"中，为"订单"数据库的 customer 数据库表，以"顾客编号"为主关键字建立主索引。操作步骤如下：

① 打开"订单"数据库，选择其中的 customer 数据库表，然后执行"显示"菜单下的"表设计器"命令，打开"表设计器"对话框。

② 选取其中的"顾客编号"字段，单击该字段"索引"栏中的向下箭头，在下拉列表框中选择"升序"。

③ 选择"表设计器"中的"索引"选项卡，单击"类型"栏中的向下箭头，在下拉列表框中选择"主索引"，如图 4-9 所示。

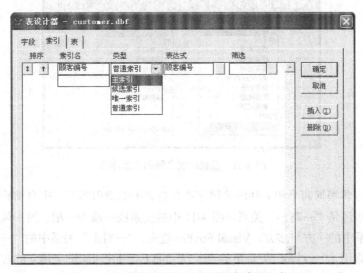

图 4-9　以"顾客编号"为主关键字建立主索引

④ 单击"确定"按钮后回到"数据库设计器"窗口。此时可见到在 customer 数据库表中增加了一个名为"顾客编号"的索引项，且在其名字前面有一个小钥匙图标，表示该索引项为主索引，如图 4-10 所示。

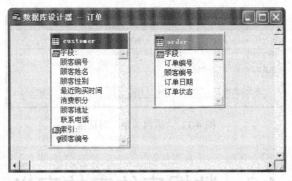

图 4-10　order 数据库表的记录内容

2. 建立永久关系

在打开的"数据库设计器"窗口中建立永久关系，只要在数据库的数据库表之间用鼠标进行连线，即用鼠标左键把一个数据库表的主索引或候选索引项拖动到另一个数据库表对应的索引项上，释放鼠标即可。

【例 4-2】 在"数据库设计器"中，为"订单"数据库的 customer.dbf 和 order.dbf，通过"顾客编号"建立永久关系。操作步骤如下。

① 打开"订单"数据库，弹出"数据库设计器"窗口。

② 以 customer.dbf 的"顾客编号"为关键字建立一个主索引，再以 order.dbf 的"顾客编号"为关键字建立一个普通索引。

③ 在"数据库设计器"中，用鼠标直接将 customer.dbf 的"顾客编号"索引标识拖放到 order.dbf 的"顾客编号"索引标识上，在两表之间将产生一条关系连线，如图 4-11 所示。

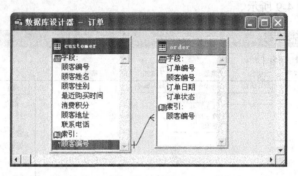

图 4-11　数据库表之间的关系连线

Visual FoxPro 将根据两个相关联的关键字在各自表中的索引类型，来自动确定此种永久关系是"一对一"关系还是"一对多"关系。图 4-11 中的关系线一端为一根，另一端为多根，分别表示"一对多"关系中的一方与多方。Visual FoxPro 规定，"一对多"关系中的"一方"必须是用主关键字建立的主索引，"一对多"关系中的"多方"可以是用普通关键字建立的普通索引或唯一索引。若被关联表中的索引是主索引或候选索引，则将自动建立"一对一"的永久关系。

3. 编辑、删除永久关系

在"数据库设计器"中双击数据库表之间的关系连线，将弹出如图 4-12 所示的"编辑关系"对话框，在该对话框中可以修改该关系。此外，若单击关系线，使其变粗，然后按 Delete 键，则可删除已建立的关系。

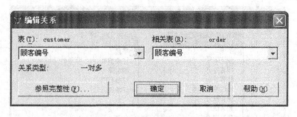

图 4-12　"编辑关系"对话框

4.3　数据库约束的定义

数据的完整性是指数据的正确性和一致性，数据库约束是为了保证数据的完整性而实现的一套机制。Visual FoxPro 的数据库约束分为三类：字段约束即字段有效性规则、记录约束即有效性规则、表间约束即设置参照完整性规则。

字段约束是为了保持字段的数据完整性，即指输入字段中的数据的类型或值必须符合某个特定的要求，通过字段的有效性规则加以实施。表内约束是为了保持记录的数据完整性，通过记录的有效性规则加以实施。表间约束是为了保持相关表之间的数据一致性，通过参照完整性设置加以实施。

4.3.1 字段有效性约束的定义

在"字段有效性"区中有"规则"、"信息"、"默认值" 3 个文本框。

"规则"文本框用于设置对该字段输入数据的有效性进行检查的规则，实际上是设置一个条件。例如，对于 customer.dbf 中"顾客性别"字段可在此文本框中输入 "顾客性别= '男' OR 顾客性别='女'"，对于输入的每个数据，Visual FoxPro 均会自动检查是否符合所设定的条件，只有输入正确的内容才能完成该字段数据的输入。

"信息"文本框用于设置该字段输入出错时将显示的提示信息。例如，对于上面设定的规则，若输入非法值时，相应的出错提示信息可以设置为"性别字段值必须是男或女!"。提示信息须用引号括起来。

"默认值"文本框用于指定该字段的默认值。例如，对于 product.dbf 中的"商品编号"字段可以设置其默认内容为"01001"，这样当增加新记录时，字段默认值会在新记录中显示出来，从而可提高记录内容的输入速度。

4.3.2 记录有效性约束的定义

打开"学生数据库"中 student.dbf 的表设计器，在"表设计器"对话框中选定"表"选项卡，即可在其中设置各条记录的验证规则，并可设置在记录插入、删除或更新时的完整性规则，如图 4-13 所示。

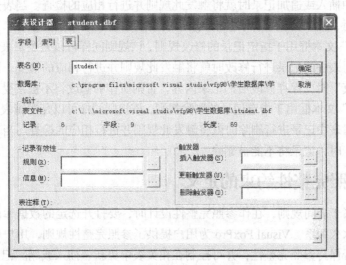

图 4-13 "表设计器"中的"表"选项卡

1. 记录有效性
记录有效性规则的设置是用来指定同一记录不同字段间的逻辑关系。在"表"选项卡的"记录有效性"区内有"规则"和"信息"两个文本框。例如，可在"规则"框中输入规则"年龄=2013-YEAR(出生日期)"；而在"信息"框中输入"年龄与出生日期不符！"。这样，每输入完一条记录时 Visual FoxPro 就会按此规定进行记录有效性的检验，一旦出错就会显示指定的出错信息，如图 4-14 所示。

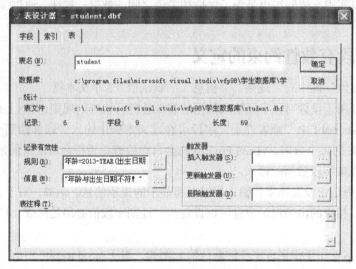

图 4-14　记录有效性设置

2. 触发器

触发器是指对数据库表中的记录进行插入、删除和更新时将触发的检验规则。在"表设计器"中的"表"选项卡的"触发器"区内有"插入触发器"、"更新触发器"和"删除触发器"3 个文本框。

"插入触发器"文本框用于指定记录的插入规则，该规则可以是逻辑表达式，也可以是自定义函数。每当向表中插入或追加记录时就将触发此规则并进行相应的检查。当表达式或自定义函数的结果为"假"时，插入的记录将不被接受。

"更新触发器"文本框用于指定记录的修改规则，该规则同样可以是逻辑表达式，也可以是自定义函数。每当对表中的记录进行修改时就将触发此规则并进行相应的检查。当表达式或自定义函数的结果为"真"时，保存修改后的记录内容，否则所作的修改将不被接受。

"删除触发器"文本框用于指定记录的删除规则，该规则同样可以是逻辑表达式，也可以是自定义函数。每当对表中记录进行删除时就将触发此规则并进行相应的检查。当表达式或自定义函数的结果为"假"时，记录将不能被删除。

4.3.3　参照完整性约束的定义

参照完整性属于表间规则，在作参照完整性设计时，要打开选定的数据库设计器，设置好各数据库表之间的永久关系。Visual FoxPro 为用户提供了参照完整性规则，用户可利用参照完整性生成器来选择是否保持参照完整性，并可控制在相关表中更新、插入或删除记录。

1. 参照完整性的概念

参照完整性（Referential Integrity，RI），设置 RI 就是建立一组数据库表之间的规则，当用户插入、更新或删除表中记录时，可保证各相关数据库表之间数据的完整性。设置参照完整性后，

Visual FoxPro 可以确保以下几点：

（1）当主表中没有相应的记录时，关联表中不得添加相关记录。

（2）若主表中的数据被改变时将导致关联表中出现孤立记录，则主表中的这个数据不能被改变。

（3）若主表中的记录在关联表中有匹配记录，则主表中的这个记录不能被删除。

设置参照完整性的操作包括建立参照完整性的规则类型，指定应实施规则的数据库表，以及具体的实施规则。

2. 参照完整性的设置

在设置参照完整性之前，首先必须清理数据库。具体方法为：打开要清理的数据库，选择"数据库"菜单下的"清理数据库"命令。然后就可以用 Visual FoxPro 的"参照完整性生成器"来设置参照完整性了。启动"参照完整性生成器"的方法如下。

方法一：打开"数据库设计器"，然后执行"数据库"菜单中的"编辑参照完整性"命令。

方法二：在"数据库设计器"中双击两个数据库表之间的关系线，在弹出的"编辑关系"对话框中单击"参照完整性"按钮，如图 4-15 所示。

图 4-15　"编辑关系"对话框

方法三：用鼠标右键单击"数据库设计器"，在弹出的快捷菜单中执行"编辑参照完整性"命令。打开的"参照完整性生成器"对话框，如图 4-16 所示。

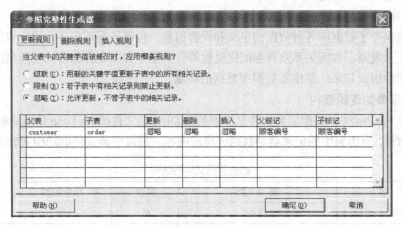

图 4-16　"参照完整性生成器"对话框

在该对话框中有"更新规则"、"删除规则"和"插入"规则 3 个选项卡介绍如下。

（1）更新规则

用于指定修改父表中关键字值时所应遵循的规则。它包含"级联"、"限制"和"忽略"3 个单选按钮。

① 级联：指当修改父表记录中关键字段的值时，子表中与此记录相关的记录也随之改变。

② 限制：指当修改父表记录中关键字段的值时，若子表中有与此记录相关的记录，则禁止修

改父表中的相应记录。

③ 忽略：指不进行参照完整性检查，可随意修改父表中关键字段的值。

（2）删除规则

用于指定删除父表中的记录时所应遵循的规则，也包含"级联"、"限制"和"忽略"三个单选按钮。

① 级联：指当删除父表中的记录时，子表中与其相关的记录自动删除。

② 限制：指在删除父表记录时，若子表中有与其相关的记录，则禁止父表的删除操作，使删除失败。

③ 忽略：指不进行参照完整性检查，父表的记录可随意删除。

（3）插入规则

用于指定在子表中插入新记录或更新已经存在的记录时所应遵循的规则，包含"限制"和"忽略"两个单选按钮。

① 限制：指在子表中插入一个新记录或更新一个已存在记录的匹配关键字时，若父表的记录中没有相匹配的关键字值，则禁止插入或更新。

② 忽略：指不进行参照完整性检查，子表可随意插入记录。

4.4 数据库的数据字典

前面我们创建了订单数据库后，在订单数据库中添加了 customer 和 order 两个表，并且建立了表的关系。那么订单数据库的对象信息和对象关系信息是怎样组织的呢？这些信息又存放在哪里呢？这个问题的答案就是数据字典。

1. 数据字典的功能

数据字典保存了数据库各种数据的定义和设置信息，包括数据库中各数据库表的属性、各字段的属性、记录规则、表间关系及其参照完整性等。数据字典以文件的形式将数据库中相关对象的描述信息集中组织起来，是维系数据库数据的根基。

2. 数据字典的逻辑结构

在 Visual FoxPro 中，数据字典文件是扩展名为.DBC 的文件(Data Base Container)，它以自由表形式组织数据，自由表中的记录就是数据字典的内容。数据字典文件的结构如表 4-2 所示。

表 4-2　　　　　　　　　　　　数据字典文件的结构

字 段 名	类 型	宽度	小数位数	索引
ObjectID	整型	40	0	无
ParentID	整型	40	0	无
ObjectType	字符型	10		无
ObjectName	字符型	128		无
Property	备注型（二进制）	4		无
Code	备注型（二进制）	4		无
RiInfo	字符型	6		无
User	备注型	4		无

3. 数据字典的内容

在 Visual FoxPro 的一个数据库中，每一个数据对象的全部参数都以一条记录的形式存储在.DBC 文件中。这个记录包括 8 个字段：ObjectID、ParentID、ObjectType、ObjectName、Property、Code、RiInfo 和 User，说明如下。

（1）ObjectID：该字段记录数据对象在数据库中的序列号，是数据对象的唯一标识。

（2）ParentID：该字段记录数据对象在数据库中的父对象序列号，以此标识该对象所属的容器对象。

（3）ObjectType：该字段记录数据对象的类型标识，可以是 Database、Table、Field、Index、Relation、View 和 Connection 7 种。

（4）ObjectName：该字段记录数据对象的名称，其中，用户定义对象由用户命名，系统定义对象由系统命名。

（5）Property：该字段记录数据对象的全部属性值，以二进制文本形式存储于由.DBC 文件链接的备注文件中。

（6）Code：该字段记录数据对象在被引用时的一致性检验代码及其相关的过程代码，以二进制文本形式存储于由.DBC 文件链接的备注文件中。

（7）RiInfo：该字段记录着由 3 个字母组合成的字符串，标志着这个关系对象存储或被引用时的完整性规则。

（8）User：该字段是一个不被 VFP 使用的字段，可用来存储用户定义的相关属性值。当然，这些属性值的使用也只能由用户程序完成。

由上述内容可知，Visual FoxPro 数据库中的所有数据对象及其属性值均记录于 DBC 文件中，形成数据库的数据字典。数据库中数据对象的增删及其属性值的修改，都必然会改变.DBC 文件中的相关记录。

习　题

一、单选题

【1】在 Visual FoxPro 中，数据库文件的扩展名为_____。

    A．.dbc   B．.Act   C．.dcx   D．.dbf

【2】Visual FoxPro 关于数据库的参照完整性规则不包括_____。

    A．插入规则   B．删除规则   C．查询规则   D．更新规则

【3】在 Visual FoxPro 中，打开一个数据库文件的命令是_____。

    A．OPEN ＜数据库名＞

    B．CREATE ＜数据库名＞

    C．OPEN DATABASE ＜数据库名＞

    D．CREATE DATABASE ＜数据库名＞

【4】以下关于主索引的说法正确的是_____。

    A．在自由表和数据库表中都可以建立主索引

    B．可以在一个数据库表中建立多个主索引

    C．数据库中任何一个数据库表只能建立一个主索引

D. 主索引的关键字值可以为 NULL

【5】下列关于数据库表和自由表的区别的叙述中，错误的一项是_____。

A. 自由表可以使用长表名，表中可以使用长字段名，而数据库表不能使用长表名

B. 可以为数据库表中的字段添加标题和注释

C. 可以为数据库表中的字段指定默认值和输入掩码

D. 可以为数据库表中的字段设置主关键字、参照完整性和表间的关系

【6】在 Visual FoxPro 中，自由表字段名最长为_____个字符。

A. 1　　　　　B. 10　　　　　C. 128　　　　　D. 若干个

【7】不能用在自由表中的索引是_____。

A. 普通索引　　B. 唯一索引　　C. 候选索引　　D. 主索引

【8】Visual FoxPro 建立和修改永久性关联要使用_____。

A. 数据库设计器　B. 表设计器　　C. 表向导　　D. 索引管理器

【9】将表从数据库中移出，使之成为自由表的命令是_____。

A. REMOVE　　B. DELETE　　C. RECYCLE　　D. REMOVE TABLE

【10】在 Visual FoxPro 中，正确的是_____。

A. 数据库表的结构存放在数据库的数据字典中

B. 数据库表的数据存放在数据库的数据字典中

C. 数据库表的数据存放在数据库文件中

D. 数据库表的永久关系存放在数据库表中

【11】在数据工作区窗口，使用 SET RELATION 命令可以建立两个表之间的关联，这种关联是_____。

A. 永久性关联和临时性关联　　　B. 永久性关联

C. 永久性关联或临时性关联　　　D. 临时性关联

【12】关系数据库管理系统所管理的关系是_____。

A. 一个 DBC 文件　　　　　B. 一个 DBF 文件

C. 若干个二维表　　　　　D. 若干个 DBC 文件

【13】对设置"参照完整性"的两个表，要求是_____。

A. 同一个数据库中的两个表　　B. 自由表

C. 不同数据库中的两个表　　　D. 一个是数据库表，一个是自由表

【14】在进行"参照完整性"设置时，要求当更改父表中的主关键字段或候选关键字段时，将自动更改所有相关子表记录中的对应值，应选择_____。

A. 级联或限制　　　　　B. 限制

C. 级联　　　　　　　D. 忽略

【15】在 Visual FoxPro 中，关于自由表的叙述正确的是_____。

A. 自由表和数据库表是完全相同的

B. 自由表不能建立字段级规则和约束

C. 自由表不能建立候选索引

D. 自由表不可以加入到数据库中

二、填空题

【1】在字段有效性规则中，信息是_____表达式。

86

【2】记录级有效性检查规则用于检查_____之间的逻辑关系。

【3】两个实体间的联系可以有_____、一对多联系、多对多联系三种类型。其中最常见的是_____的关系。

【4】"参照完整性生成器"对话框中的"删除规则"选项卡用于指定删除_____中的记录时所用的规则。

【5】在"表设计器"的_____选项卡中，可以设置记录验证规则、有效性出错信息，还可以指定记录插入、更新及删除的规则。

【6】可以长期保存在计算机内的、有组织的、可共享的数据集合称为_____。

【7】在数据库中对两个表建立关系时，要求父表的索引类型必须是_____或_____，而子表的索引类型则可以是_____。

【8】打开数据库设计器的命令是_____。

【9】数据库表上字段有效性规则是一个_____表达式。

【10】当删除父表中的记录时，若子表中的所有相关记录也能自动删除，则相应的参照完整性的删除规则为_____。

三、思考题

【1】简述自由表与数据库表的差别？

【2】什么是永久关系？如何建立不同种类的永久关系？

【3】什么是数据字典？有何作用？

【4】Visual FoxPro 有哪些类型约束？它们有什么区别？

【5】什么是参照完整性？有何作用？

四、操作题

【1】建立商品销售数据库，它所包含的 3 个表的关系模式如下：

Article(商品号 C(4)，商品名 C(16)，单价 N(8,2)，库存量 I)

Customer(顾客号 C(4)，顾客名 C(8)，性别 C(2)，年龄 I)

OrderItem(顾客号 C(4)，商品号 C(4)，数量 I，日期 D)

【2】对性别和年龄定义的约束条件，其中性别分成男女，年龄从 10～100 岁。

【3】在上述三个表中追加 6～10 行数据，注意数据要有一定的生活意义。

【4】对上述三个表建立合适的永久关系。

【5】在 Customer 和 OrderItem 两个表之间建立级联更新和限制删除的参照完整性约束。

【6】在 Article 和 OrderItem 两个表之间建立级联更新和限制删除的参照完整性约束。

第5章 SQL 语言

关系数据库是迄今最为成功的数据库，其中一个重要的原因就是关系数据库推出了深受欢迎的数据库操作语言 SQL。目前 SQL 语言已经成为业界的标准，几乎所有的关系数据库管理系统都支持关系数据库标准语言 SQL，Visual FoxPro 自然也不例外。本章将从数据定义、数据更新和数据查询三个方面介绍 Visual FoxPro 支持的 SQL 语言。

5.1　SQL 语言概述

SQL 是 Structured Query Language 三个单词的缩略词，译为结构化查询语言。SQL 是在 1974 年由 Boyce 和 Chamberlin 提出的，这种语言在 IBM 公司研制的 System R 上首次实现。由于它具有功能丰富、使用方式灵活、语言简洁易学等突出特点，因此得到了广泛的应用。

最早的 SQL 标准是 1986 年 10 月由美国国家标准局 ANSI 公布的。国际标准化组织 ISO 于 1989 年将 SQL 定为国际标准，推荐它为关系型数据库的标准操作语言。我国政府也在 1990 年颁布了相应的 SQL 国家标准。经过多年不断的完善，SQL 已经成为关系型数据库行业的国际标准。

5.1.1　SQL 语言的功能

SQL 的功能主要包括定义、更新、查询和控制四个方面，是一个综合的、通用的、功能极强的关系数据库语言。SQL 语言具有以下四个方面的功能。

（1）数据定义功能。SQL 语言最基本的功能就是数据定义功能，这主要包括定义、删除与修改数据表的结构和约束。另外为了提高数据查询的效率，SQL 语言还可以基于数据表建立索引，当然索引也可以被修改和删除。SQL 语言还具有视图定义功能。

（2）数据更新功能。数据定义功能只是建立数据表的结构和约束，刚刚定义的数据表是一个空表，里面没有任何数据，需要使用插入命令在表中插入数据。插入的数据如果有问题，还可以使用修改命令对数据进行修改或删除。数据的插入、修改和删除统称为数据的更新功能。

（3）数据查询功能。数据查询是 SQL 语言最重要的功能，SQL 语言既可以进行简单的单表查询，也可以进行较为复杂的多表查询。另外，SQL 语言还支持汇总查询、集合查询等功能。

（4）数据控制功能。数据控制功能主要涉及数据保护和事务管理两方面的内容。数据控制主要完成安全性和完整性控制任务，事务管理主要完成数据库的恢复以及并发控制等功能。

目前，SQL 语言仍在发展之中，各软件厂商提供的 SQL 语言并不完全符合国际标准，在具体实现方面也存在着一些差异。Visual FoxPro 是 PC 上使用的数据库管理系统，相比之下，其支持的 SQL 语言功能仍有一定的局限性，它并不支持所有的 SQL 语句，而是支持其中的子集。

5.1.2　SQL 语言的特点

SQL 语言的主要特点如下：

（1）SQL 语言是一种一体化的语言，提供了完整的数据定义和操作功能。使用 SQL 语言可以实现数据库生命周期中的全部活动，包括定义数据库和表的结构，实现表中数据的录入、修改、删除、查询与维护，以及实现数据库的重构、数据安全性控制等一系列操作的要求。

（2）SQL 语言具有完备的查询功能。只要数据是按关系方式存放在数据库中的，就能构造适当的 SQL 命令将其检索出来。事实上，SQL 的查询命令不仅具有强大的检索功能，而且在检索的同时还提供了统计与计算功能。

（3）SQL 语言非常简洁，易学易用。虽然它的功能强大，但只有为数不多的几条命令。此外它的语法也相当简单，接近自然语言，用户可以很快地掌握它。

（4）SQL 语言是一种高度非过程化的语言。和其他数据库操作语言不同的是，SQL 语言只需要用户说明想要做什么操作，而不必说明怎样去做，用户不必了解数据的存储格式、存取路径以及 SQL 命令的内部执行过程，就可以方便地对关系型数据库进行各种操作。

（5）SQL 语言的执行方式多样，既能以交互命令方式直接使用，也能嵌入各种高级语言中使用。尽管使用方式可以不同，但其语法结构是一致的。目前，几乎所有的数据库管理系统或数据库应用开发工具都已将 SQL 语言融入自身的语言之中。

（6）SQL 语言不仅能对数据表进行各种操作，并可对视图进行操作。视图是由数据库中满足一定约束条件的数据组成的，可以作为某个应用的专用数据集合。当对视图进行操作时，将由系统转换为对基本数据表的操作，这样既方便了用户的使用，同时也提高了数据的独立性，有利于数据的安全与保密。

5.2　SQL 的定义功能

SQL 的定义功能包括数据库定义、表定义、视图定义和索引定义等，本节仅涉及 Visual FoxPro 所支持的表和视图定义，其中重点介绍了 SQL 对表的定义功能。

5.2.1　表的定义

SQL 对表的定义功能包括表的创建、表的修改、表的删除等。其中表的创建和修改分别使用 CREATE TABLE 和 ALTER TABLE，这两条命令完全可以替代表设计器建立和修改表的功能；表的删除使用 DROP TABLE 命令。

1．创建表

Visual FoxPro 的数据表分为自由表和数据库表两种，建立数据库表除了定义表的结构外，还可以定义表的约束，因此命令语法更加复杂。下面的命令格式 1 介绍创建自由表的 SQL 命令格式，命令格式 2 介绍创建数据库表的命令格式。

（1）命令格式 1——自由表的创建

格式：CREATE TABLE|DBF <表名 1> [FREE]

```
(<字段名1> <字段类型> [(字段宽度[,小数位数])] [NULL|NOT NULL]
[,……]
[,<字段名n>] <字段类型> [(字段宽度[,小数位数])] [NULL][NOT NULL]
```

功能：通过描述组成自由表的各个字段的类型、宽度以及是否允许为空值等特征值来定义自由表的结构。命令格式1也可以创建数据库表，它实际上是命令格式2的一个子集，与命令格式2相比，它缺省了表约束定义的相关语法元素。

说明：

● CREATE TABLE 和 CREATE DBF 是等价的，都是创建表文件。

● FREE 短语用在数据库打开的情况下，指明创建自由表。在数据库未打开时，默认创建的是自由表，在数据库打开时，默认创建的是数据库表。

● NULL、NOT NULL 短语用来指定该字段是否允许空值。

● 定义表的各个字段的数据类型及长度的格式如表5-1所示。

表5-1 数据类型说明表

字 段 类 型	定 义 格 式	字 段 宽 度
字符型	C(n)	用户定义为n
日期型	D	系统定义为8
日期时间型	T	系统定义为8
数值型	N(n,d)	用户定义长度为n，小数位数为d
整型	I	系统定义为4
货币型	Y	系统定义为8
逻辑型	L	系统定义为1
备注型	M	系统定义为4
通用型	G	系统定义为4

下面举例说明本命令的应用。

【例5-1】 创建一个名为"学生表"的自由表，含有学号、姓名、性别、出生日期四个字段。定义此表的SQL命令为：

```
CREATE TABLE 学生表;
(      学号 C(6),;
       姓名 C(8),;
       性别 C(2),;
       出生日期 D;
)
```

上面创建学生表的命令中，为了与命令的语法格式对应，将各字段分行描述，其实字段属性值的描述完全可以放在同一行中。需要指出的是，如果分行书写同一个SQL命令，最后一行之前的各行一定要加上续行符。

```
CREATE TABLE 学生表 FREE;
    (学号 C(6), 姓名 C(8), 性别 C(2), 出生日期 D)
```

本命令执行以后学生表就创建起来了，执行命令 MODIFY STRUCTURE 后，可以看到图5-1所示的表的结构，可见 SQL 的创建表语句完全可以替代表设计器的功能。

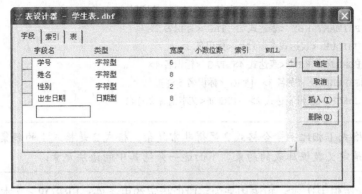

图 5-1　创建的"学生表"表结构

【例 5-2】　创建一个名为"成绩表"的自由表，含有学号、姓名、法律、数学、外语、计算机六个字段。定义此表的 SQL 命令为：

```
CREATE DBF  成绩表 FREE;
(    学号 C(6) NOT NULL,;
     姓名 C(8) NOT NULL,;
     法律 N(6,2),外语 N(6,2),计算机 N(6,2);
)
```

执行命令 MODIFY STRUCTURE 后，SQL 创建的表结构如图 5-2 所示。

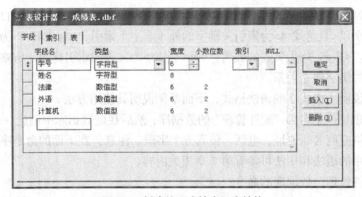

图 5-2　创建的"成绩表"表结构

（2）命令格式 2——数据库表的创建

格式：CREATE TABLE|DBF <表名 1> [NAME <长表名>]

```
(  <字段名 1> <字段类型> [(字段宽度[,小数位数])] [NULL][NOT NULL]
              [CHECK <逻辑表达式 1> [ERROR<文本信息 1>]]
              [DEFAULT <表达式 1>]
              [PRIMARY KEY|UNIQUE]
              [REFERENCES <表名 2> [TAG <标识名 1>]]

       [,……]
[,<字段名 n> <字段类型> [(字段宽度[,小数位数])]  [NULL][NOT NULL]
              [CHECK <逻辑表达式 n> [ERROR<文本信息 n>]]
              [DEFAULT <表达式 n>]
```

```
            [PRIMARY KEY|UNIQUE]
            [REFERENCES <表名 n> [TAG <标识名 n>]]
      [,PRIMARY KEY <表达式 2> TAG <标识名 2>
      |,UNIQUE <表达式 3> TAG <标识名 3>]
      [,FOREIGN KEY <表达式 4> TAG <标识名 4>
      REFERENCES <表名 3> [TAG <标识名 5>]]
      [,CHECK <逻辑表达式 2> [ERROR<文本信息 2>]])
```

　　　　与格式 1 相比，命令格式 2 显得非常复杂，格式 2 是格式 1 的超集，多出的语法元素主要是定义数据库表的约束。下面逐一介绍其中的语法元素。

● CHECK <逻辑表达式> 短语用来为字段值指定约束条件；ERROR <文本信息> 短语用来指定不满足约束条件时显示的出错提示信息。

● DEFAULT <表达式> 短语用来指定字段的默认值。

● PRIMARY KEY 短语指定当前字段为主索引关键字；UNIQUE 短语指定当前字段为候选索引关键字（注意不是唯一索引）。

● FOREIGN KEY 短语和 REFERENCES 短语用来描述表之间的关系。

● PRIMARY KEY <表达式 2> TAG <标识名 2>短语用来创建一个以<表达式 2>为索引关键字的主索引，<标识名 2>为其索引标识。

● UNIQUE <表达式 3> TAG <标识名 3>短语用来创建一个以<表达式 3>为索引关键字的候选索引，<标识名 3>为其索引标识。

● FOREIGN KEY <表达式 4> TAG <标识名 4> REFERENCES <表名 3> [TAG <标识名 5>]短语用来建立一个以<表达式 4>为索引关键字的外（非主）索引，<标识名 4>为其索引标识，并与父表建立关系。<表名 3>为父表的表名，<标识名 5>为父表的索引标识，省略<标识名 5>时将以父表的主索引关键字建立关系。

上面抽象地说明了格式 2 的语法格式，下面举例说明其使用方法。

【例 5-3】　创建一个名为"配件管理"的数据库，然后在此数据库中创建一个"供应商"表，含有供应商号、供应商名、地址、电话、传真五个字段。注意：在下面的命令序列中使用了注释命令"*"，该命令的语法和用法可参看第 7 章相关内容。

**创建"配件管理"数据库的命令：

```
CREATE DATABASE 配件管理
```

**创建"供应商"表的 SQL 命令：

```
CREATE TABLE 供应商;
(    供应商号 C(8),;
    供应商名 C(16), 地址 C(24), 电话 C(14), 传真 C(8),;
    PRIMARY KEY 供应商号 TAG gyshh;
)
```

　　　　上述创建"供应商"表的命令中，除定义了指定的各个字段外，还以"供应商号"字段为表达式建立了一个主索引，索引标识名是 gyshh。运行此 SQL 命令后，名为"供应商"的数据表即被建立起来。若执行"MODIFY STRUCTURE"命令，可在弹出的"表设计器"对话框中见到"供应商"表的结构，如图 5-3 所示。

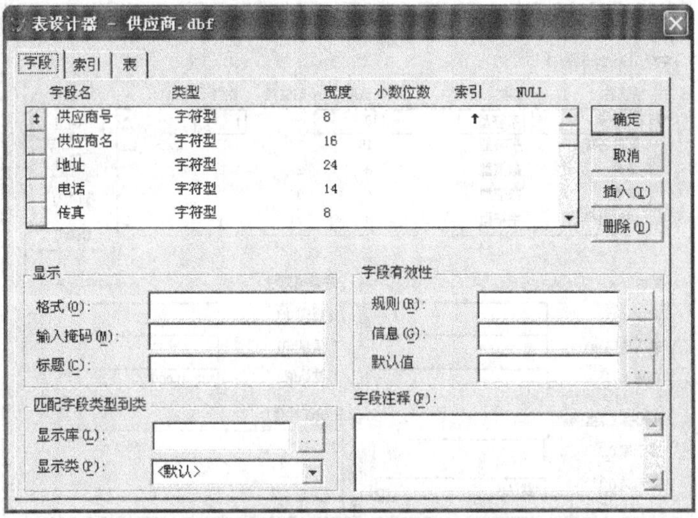

图 5-3　创建的"供应商"表结构

【例 5-4】　打开"配件管理"的数据库，然后在此数据库中创建一个"配件"表，含有配件号、配件名称、单价、数量、供应商号五个字段。

**打开"配件管理"数据库的命令：

```
OPEN DATABASE 配件管理
```

**创建"配件"表的 SQL 命令：

```
CREATE TABLE 配件;
(    配件号 C(8) PRIMARY KEY DEFAULT "JP_10000",;
     配件名称 C(16) NOT NULL,;
     单价 N(8,2),;
     数量 N(4) CHECK 数量>=10 AND 数量<50 ERROR "范围在 10 到 50 间！",;
     供应商号 C(8),;
     FOREIGN KEY 供应商号 TAG 供应商号 REFERENCES 供应商;
)
```

上面创建"配件"表的命令中，除了定义指定的字段外，还建立了以下约束。以"配件号"字段为表达式建立主索引，并将"配件号"字段的默认值设定为"JP_10000"；设定"配件名称"字段的值不能为空值；设定"数量"字段值的有效范围为 10～50，否则将出现错误提示；本 SQL 命令的最后一行，以"供应商号"字段为外部关键字建立一个普通索引，并以"供应商"表为父表，通过其主索引关键字与父表建立一个永久关系。运行此 SQL 命令之后，一个名为"配件"的数据表即被建立起来，且处于打开状态。此时，若在命令窗口执行"MODIFY STRUCTURE"命令，即可在弹出的"表设计器"对话框中见到"配件"表的结构，如图 5-4 所示。

此时，若再执行"MODIFY DATABASE 配件管理"命令，则可在弹出的"数据库设计器"窗口中见到"配件"表与"供应商"表之间已经建立了关系，如图 5-5 所示。

2. 修改表

在 Visual FoxPro 中，可以使用 SQL 命令 ALTER TABLE 修改表的结构，这包括增加字段、修改字段和删除字段。对于数据库表，ALTER TABLE 命令还可以增加约束、修改约束和删除约束。下面分别介绍 ALTER TABLE 命令实现这几种功能的语法格式。

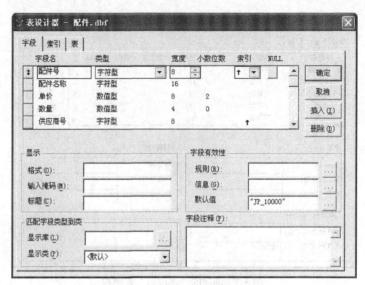

图 5-4　创建的"配件"表结构

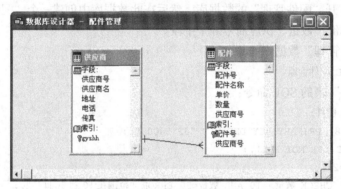

图 5-5　"配件"表与"供应商"表的关系

（1）命令格式 1——增加字段

格式：ALTER TABLE <表名>

```
ADD  [COLUMN] <字段名 1> <字段类型>  [(字段宽度[,小数位数])]
……
ADD  [COLUMN] <字段名 n> <字段类型>  [(字段宽度[,小数位数])]
```

功能：为指定的表增加新字段，并定义字段的属性。

【例 5-5】　为例 5-1 创建的"学生表"添加年龄、政治面貌和籍贯三个字段，类型和宽度分别为 I、C(4)、C(6)，其 SQL 命令为：

```
ALTER TABLE 学生表;
   ADD 年龄 I;
   ADD 政治面貌 C(4);
   ADD 籍贯 C(6)
```

说明　　例 5-1 创建的"学生表"，只有学号、姓名、性别、出生日期四个字段，执行本 SQL 语句后，字段增加为 7 个，修改后的学生表的结构，如图 5-6 所示。

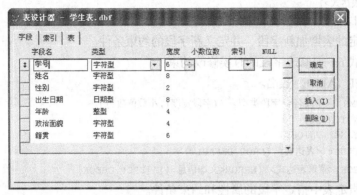

图 5-6 修改后的"学生表"的结构

（2）命令格式 2——修改字段

格式：ALTER TABLE <表名>

```
ALTER [COLUMN] <字段名 1> <字段类型> [(字段宽度[,小数位数])]
......
ALTER [COLUMN] <字段名 n> <字段类型> [(字段宽度[,小数位数])]
```

功能：为指定的表修改指定的字段。

【例 5-6】 将学生表中"籍贯"字段的宽度修改为 C(20)，其 SQL 命令为：

```
ALTER TABLE 学生表;
    ALTER COLUMN 籍贯 C(20)
```

（3）命令格式 3——删除字段

格式：ALTER TABLE <表名>

```
DROP [COLUMN] <字段名 1>
    ......
DROP [COLUMN] <字段名 n>
```

功能：删除指定表的指定字段。

（4）命令格式 4——修改字段名

格式：ALTER TABLE <表名>

```
RENAME [COLUMN] <字段名 1> TO <新字段名 1>
    ......
RENAME [COLUMN] <字段名 n> TO <新字段名 n>
```

功能：将表中 <字段名> 的名称修改为新<字段名>

【例 5-7】 删除例 5-2 创建的"成绩表"的"姓名"字段，并将其"法律"字段更名为"体育"。

```
ALTER TABLE 成绩表;
DROP COLUMN 姓名;
RENAME COLUMN 法律 TO 体育
```

（5）命令格式 5——增加字段的时候定义约束

格式：ALTER TABLE <表名>

```
ADD [COLUMN] <字段名><字段类型> [(字段宽度[,小数位数])]
[NULL][NOT NULL]
[PRIMARY KEY|UNIQUE]
```

```
    [DEFAULT <表达式>]
    [CHECK <逻辑表达式 1> [ERROR<文本信息 1>]]
```

功能：为指定的表增加新字段，并定义新字段的约束条件。

（6）命令格式 6——修改字段的时候修改约束

格式：ALTER TABLE <表名>

```
ALTER [COLUMN] <字段名><字段类型> [(字段宽度[,小数位数])]
    [NULL][NOT NULL]
    [PRIMARY KEY|UNIQUE]
    [SET DEFAULT <表达式>][DROP DEFAULT]
    [SET CHECK <逻辑表达式> [ERROR<文本信息>]] [DROP CHECK]
```

功能：修改指定表中指定字段的属性和约束条件。

注意

本格式只能应用于数据库表。

说明：

- SET DEFAULT <表达式> 短语用来设置默认值。
- DROP DEFAULT 短语用来删除默认值。
- SET CHECK <逻辑表达式> [ERROR<文本信息>]短语用来设置约束条件。
- DROP CHECK 短语用来删除约束条件。

【例 5-8】 在"配件"表中，为"单价"字段设置一个默认值"888.88"，并删除"数量"字段的条件约束。

```
OPEN DATABASE 配件管理
ALTER TABLE 配件；
    ALTER 单价 SET DEFAULT 888.88；
    ALTER 数量 DROP CHECK
```

（7）命令格式 7——索引和关系的修改

格式：ALTER TABLE <表名 1>

```
[ADD PRIMARY KEY <表达式 2> TAG <标识名 1>]
[DROP PRIMARY KEY]
[ADD UNIQUE <表达式 3> [TAG <标识名 2>]]
[DROP UNIQUE TAG <标识名 3>]
[ADD FOREIGN KEY <表达式 4> TAG <标识名 4>
  REFERENCES <表名 2> [TAG <标识名 5>]]
[DROP FOREIGN KEY TAG <标识名 6>[SAVE]]
[NOVALIDATE]
```

功能：增加或删除主索引、候选索引、外索引，建立两表的永久关系等。

说明：

- ADD PRIMARY KEY <表达式 2> TAG <标识名 1>短语用来为该表建立主索引；DROP PRIMARY KEY 短语用来删除该表的主索引。

- ADD UNIQUE <表达式 3> [TAG <标识名 2>]短语用来为该表建立候选索引；DROP UNIQUE TAG <标识名 3>短语用来删除指定的候选索引。注意，这里的 UNIQUE 不是唯一索引的意思，是候选索引。

● ADD FOREIGN KEY <表达式 4> TAG <标识名 4>REFERENCES <表名 2> [TAG <标识名 5>]短语用来为该表建立外（非主）索引，并与指定的父表建立关系。

● DROP FOREIGN KEY TAG <标识名 6>[SAVE] 短语用来删除外（非主）索引，并取消与父表的关系。如果省略 SAVE 短语，将从结构复合索引中删除索引标识，否则不删除索引标识。

● NOVALIDATE 短语指明在修改表结构时允许违反数据完整性规则。缺省此短语则禁止违反数据完整性规则。

【例 5-9】 在"配件"表中，删除外部索引"供应商号"，并删除基于"供应商号"建立的与父表"供应商"之间的永久关系。

```
OPEN DATABASE 配件管理
ALTER TABLE 配件;
DROP FOREIGN KEY  TAG 供应商号
```

【例 5-10】 删除"配件"表的候选索引"配件号"，基于字段"配件号"建立主索引。

```
OPEN DATABASE 配件管理
ALTER TABLE 配件;
    DROP UNIQUE TAG 配件号;
    ADD PRIMARY KEY 配件号 TAG pjh
```

3. 删除表

删除数据表的 SQL 命令的语法格式和使用方法都很简单，具体如下。

格式：DROP TABLE <表名>

本命令是直接从磁盘上删除指定的表。如果删除的是数据库表，应注意在打开相应数据库的情况下进行删除，否则本命令仅删除表本身，而该表在数据库中的登记信息并没有被删除，从而造成以后对该数据库操作的失败。

【例 5-11】 删除"配件管理"数据库中的"供应商"表。

```
OPEN DATABASE 配件管理
DROP TABLE 供应商
```

5.2.2 视图的定义

数据库表是数据库中的核心对象，它是数据的容器。视图是数据库中另外一个重要的对象，它是从一个或几个基本表导出的虚拟表。

视图之所以是虚拟的，是因为数据库中只存放视图的定义而不存放视图对应的数据。视图中的数据仍然存放在导出视图的数据表中。

某个视图一旦被定义，就成为数据库中的一个组成部分，具有与普通数据库表类似的功能，可以像数据库表一样接受用户的访问。视图是不能单独存在的，它依赖于数据库以及数据表的存在而存在，只有打开与视图相关的数据库才能使用视图。

1. 创建视图

创建视图的 SQL 命令格式如下。

格式：CREATE VIEW <视图名> [(字段名 1[,字段名 2]…)]

```
AS <select 语句>
```

说明：

● AS 短语中的 select 语句可以是任意的 SELECT 查询语句。当未指定所创建视图的字段名时，则视图的字段名与 SELECT 查询语句中指定的字段同名。

● 创建的视图定义将被保存在数据库中，因而需事先打开数据库。

【例 5-12】 以一个数据表为数据源创建视图。例如在"配件管理"数据库中，创建一个名为"贵重配件"的视图，由"配件"表中单价大于 1000 元的配件记录构成。

```
OPEN DATABASE 配件管理
CREATE VIEW 贵重配件 AS;
      SELECT * FROM 配件 WHERE 单价>1000
CLOSE DATABASE
```

从这个例子可以看出，视图可以简化用户对数据的理解，只将用户需要的数据，即"单价大于 1000 元的贵重配件"，呈现在用户眼前，从而可以简化用户的操作。

【例 5-13】 从多个数据表创建视图。例如在"配件管理"数据库中，创建一个名为"配件属性"的视图，由"配件"表中的"配件名称"和"单价"以及"供应商"表中的"供应商名"三个字段构成。

```
OPEN DATABASE 配件管理
CREATE VIEW 配件属性 AS;
      SELECT 配件.配件名称,配件.单价,供应商.供应商名;
      FROM 配件,供应商;
      WHERE 配件.供应商号=供应商.供应商号
```

此时，若在命令窗口执行"MODIFY DATABASE"命令，可在打开的"数据库设计器"窗口内看到所创建的视图，如图 5-7 所示。

图 5-7　数据库中新创建的视图

通过视图，用户只能查询和修改他们所能见到的数据。数据库中的其他数据则既看不见也获取不到。也就是说，通过视图，用户可以被限制在数据表数据的一个子集上，从而提高了数据的安全性。上例中，用户通过刚刚定义的视图只能看到"配件名称"、"单价"以及"供应商名"三个字段，无法看到诸如供应商的"地址"和"电话"等信息。

2. 删除视图

若要删除所创建的视图，可使用下述 SQL 命令。

格式：DROP VIEW <视图名>

例如，要删除名为“配件属性”的视图，可执行命令：

```
DROP VIEW 配件属性
```

5.3 SQL 的更新功能

SQL 语言的数据更新功能，主要包括对表中记录的增加、删除和更新功能，对应的 SQL 命令分别为 INSERT、DELETE 和 UPDATE 命令。

5.3.1 插入数据

在 Visual FoxPro 中，插入数据的 SQL 命令有以下两种格式。

1. 命令格式 1

格式：INSERT INTO <表名> [(<字段名 1>[,<字段名 2>,…])]

VALUES(<表达式 1>[,<表达式 2>,…])

功能：在指定表的尾部添加一条新记录，并将 VALUES 短语中指定的表达式的值赋给数据表对应的字段。

说明：

- VALUES 短语后各表达式的值即为插入记录的具体值。各表达式的类型、宽度和先后顺序须与指定的各字段对应。
- 当插入一条记录的所有字段时，表名后的各字段名可以省略，但插入的数据必须与表的结构完全吻合，即数据类型、宽度和先后顺序必须一致。若只插入某些字段的数据，则必须列出插入数据对应的字段名。

【例 5-14】　利用 SQL 命令在“学生表”中插入新记录。

**插入所有字段的数据：

```
INSERT INTO 学生表;
       VALUES("201201","周光云","女",{^1992-09-10},21,"党员","山东")
INSERT INTO 学生表(学号,姓名,性别,出生日期,年龄,政治面貌,籍贯);
       VALUES("201203","刘丽","女",{^1990-09-20},23,"团员","山东")
```

**插入部分字段的数据：

```
INSERT INTO 学生表(学号,姓名,籍贯);
       VALUES("赵大伟","201202","河北")
```

**执行 BROWSE 命令，在学生表插入的记录如图 5-8 所示。

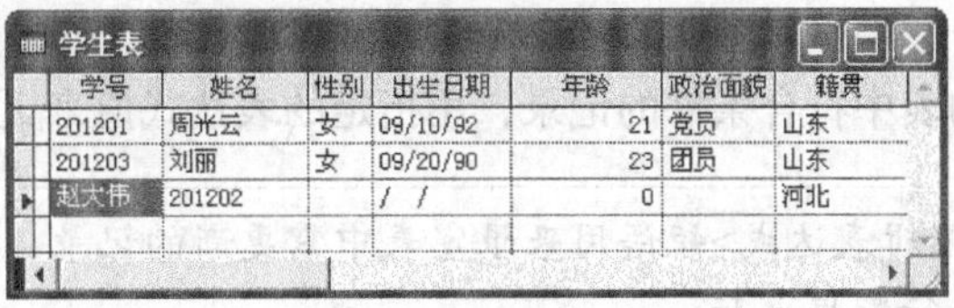

学号	姓名	性别	出生日期	年龄	政治面貌	籍贯
201201	周光云	女	09/10/92	21	党员	山东
201203	刘丽	女	09/20/90	23	团员	山东
赵大伟	201202		/ /	0		河北

图 5-8　例 5-14 插入的记录

2．命令格式 2

格式：INSERT INTO <表名> FROM ARRAY <数组名>|FROM MEMVAR

功能：由指定数组或内存变量的值在指定表的尾部添加一条新记录。

说明：

● FROM ARRAY 短语是用指定的一维数组元素值作为插入记录的数据。

● FROM MEMVAR 短语是用同名的内存变量值作为插入记录的数据。如果同名的内存变量不存在，则对应的字段为默认值或为空。

【例 5-15】 先创建一个一维数组，并赋以有关的值。再利用 SQL 命令将此数组的值作为新记录插入到"学生表"中。

```
DIMENSION student(7)
student(1)="201204"
student(2)= "李志"
student(3)="男"
student(4)= {^1992/10/14}
student(5)=21
student(6)="群众"
student(7)="河北"
INSERT INTO 学生表 FROM ARRAY student
```

【例 5-16】 先创建三个同名内存变量，再利用 SQL 命令将内存变量的值作为新记录插入"学生表"中。

```
学号="201205"
姓名="陈翔"
性别="男"
INSERT INTO 学生表 FROM MEMVAR
```

**执行 BROWSE 命令，在学生表插入的记录如图 5-9 所示。

学号	姓名	性别	出生日期	年龄	政治面貌	籍贯
201201	周光云	女	09/10/92	21	党员	山东
201203	刘丽	女	09/20/90	23	团员	山东
赵大伟	201202		/ /	0		河北
201204	李志	男	10/14/92	21	群众	河北
201205	陈翔	男	/ /	0		

图 5-9　INSERT 命令插入的记录

5.3.2 更新数据

更新表中数据也就是修改表中的记录数据。实现该功能的 SQL 命令格式如下。

格式：UPDATE <表名>

SET <字段名 1>=<表达式 1> [,<字段名 2>=<表达式 2>…]

[WHERE <逻辑表达式>]

功能：对于所指定的表中符合条件的记录，用指定的表达式值来更新指定的字段值。

WHERE <逻辑表达式>短语用来限定表中需更新的记录，缺省此短语时则对所有记录的指定字段进行数据更新。

【例 5-17】　使用 SQL 命令，对学生表中的数据进行修改。

**将每个学生的年龄增加 1 岁：

```
UPDATE 学生表 SET 年龄=年龄+1
```

**将图 5-9 中学生的学号和姓名的值对换，性别改为男

```
xuehao=[201202]
xingming=[赵大伟]
UPDATE 学生表 SET 学号=xuehao, 姓名=xingming, 性别=[男];
    WHERE 姓名=[201202]
```

5.3.3　删除数据

删除表中记录数据的 SQL 命令格式如下。

格式：DELETE FROM <表名> [WHERE <逻辑表达式>]

功能：对指定表中符合条件的记录，进行逻辑删除。

> 本命令只是对要删除的记录作上删除标记，其中 WHERE <逻辑表达式> 短语用来指定被删除记录所要满足的条件，若缺省此短语则删除所有记录。

【例 5-18】　使用 SQL 命令，将成绩表中英语成绩在 60 分以下的学生逻辑删除，然后再将其彻底删除。

```
DELETE FROM 成绩表 WHERE 外语<60
PACK
```

5.4　SQL 的查询功能

Visual FoxPro 的 SQL 查询功能是由 SELECT 命令来实现的，它是数据库操作中最常用的命令，该命令的语法格式简述如下。

格式：SELECT [ALL|DISTINCT][TOP <数值表达式> [PERCENT]]
　　　　<检索项> [AS <列名>][,<检索项> [AS <列名>]…]
　　　FROM [<数据库名>!]<表名> [,[<数据库名>!]<表名>]…]
　　　[INNER|LEFT|RIGHT|FULL JOIN [<数据库名>!]<表名>][ON <连接条件>]…]
　　　[[INTO <目的地>]|[TO FILE<文件名>]|[TO PRINTER]|[TO SCREEN]]
　　　[WHERE <连接条件>][AND|OR <筛选条件> [AND|OR <筛选条件>…]]]
　　　[ORDER BY <排序项> [ASC|DESC][, <排序项> [ASC|DESC]…]]
　　　[GROUP BY <列名> [,<列名>…]]　　　[HAVING <筛选条件>]
　　　[UNION [ALL] SELECT 语句]

说明：

● SELECT 命令格式看起来比较复杂，但主要由 SELECT、FROM、WHERE 等一些短语构成。

● SELECT 短语指明要在查询结果中输出的内容。其中，ALL 用来指定输出查询结果的所有行，DISTINCT 用来指定消除输出结果中的重复行，TOP <数值表达式> [PERCENT] 用来指定输出的行数或行数百分比，默认为 ALL。

● FROM 短语指明要查询的数据来自哪个表或哪些表。如果来自多个表，则必须在

JOIN …ON 短语或 WHERE 短语中声明表之间的连接类型。

- WHERE 短语用来指定查询的筛选条件，如果是多表查询则还可在此短语中指定表之间的连接条件。
- ORDER BY 短语指明对查询结果进行排序后输出。ASC 为升序，DESC 为降序，默认为升序。
- GROUP BY 短语指明对查询结果进行分组输出。其中的 HAVING 子句用来指定每一个分组应满足的条件。
- INTO <目的地>短语指明查询结果的输出目的地。例如，INTO DBF 或 INTO TABLE 表示输出到数据表。缺省本短语时，默认输出到名为“查询”的浏览窗口。
- TO FILE<文件名>短语指定将结果输出到指定的文件；TO PRINTER 短语指定将结果输出到打印机；TO SCREEN 短语指定将结果输出到屏幕。

功能：根据指定的条件从一个或多个表中检索并输出数据。事实上，SELECT 命令可以实现对表的选择、投影和连接三种关系操作，SELECT 短语对应投影操作，WHERE 短语对应选择操作，而 FROM 短语和 WHERE 短语配合则对应于连接操作。因而用 SELECT 命令可以实现对数据库的任何查询要求。

由于 SELECT 命令较为复杂，所以本节内容采取了由浅入深的组织形式，分为简单查询、嵌套查询、连接查询、统计查询和集合查询等。

为便于说明问题，在讨论各种查询操作时，下文举例都以“学生表”和“成绩表”为基础展开。图 5-10 和图 5-11 分别列出了这两个表的具体记录内容，以便读者对照和验证后面各个例子的查询结果。

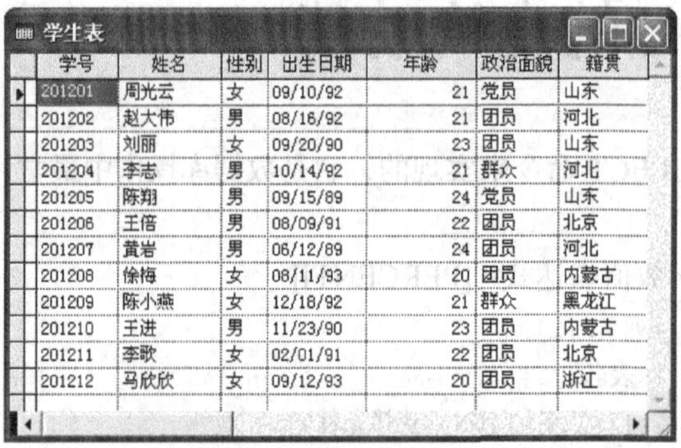
学生表

学号	姓名	性别	出生日期	年龄	政治面貌	籍贯
201201	周光云	女	09/10/92	21	党员	山东
201202	赵大伟	男	08/16/92	21	团员	河北
201203	刘丽	女	09/20/90	23	团员	山东
201204	李志	男	10/14/92	21	群众	河北
201205	陈翔	男	09/15/89	24	党员	山东
201206	王倍	男	08/09/91	22	团员	北京
201207	黄岩	男	06/12/89	24	团员	河北
201208	徐梅	女	08/11/93	20	团员	内蒙古
201209	陈小燕	女	12/18/92	21	群众	黑龙江
201210	王进	男	11/23/90	23	团员	内蒙古
201211	李歌	女	02/01/91	22	团员	北京
201212	马欣欣	女	09/12/93	20	团员	浙江

图 5-10 “学生表”的各条记录

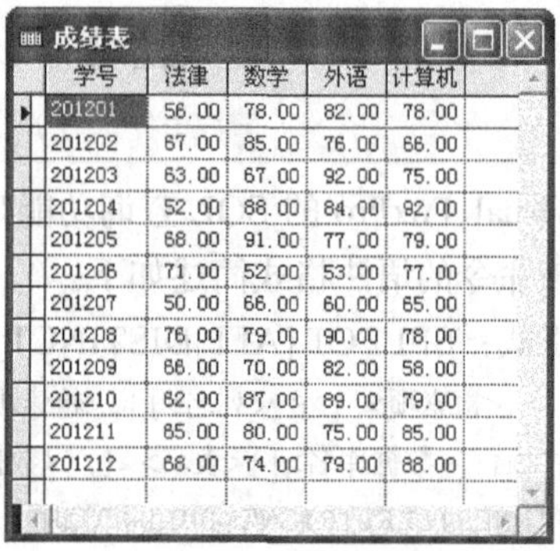
成绩表

学号	法律	数学	外语	计算机
201201	56.00	78.00	82.00	78.00
201202	67.00	85.00	76.00	66.00
201203	63.00	67.00	92.00	75.00
201204	52.00	88.00	84.00	82.00
201205	68.00	91.00	77.00	79.00
201206	71.00	52.00	53.00	77.00
201207	50.00	66.00	60.00	65.00
201208	76.00	79.00	90.00	78.00
201209	66.00	70.00	82.00	58.00
201210	62.00	87.00	89.00	79.00
201211	85.00	80.00	75.00	85.00
201212	68.00	74.00	79.00	88.00

图 5-11 “成绩表”的各条记录

5.4.1 简单查询

为了便于理解，下文给出了简单查询语句 SELECT 的抽象语法，由 SELECT、FROM、WHERE、INTO 和 ORDER BY 子句组成。

```
SELECT <字段列表>
FROM <表名>
WHERE <筛选条件>
INTO TABLE<结果表名>
ORDER BY <排序字段>
```

根据 WHERE <筛选条件>子句中筛选条件中所使用的运算符,简单查询的内容又分为使用常规运算符的简单查询和使用特殊运算符的简单查询两个部分。

1. 基于常规运算符的简单查询

【例 5-19】 使用 SQL 命令,检索学生表中所有女生的记录,并将结果存入新建的"女生表"文件。

```
SELECT * FROM 学生表  WHERE 性别="女" INTO TABLE 女生表
```

说明　　SELECT 后的"*"表示选择所有的字段。执行以上命令即在检索完成后自动创建一个名为"女生表"的数据表文件,并在当前工作区打开。此时若执行"BROWSE"命令,即可浏览该表的内容(见图 5-12)。

【例 5-20】 使用 SQL 命令,检索学生表中所有男生团员的姓名、年龄与籍贯。命令如下,检索结果如图 5-13 所示。

```
SELECT 姓名,年龄,籍贯  FROM 学生表;
WHERE 性别="男" AND 政治面貌="团员"
```

图 5-12 "女生表"的内容　　　　　　　　图 5-13 例 5-20 的检索结果

【例 5-21】 使用 SQL 命令,检索学生表中所有的年龄(不重复显示相同的年龄)。命令如下,检索结果如图 5-14 所示。

```
SELECT DISTINCT 年龄  FROM 学生表
```

【例 5-22】 使用 SQL 命令,检索成绩表中计算机成绩位于前三名并且外语成绩高于 60 分的学生成绩记录。查询结果如图 5-15 所示。

```
SELECT * TOP 3 FROM 成绩表;
     WHERE 外语>=60;
     ORDER BY 计算机 DESC
```

图 5-14 例 5-21 的检索结果　　　　　　　图 5-15 例 5-22 的检索结果

【例 5-23】 使用 SQL 命令,对学生表中的学生记录按照性别和出生日期进行排序,排序结果存放在表"一览表"中,命令如下。

```
SELECT * FROM 学生表;
      INTO TABLE 一览表;
      ORDER BY 性别,出生日期
```

本例实现的是数据表的物理排序功能。需要注意的是，按照出生日期的升序排列和按照年龄的升序排列，其排序结构是相反的，原因请读者思考。

2. 基于特殊运算符的简单查询

在 SELECT 命令中，允许使用几个特殊的运算符，从而使查询更为方便灵活。这些运算符包括 BETWEEN、IN 和 LIKE 等。

BETWEEN 是一个连续范围查询的运算符，这个连续范围用"BETWEEN 取值下界 AND 取值上界"来指定。IN 是一个列表查询运算符，列表"(值 1, 值 2, ..., 值 n)"中的值是离散的。而 LIKE 是一种模糊查询，模糊条件用"匹配字符串"来描述，可以查询条件不确定的值。

- WHERE　字段名　[NOT]　BETWEEN　取值下界　AND　取值上界
- WHERE　字段名　[NOT]　IN　　　　(值 1, 值 2, ...,值 n)
- WHERE　字段名　[NOT]　LIKE　　　"匹配字符串"

下面举例说明这三个特殊运算符的使用方法。

【例 5-24】　使用 SQL 命令，检索成绩表中法律成绩在 50～60 分之间的学生记录，并按法律成绩由高到低列出来。

```
SELECT * FROM 成绩表;
      WHERE 法律 BETWEEN 50 AND 60;
      ORDER BY 法律 DESC
```

BETWEEN 是一个连续范围查询的运算符，"WHERE 法律 BETWEEN 50 AND 60"等价于"WHERE 法律>=50 AND 法律<=60"。检索结果如图 5-16 所示。

图 5-16　例 5-24 的检索结果

【例 5-25】　在学生表中查询所有籍贯为"内蒙古"或"山东"的学生记录。

```
SELECT * FROM 学生表;
    WHERE 籍贯 IN ("内蒙古","山东")
```

IN 是一个离散范围查询的运算符，WHERE 籍贯 IN ("内蒙古","山东") 等价于 WHERE 籍贯="内蒙古" OR 籍贯="山东"。

【例 5-26】　在学生表中查询并输出所有姓李的学生记录。

```
SELECT * FROM 学生表;
    WHERE 姓名 LIKE "李%"
```

LIKE 是一个模糊查询的运算符，WHERE 姓名　LIKE　"李%"是一个模糊条件，该条件只要求姓名的第一个字符是"李"，后面的字符可以是任意一个。在匹配字符串中，除了可以指出确定的字符，还可以指定通配符来描述不确定的字符。允许使用的通配符及其意义如表 5-2 所示。

表 5-2　　　　　　　　　　　　　　匹配字符串中的通配符

通　配　符	描　　　述
%	代表任意长度的字符串
_(下划线)	代表任意的一个字符
[ ]	指定某个字符的取值范围
[^]	指定某个字符要排除的取值范围

【例 5-27】　在学生表中查询并输出所有姓李并且名为单字的学生记录。

```
SELECT * FROM 学生表;
    WHERE 姓名 LIKE "李_"
```

【例 5-28】　在学生表中查询并输出所有学号尾数是 1—5 的学生记录。

```
SELECT * FROM 学生表;
    WHERE 学号 LIKE "%[1—5]"
```

5.4.2　嵌套查询

Visual FoxPro 允许一条 SELECT 语句（内层）成为另一条 SELECT 语句（外层）的一部分，这样就形成了嵌套查询。外层的 SELECT 语句被称为外部查询，内层的 SELECT 语句被称为内部查询（或子查询）。

多数情况下，子查询出现在外部查询的 WHERE 子句中，并与比较运算符、列表运算符 IN、范围运算符 BETWEEN 等一起构成查询条件，完成有关操作。因此，外查询一般用于显示查询结果集，而内查询的结果一般用来作为外查询的查询条件。

【例 5-29】　列出成绩表中法律成绩在 69 分以上的学生的姓名、籍贯与政治面貌。

```
SELECT  姓名,籍贯,政治面貌 FROM 学生表;
    WHERE 学号 IN (SELECT 学号 FROM 成绩表 WHERE 法律>69)
```

上述命令是在内层查询语句从成绩表中查询到的学号的基础上，再在学生表中检索与这些学号对应的记录。其中用到了 IN 运算符，是"包含在……之中"的意思。本例的检索结果如图 5-17 所示。

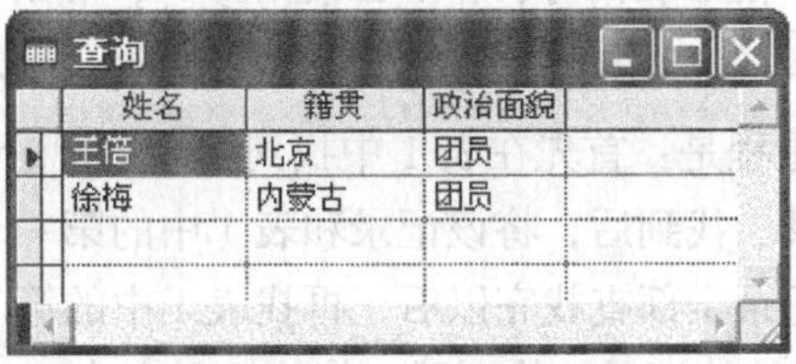

图 5-17　例 5-29 的检索结果

【例 5-30】 列出外语、数学、计算机三门课程总分在 180 分以上的女生的记录。

```
SELECT * FROM 学生表;
    WHERE 性别="女" AND 学号 NOT IN;
    (SELECT 学号 FROM 成绩表 WHERE 外语+数学+计算机<180)
```

说明 上述命令同样是嵌套查询，其中用到了 NOT IN 运算符，是“不包含在……之中”的意思。检索结果如图 5-18 所示。

学号	姓名	性别	出生日期	年龄	政治面貌	籍贯
201201	周光云	女	09/10/92	21	党员	山东
201203	刘丽	女	09/20/90	23	团员	山东
201208	徐梅	女	08/11/93	20	团员	内蒙古
201209	陈小燕	女	12/18/92	21	群众	黑龙江
201211	李歌	女	02/01/91	22	团员	北京
201212	马欣欣	女	09/12/93	20	团员	浙江

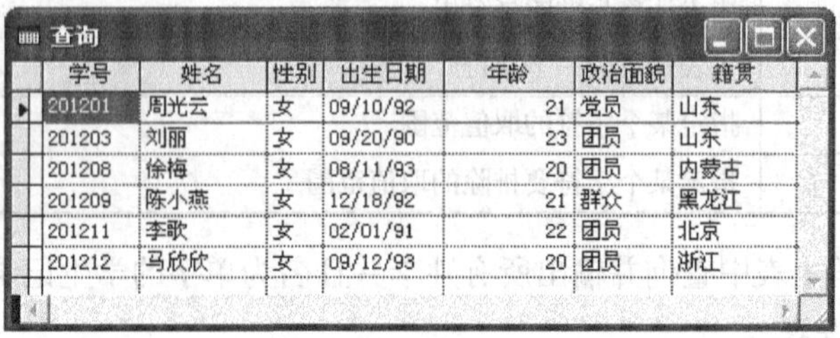

图 5-18 例 5-30 的检索结果

5.4.3 连接查询

连接查询是从多个相关的表中查询数据（用 from 子句实现）。连接查询首先以连接运算为基础，把多个表中的行按给定的条件进行拼接从而形成新表，然后再对新表进行常规查询。

常用的连接查询有内连接和外连接两种类型，其中外连接又分为左外连接、右外连接和全外连接三种类型，它们的区别在于数据表之间如何按公共字段的关系来拼接新表的数据行，下面分别举例说明这四种类型的连接查询。

1. 内连接查询

内连接查询只是将满足连接条件的记录包含在查询结果中，最常用的内连接查询就是等值连接，它将多个表中的公共字段值进行比较，把表中公共字段值相等的行组合起来，作为查询结果。在 Visual FoxPro 中，实现两个表的内连接查询的格式有以下两种。

格式 1：SELECT … FROM 表 1，表 2 WHERE 连接条件 AND 查询条件

格式 2：SELECT … FROM 表 1 JOIN 表 2 ON 连接条件 WHERE 查询条件

说明 格式 2 中，关键字 JOIN 前可以加 INNER，即 FROM 表 1 INNER JOIN 表 2。常用的连接条件是等值连接，格式为表 1.公共字段=表 2.公共字段。

注意 当两个表中的字段名相同时，需加上表名修饰；否则，可省去表名。

DBMS 执行连接查询的过程是：首先在表 1 中找到第一个记录，然后从表头开始扫描表 2，逐一查找满足连接条件的记录。找到后，将该记录和表 1 中的第一个记录进行拼接，形成查询结果中的一个记录。表 2 中的记录全部查找完以后，再找表 1 中的第 2 个记录，然后再从头开始扫描表 2，逐一查找满足连接条件的记录。找到后，将该记录和表 1 中的第 2 个记录进行拼接，形成查询结果中的又一个记录。重复上述操作，直到表 1 中的记录全部处理完毕。可见，连接查询

是相当耗费计算资源的，应该慎重选择连接操作。

图 5-19 描述了学生表和成绩表根据公共字段学号相等进行内连接形成的结果，读者可根据这个图来思考和验证内连接的连接过程。并思考：学生表和成绩表为什么可以进行连接？连接的条件应该是什么？查询语句应该怎样写？

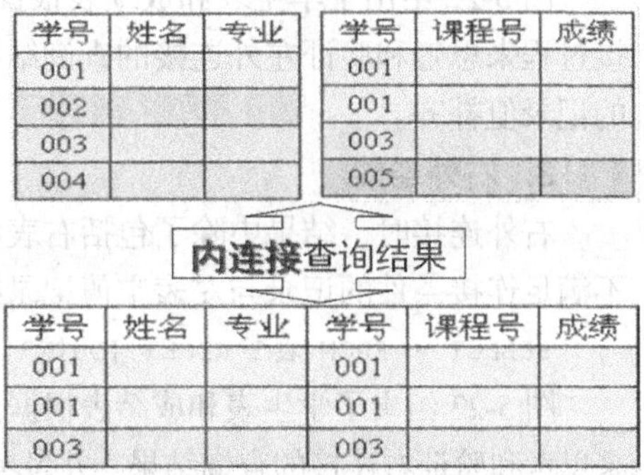

为了更加清晰地说明问题，图 5-19 关于学生表、成绩表以及查询结果表的记录值都是简要的、不完整的，如果读者要上机验证的话，请把数据补齐。

学号	姓名	专业		学号	课程号	成绩
001				001		
002				001		
003				003		
004				005		

内连接查询结果

学号	姓名	专业	学号	课程号	成绩
001			001		
001			001		
003			003		

图 5-19　内连接的查询结果

【例 5-31】 检索计算机成绩在 77 分以上的学生，并按外语成绩从高到低的顺序列出其姓名、性别、数学、计算机和外语成绩。

```
SELECT  学生表.姓名,性别, 成绩表.数学,计算机,外语  FROM  学生表,成绩表;
    WHERE 学生表.学号=成绩表.学号  AND 计算机>=77;
    ORDER BY 外语 DESC
```

本例要检索的数据分别来自学生表和成绩表，因而必须采用多表查询形式。对于多个表中共有的字段名必须在名前加上表名作为前缀，以示区别。当在 FROM 短语中有多个表时，这些表之间通常有一定的连接关系，本命令中的"学生表.学号=成绩表.学号"即是两个表的连接条件。检索结果如图 5-20 所示。

【例 5-32】 检索年龄在 25 岁以下并且籍贯以山打头的学生，列出其姓名、性别、籍贯、年龄、计算机和外语成绩。查询结果如图 5-21 所示。

```
SELECT  学生表.姓名,性别,籍贯,年龄, 计算机,外语;
    FROM  学生表 INNER JOIN 成绩表 ON 学生表.学号=成绩表.学号;
    WHERE  年龄<25 AND  籍贯 LIKE '山%'
```

2．左外连接

在 SELECT 语句中，内连接的结果只包含满足连接条件的两个表的记录拼接以后生成的记录。外连接与内连接不同，它的结果除了包括满足连接条件的记录外，还可以包括两个表中不满足连接条件的记录。

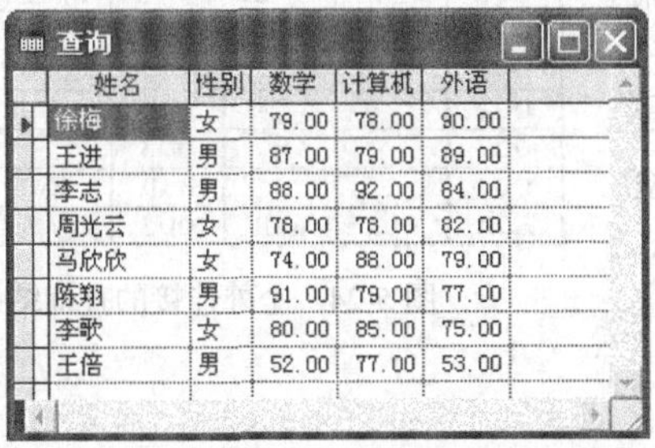

图 5-20　例 5-31 的检索结果

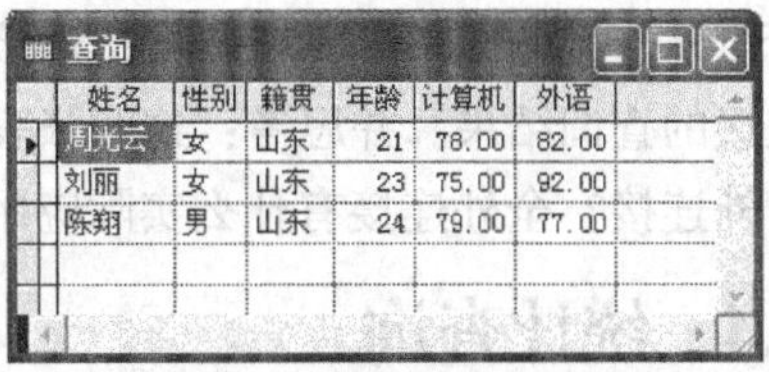

图 5-21　例 5-32 的检索结果

左外连接时，结果中除了包括左表和右表通过内连接拼接而成的记录外，还包括左表中不满足连接条件的记录与右表空值记录拼接而成的记录。所谓的空值记录指的是该记录的各个字段都是空值的一种特殊记录，这是一种特定的称谓。左外连接的语法格式为：

```
SELECT … FROM 表1 LEFT [OUTER] JOIN 表2 ON 连接条件 WHERE 查询条件
```

图 5-22 给出了学生表和成绩表根据公共列学号相等进行左外连接的查询结果，读者可根据连接过程来思考和验证左外连接的查询结果。同样地，如果要上机验证的话，请把学生表和成绩表的记录值补齐。

3. 右外连接

右外连接时，结果中除了包括右表和左表通过内连接拼接而成的记录外，另外还包括右表中不满足连接条件的记录与左表空值记录拼接而成的记录。右外连接的语法格式为：

SELECT … FROM 表 1 RIGHT [OUTER] JOIN 表 2 ON 连接条件 WHERE 查询条件

图 5-23 给出了学生表和成绩表根据公共列学号相等进行右外连接的结果，读者可根据连接过程来思考和验证右连接的查询结果。并思考：右外连接有什么实际应用意义？查询语句应该怎样写？

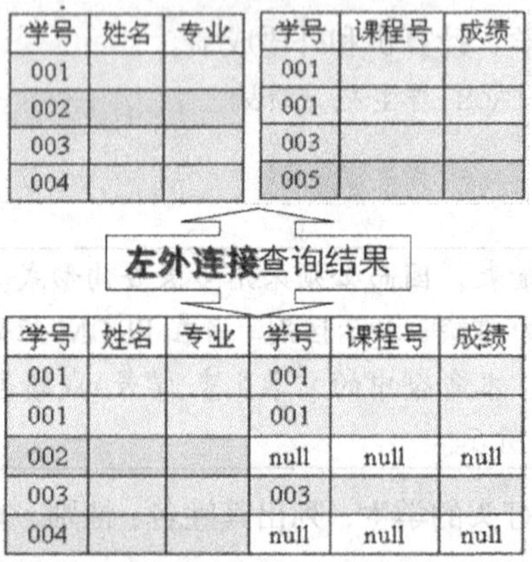

图 5-22　左外连接的查询结果　　　　图 5-23　右外连接的查询结果

4. 全外连接

全外连接时，结果包括三部分：一是左表和右表通过内连接拼接而成的记录，二是左表中不满足连接条件的记录与右表空值记录拼接而成的记录，三是右表中不满足连接条件的记录与左表空值记录拼接而成的记录。全外连接的语法格式为：

SELECT … FROM 表 1 FULL [OUTER] JOIN 表 2 ON 连接条件 WHERE 查询条件

图 5-24 给出了学生表和成绩表根据公共列学号相等进行全外连接的结果，读者可根据连接过程来验证全外连接的查询结果。并思考：这两张表为什么可以进行全外连接？全外连接有什么实际应用意义？

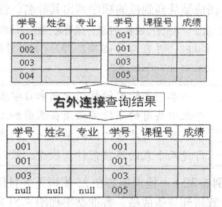

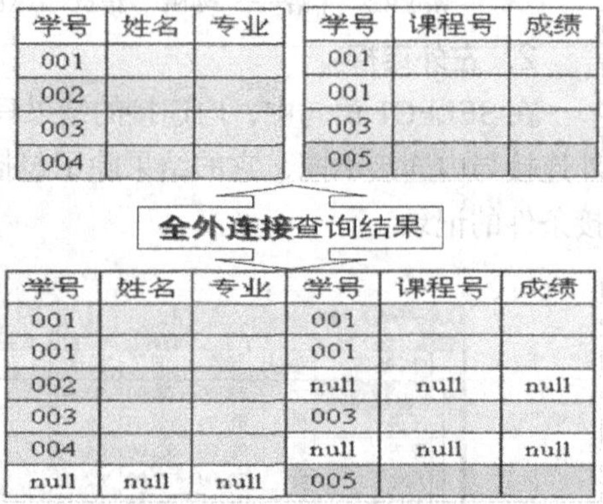

图 5-24　全外连接的查询结果

5.4.4　统计查询

SQL 中的 SELECT 命令支持对查询结果的汇总统计，这主要是通过几个统计函数来实现的。表 5-3 列出了这些统计函数的名称及其功能。

根据统计时是否进行分组，将统计查询分为简单统计查询和分组统计查询。简单统计查询对查询结果中所有记录的指定字段进行统计，而分组统计查询首先将查询结果中的记录按照分组条件进行分组，然后对每一分组中的指定字段分别进行汇总统计。

表 5-3　　　　　　　　　　　　　统计函数的名称与功能

函 数 名	功　　能
SUM( )	统计指定数值列的总和
AVG( )	统计指定数值列的平均值
MAX( )	统计指定（数值、字符、日期）字段的最大值
MIN( )	统计指定（数值、字符、日期）字段的最小值
COUNT( )	统计查询结果数据的行（记录）数

1. 简单统计查询

简单统计查询主要是使用表 5-3 中的统计函数对检索结果中的相关字段进行汇总计算，命令中不包括分组条件，因此语法较为简单，下面举例说明。

【例 5-33】　统计成绩表中外语的最高成绩、数学的最低成绩、计算机的平均成绩，命令如下：

```
SELECT  MAX(外语),MIN(数学),AVG(计算机)  FROM 成绩表
```

注：上述命令也可以写成如下形式来对统计结果清楚地加以说明，其输出结果如图 5-25 所示。

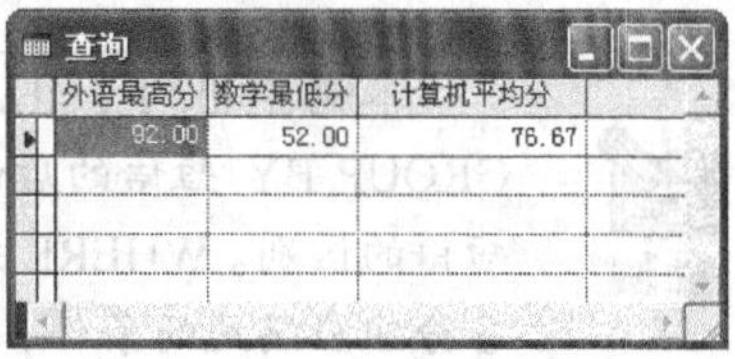

图 5-25　例 5-33 的检索结果

```
SELECT  MAX(外语) AS 外语最高分, MIN(数学) AS 数学最低分,；
        AVG(计算机) AS 计算机平均分  FROM 成绩表
```

【例 5-34】　统计学生表中年龄最大的男学生的生日，以及女生的平均年龄。

```
SELECT  MIN(出生日期)  FROM 学生表 WHERE 性别="男"
SELECT  AVG(年龄)  FROM 学生表 WHERE 性别="女"
```

年龄最大的学生的生日是对男学生而言，而平均年龄仅对女生而言，所以必须用两条 SELECT 命令分别查询。在第一条命令中，用了"MIN(出生日期)"而不是"MAX(出生日期)"，这是因为出生日期越早的，其值越小，但其对应的年龄越大。

【例 5-35】　COUNT 函数应用举例。

**查询女学生中团员的人数：

```
SELECT  COUNT(*) AS 女学生团员人数  FROM  学生表；
        WHERE 政治面貌="团员" AND 性别="女"
```

**查询学生来自几个不同籍贯：

```
SELECT  COUNT(DISTINCT 籍贯) AS 籍贯个数 FROM  学生表
```

第一个 SELECT 命令中的 COUNT(*)是 COUNT()函数的特殊形式，是指统计满足条件的所有行数，该命令的输出结果如图 5-26 所示。在第二个 SELECT 命令中，"COUNT(DISTINCT 籍贯)"中的 DISTINCT 是指不重复计算籍贯相同者。

2. 分组统计查询

分组查询是将检索得到的数据依据某个字段的值划分为多个组后输出，这是通过 SELECT 的 GROUP BY 子句实现的。在实际应用中分组查询经常与统计函数一起使用。

【例 5-36】　依据学生表中的数据，分别统计各种政治面貌的人数。命令如下，统计结果如图 5-27 所示。

```
SELECT 政治面貌, COUNT(*) AS 人数  FROM  学生表；
    GROUP BY 政治面貌
```

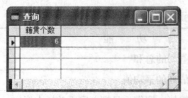

图 5-26　女学生团员人数的检索结果　　　　　　　图 5-27　例 5-36 的检索结果

【例 5-37】　依据学生表中的数据，分别统计各种籍贯的人数，但仅列出该籍贯只有两人的姓名及其籍贯。命令如下，统计结果如图 5-28 所示。

```
SELECT 姓名,籍贯,COUNT(*)  AS 人数 FROM 学生表;
    GROUP BY 籍贯 HAVING COUNT(*)=2
```

本例中用到了 HAVING 短语，用来限定输出的分组。HAVING 短语只能用在 GROUP BY 短语的后面，不能单独使用。这里尤其需要注意 HAVING 短语与 WHERE 短语的区别。WHERE 短语用来限定各记录应满足的条件，而 HAVING 短语则用来限定各分组应满足的条件，只有满足 HAVING 短语条件的分组才能被输出。

【例 5-38】　在学生表与成绩表连接查询的基础上，分别统计女生中数学、外语、计算机的最高分与男生中数学、外语、计算机的最高分。统计结果如图 5-29 所示。

```
SELECT 性别,MAX(数学),MAX(外语),MAX(计算机);
    FROM 学生表,成绩表;
    WHERE 学生表.学号=成绩表.学号;
    GROUP BY 性别
```

图 5-28　例 5-37 的检索结果　　　　　　　图 5-29　例 5-38 的检索结果

5.4.5　集合查询

SELECT 语句的查询结果是记录的集合，因此，对于多个 SELECT 语句的查询结果可以进行集合操作。这里主要介绍集合的并操作 UNION。参加 UNION 操作的各个查询结果的字段数目必须相同，对应的数据类型也必须相同。

【例 5-39】　查询有一门成绩 90 分以上的学生成绩信息。

```
SELECT * FROM 成绩表 where 数学>=90;
UNION;
SELECT * FROM 成绩表 where 外语>=90;
UNION;
SELECT * FROM 成绩表 where 计算机>=90
```

使用 UNION 进行多个查询的并运算时，会自动消除重复的记录。本例题的检索结果如图 5-30 所示。

图 5-30　例 5-39 的检索结果

5.5　综合示例

在本节设计了一个综合示例，其目的主要有以下三个：一是总结本章所学的内容，复习和巩固表定义、表更新以及表查询等 SQL 命令；二是培养 SQL 语言的综合应用能力；三是促进数据库功能整体框架的形成。

1. 创建数据库

在 D 盘的根目录下创建一个文件夹 SalesSystem，打开 Visual FoxPro 6.0，使用选项对话框的文件位置选项卡将 SalesSystem 设置为默认目录。

在文件夹 SalesSystem 中创建空数据库 "订单"，命令如下：

CREATE DATABASE 订单

执行上述命令后，打开文件夹 SalesSystem，可以看到订单数据库的三个文件，它们的名称和大小分别说明如下。

名称为订单.DBC 的文件大小为 0KB；名称为订单.DCT 的文件大小为 1KB；名称为订单.DCX 的文件大小为 0KB。请思考：这三个文件分别有什么作用？为什么订单.DCT 的大小为 1KB，而其他两个文件的大小是 0KB。

2. 创建数据表

在订单数据库中使用 SQL 命令 CREATE TABLE 创建 customer、product、order、orderdetail 四个数据表，它们的结构和 SQL 命令说明如下。

（1）customer 表：该表关系模式为 customer(顾客编号 C(8),顾客姓名 C(10), 顾客性别 C(2), 最近购买时间 D, 消费积分 I, 顾客地址 C(20), 联系电话 C(13))。相应的 SQL 命令如下所示。

```
CREATE TABLE customer;
    (顾客编号 C(8), 顾客姓名 C(10), 顾客性别 C(2),;
     最近购买时间 D, 消费积分 I, 顾客地址 C(20), 联系电话 C(13))
```

（2）product 表：该表的关系模式为 product(商品编号 C(5), 商品名称 C(40), 商品价格 N(8,2), 商品库存 I, 畅销否 L)。相应的 SQL 命令如下所示。

```
CREATE TABLE product;
    (商品编号 C(5), 商品名称 C (40), 商品价格 N(8,2), 商品库存 I, 畅销否 L)
```

（3）order 表：该表关系模式为 order(订单编号 C(10)，顾客编号 C(8)，订单日期 D，订单状态 C(6))。相应的 SQL 命令如下所示。

```
CREATE TABLE order;
    (订单编号 C(10), 顾客编号 C(8), 订单日期 D, 订单状态 C(6))
```

（4）orderdetail 表：该表关系模式为 orderdetail(订单编号 C(10)，商品编号 C(5)，销售数量 I)。

相应的 SQL 命令如下所示。

```
CREATE TABLE orderdetail(订单编号 C(10), 商品编号 C(5), 销售数量 I)
```

执行上述命令后，打开文件夹 SalesSystem，可以看到文件夹新增加了 customer.dbf、product.dbf、order.dbf、orderdetail.dbf 四个文件，它们的大小都是 1KB。

细心的读者会发现：订单.DBC 的大小由 0KB 变为 6KB；订单.DCT 的大小仍然是 1KB；订单.DCX 的大小由 0KB 变为 5KB。请思考：为什么订单.DBC 和订单.DCX 的大小会变大。

3. 建立数据库四个表之间的关系

订单数据库中刚刚创建的四个数据表没有建立相应的索引和关系，这就使得订单数据库的四个表在数据逻辑上没有一体化。下面对数据表进行修改，建立有关的索引及关系。

（1）以顾客编号为表达式，为 customer 表建立主索引。相应的 SQL 命令如下所示：

```
ALTER TABLE customer ADD PRIMARY KEY 顾客编号 TAG PK_GKBH
```

（2）首先以商品编号为表达式，为 product 表建立主索引；然后修改字段商品名称，使它不能为空。相应的 SQL 命令如下所示：

```
ALTER TABLE product ADD PRIMARY KEY 商品编号 TAG PK_SPBH
```

执行上述命令后，打开文件夹 SalesSystem，可以看到文件夹新增加了两个.CDX 文件，请问它们各有什么作用？

（3）基于订单编号为 order 表建立主索引，请读者独立写出命令。

（4）请读者思考 orderdetail 表的主索引应该怎样建立？

（5）修改 orderdetail 表，使它与 product 表建立多对一关系

```
ALTER TABLE orderdetail ADD FOREIGN KEY 商品编号 TAG FK_SPBH;
                        REFERENCES product TAG PK_SPBH
```

（6）修改 order 表，使它与 customer 表建立多对一关系

```
ALTER TABLE order ADD FOREIGN KEY 顾客编号 TAG FK_GKBH;
                    REFERENCES customer TAG PK_GKBH
```

（7）执行命令 OPEN DATABASE 订单，打开数据库设计器，数据库包含的数据表、数据表的结构以及数据表之间的关系就呈现在面前，如图 5-31 所示。

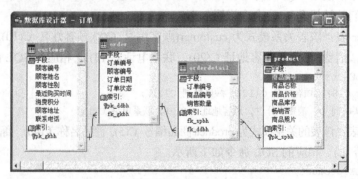

图 5-31　订单数据库的数据表及其关系

4. 修改数据表

（1）为了便于顾客购买商品，经常的需要提供商品的照片。下面给出 SQL 命令，在 product 表增加一个字段商品照片。

```
ALTER TABLE product ADD COLUMN 商品照片 G
```

执行上述命令后，打开文件夹 SalesSystem，可以看到文件夹新增加了一个 product.FPT 文件，

请问它有什么作用？

（2）商品的库存必须在 10 和 900 之间，否则提示商品库存不在规定的范围内，SQL 命令如下：

```
ALTER TABLE product ALTER COLUMN 商品库存;
   SET CHECK 商品库存>=10 AND 商品库存<=900 ERROR "库存不在规定的范围中"
```

（3）将顾客姓名的默认值设置为女士，顾客性别设置为女，SQL 命令如下：

```
ALTER TABLE customer;
   ALTER COLUMN 顾客姓名 SET DEFAULT "女士";
   ALTER COLUMN 顾客性别 SET DEFAULT "女"
```

（4）以"订单编号+商品编号"为表达式，为 orderdetail 表建立候选索引。相应的 SQL 命令如下所示：

```
ALTER TABLE orderdetail  ADD UNIQUE 订单编号+商品编号 TAG UK_DNSP
```

（5）修改顾客姓名的宽度为 8，修改顾客地址的宽度为 60。相应的 SQL 命令如下：

```
ALTER TABLE customer;
 ALTER COLUMN 顾客姓名 C(8);
ALTER COLUMN 顾客地址 C(60)
```

5. 在数据表中插入记录

用 INSERT 语句在订单数据库的 customer 表中插入图 5-32 所示的记录行，用 Browse 命令的追加功能在 order 表中插入图 5-33 所示的记录行，用 Visual FoxPro 的导入功能从 Excel 文件 sales.xls 中导入 orderdetail 表和 product 表的记录行，内容如图 5-34 和图 5-35 所示。

顾客编号	顾客姓名	顾客性别	最近购买时间	消费积分	顾客地址	联系电话
37010001	王女士	女	12/23/11	800	济南市大明路19号	15588826656
37010002	王先生	男	11/30/11	700	济南市文化西路100号	18656325987
37020001	孙皓	男	05/01/12	900	青岛市莱阳路10号	053288966518
37020002	万先生	男	08/10/11	1000	青岛市云南路9号	053288586819
11010001	黄小姐	女	09/29/12	1200	北京市东园西甲128号	01051688889
11010002	王先生	男	10/16/11	900	北京市黄厅南路128号	01051685555
53050001	陈玲	女	06/22/12	1000	昆明市广发北路78号	08716678965

图 5-32　customer 表的记录

订单编号	商品编号	销售数量
1211201021	01003	50
1211201021	01005	100
1211201021	02002	120
1212101022	01005	90
1212101022	03001	100
1212121021	01001	80
1212121021	01002	70
1212121021	02004	45
1212251025	02005	75
1212251025	03001	88
1212251025	03002	40
1211251026	01005	25
1211251026	01006	50
1211251026	03002	45
1211301027	01001	42
1211301027	02002	40
1211301027	02004	20
1212251001	01007	87
1212251001	03001	47
1212251001	03004	21
1212251000	01006	30
1212251000	02001	20
1212251000	02006	55
1212251000	03001	87

图 5-34　orderdetail 表的记录

订单编号	顾客编号	订单日期	订单状态
1211201021	37010001	11/20/12	
1212101022	37020001	12/10/12	
1212121021	37010002	12/12/12	
1212251025	37020002	12/25/12	
1211251026	37020001	11/25/12	
1211301027	11010001	11/30/12	
1212251001	11010002	12/25/12	
1212251000	53050001	12/25/12	

图 5-33　order 表的记录

Product

商品编号	商品名称	商品价格	商品库存	商品照片	畅销否
01001	雅诗兰黛鲜活营养红石榴补水保湿乳液	355.00	200	Gen	T
01002	雅诗兰黛鲜活营养红石榴二合一洁面泡沫	188.00	100	Gen	T
01003	雅诗兰黛流金18色眼影	99.00	170	Gen	F
01004	雅诗兰黛丝柔幼滑彩盘	55.00	170	Gen	F
01005	苏瑞全能透白保湿面膜	180.00	200	Gen	T
01006	纽比士芦荟精油保湿润泽爽肤水	65.00	160	Gen	T
01007	纽比士嫩白洁面啫喱洗面奶	45.00	200	Gen	T
02001	纽比士玫瑰精油眼胶	55.00	170	Gen	T
02002	妙巴黎烘焙胭脂腮红	49.00	100	Gen	T
02004	熊猫护手霜蜜桃香	22.00	120	Gen	T
02005	美丽日记法兰西面膜	9.90	111	Gen	T
02006	水之澳绿洲夜间密集补水面膜	208.00	110	Gen	T
02007	欧珀莱莹白活性爽肤水	144.00	130	Gen	T
03001	玻尿酸胶原蛋白高保湿弹力乳液	46.00	120	Gen	T
03002	贝佳斯活力亮采美肤泥浆	95.00	100	Gen	F
03003	欧珀莱水活睡眠面膜	110.00	170	Gen	T
03004	雅诗兰黛鲜活营养红石榴舒活晚霜	450.00	136	Gen	T
03005	曼秀雷敦保湿乳液	58.00	128	Gen	F
03006	雅诗兰黛红石榴日霜	319.00	129	Gen	T
03007	资生堂红色蜜露精华化妆水	399.00	90	Gen	T

图 5-35　product 表的记录

6. 修改数据表记录

（1）将 order 表的交易状态全部改为“成功”。SQL 命令如下：

```
UPDATE order SET 订单状态="成功"
```

（2）将 orderdetail 表中的订单 1212251000 中商品号为 03001 的商品的销售数量增加 12。SQL 命令如下：

```
UPDATE orderdetail SET 销售数量=销售数量+12;
    WHERE 订单编号="1212251000" AND 商品编号="03001"
```

（3）将 product 表中的商品库存在 150 以上的商品设置为不畅销。SQL 命令如下：

```
UPDATE product SET 畅销否=.F.;
    WHERE 商品库存>=150
```

7. 删除数据表记录

（1）将编号为 5305001 的顾客的订单信息从 orderdetail 表中逻辑删除，命令如下：

```
DELETE FROM orderdetail WHERE 订单编号="5305001"
```

（2）将顾客陈玲在 order 表中的所有订单信息逻辑删除，命令如下：

```
DELETE FROM order WHERE 顾客编号=;
  (SELECT 顾客编号 FROM customer WHERE 顾客姓名="陈玲")
```

8. 数据表的物理排序

按照消费积分对数据表 customer 中的记录进行降序排列，如果消费积分相同，按照最近消费时间排列，排序结果保存在表 customer_order 中。SQL 命令如下：

```
SELECT * FROM customer;
ORDER BY 消费积分 DESC, 最近购买时间;
INTO TABLE customer_order
```

9. 数据库的统计查询

按照下列要求对数据库中的数据进行查询。

（1）检索每种商品的库存价值。

```
SELECT 商品名称,商品价格*商品库存 AS "商品库存价值";
FROM product
```

（2）检索男顾客的人数和平均消费积分。

```
SELECT COUNT(*) AS "男顾客人数",AVG(消费积分) AS "平均消费积分";
FROM customer;
WHERE 顾客性别="男"
```

（3）检索至少订购了一种商品的顾客姓名。

```
SELECT 顾客姓名 FROM customer WHERE 顾客编号 IN;
    (SELECT DISTINCT 顾客编号 FROM order)
```

（4）检索消费积分在 900 至 1000 之间的顾客所产生订单的日期。

```
SELECT 订单日期 FROM order WHERE 顾客编号 IN;
(SELECT DISTINCT 顾客编号 FROM customer)
```

（5）检索订购过商品"苏瑞全能透白保湿面膜"的订单编号和销售数量。

```
SELECT product.商品名称, orderdetail.订单编号, orderdetail.销售数量;
FROM product INNER JOIN orderdetail ON product.商品编号=orderdetail.商品编号;
WHERE  product.商品名称="苏瑞全能透白保湿面膜"
```

（6）检索所有的商品名称和商品编号以及订购它们的订单编号（包括没被订购过的商品的名称和编号）。

```
SELECT product.商品名称, product.商品编号, orderdetail.订单编号;
FROM product LEFT JOIN orderdetail ON product.商品编号=orderdetail.商品编号
```

习　　题

一、单选题

【1】CREATE TABLE 可以_____。

  A. 创建数据表的结构   B. 创建数据表的索引

  C. 创建数据表的约束   D. 创建表的记录

【2】下列 SQL 语句不是数据更新的是_____。

  A. INSERT   B. SELECT

  C. DELETE   D. UPDATE

【3】SQL 查询语句中 ORDER BY 子句的功能是_____。

  A. 对查询结果进行排序   B. 分组统计查询结果

  C. 限定分组检索结果   D. 限定查询条件

【4】SQL 查询的 HAVING 子句的作用是_____。

  A. 指出分组查询的范围   B. 指出分组查询的值

  C. 指出分组查询的条件   D. 指出分组查询的字段

【5】SQL 语句中修改表结构的命令是_____。

  A. MODIFY　TABLE   B. MODIFY　STRUCTURE

  C. ALTER　TABLE   D. ALTER　STRUCTURE

【6】SELECT 语句中的条件短语的关键字是_____。

  A. WHERE   B. WHILE

  C. FOR   D. CONDITION

【7】INSERT 命令可以_____。

    A．在表头插入一条记录   B．在表尾插入一条记录

    C．在表中指定位置插入一条记录   D．在表中指定位置插入若干条记录

【8】UPDATE 命令不可以_____。

    A．在表中修改一条记录   B．在表中修改两条记录

    C．修改表中的一个字段   D．修改表中某些列的内容

【9】标准 SELECT 命令的基本语法形式是_____。

    A．SELECT—FROM—ORDER BY

    B．SELECT—WHERE—GROUP BY

    C．SELECT—WHERE—HAVING

    D．SELECT—FROM—WHERE

【10】SQL 语言的统计函数不包括_____。

    A．SUM   B．COUNT

    C．AVG   D．FOUND

二、填空题

【1】SQL 语言的核心是_____，SQL 语言的数据操作功能包括_____与_____。

【2】在 Visual FoxPro 支持的 SQL 语句中，可以删除表中记录的命令是_____；可以从数据库删除表的命令是_____。

【3】在 Visual FoxPro 支持的 SQL 语句中，可以修改结构的命令是_____；可以修改表中数据的命令是_____。

【4】视图是虚拟的，这是因为数据库中只存放视图的_____而不存放视图对应的_____。视图中的数据仍然存放在导出视图的_____中。

【5】在 SELECT 语句中，将查询结果按指定字段值排序输出的短语是_____；将查询结果按要求分组输出的短语是_____；将查询结果存入指定数据表的短语是_____。

【6】在 SELECT 语句的 ORDER BY 子句中，DESC 表示按_____输出；省略 DESC 代表按_____输出。

【7】在 SELECT 语句中，定义一个区间范围的专用单词是_____，检查一个属性值是否属于一组值中的单词是_____。

【8】在 SELECT 语句中可以包含一些统计函数,这些函数包括_____、_____、_____、MAX 和 MIN。

【9】在 SQL 语句中，空值用_____表示。

三、思考题

【1】什么是 SQL 语言？它有什么主要特点？

【2】SQL 语言的功能有哪些？

【3】数据库中既然有了表，为什么还要有视图？它们二者有什么区别？

【4】SELECT 语句可以给数据表物理排序吗？为什么？

【5】什么是分组查询，举例说明分组查询的实际意义。

【6】什么是嵌套查询？嵌套查询可以完全替代连接查询吗？为什么？

四、操作题

【1】建立商品销售数据库，它包含三个表的关系模式如下：

116

Article(商品号 C(4)，商品名 C(16)，单价 N(8,2)，库存量 I)

Customer(顾客号 C (4)，顾客名 C (8)，性别 C(2)，年龄 I)

OrderItem(顾客号 C(4)，商品号 C(4)，数量 I，日期 D)

【2】对性别和年龄定义的约束条件，其中性别分成男女，年龄从 10 到 100。

【3】在上述的三个表中用插入语句各插入 6—10 行数据，注意插入数据的要满足后面的需要。

【4】检索订购商品号为 '0001' 的顾客号和顾客名。

【5】检索订购商品号为 '0001' 或 '0002' 的顾客号。

【6】检索至少订购商品号为 '0001' 和 '0002' 的顾客号。

【7】检索顾客张三订购商品的总数量及每次购买最多数量和最少数量之差。

【8】检索至少订购了三单商品的顾客号和顾客名及他们订购的商品次数和商品总数量，并按商品总数量降序排序。

【9】检索所有的顾客号和顾客名以及他们所购买的商品号（包括没买商品的顾客）。

第6章
视图与查询

视图是从一个或几个基本表导出的虚拟表，它是数据库中另外一个重要的对象。查询是用户在数据库中提取所需数据的一个应用程序。之所以将视图和查询放在同一章中学习，是因为它们的设计工具（视图设计器和查询设计器）是类似的。使用视图设计器创建的视图可以从指定的本地表、其他视图、放在服务器上的表以及其他关系数据库管理系统中筛选出满足给定条件的记录形成数据库中的一个虚拟表，以实现对不同源数据的重新组织和管理。使用查询设计器可以创建一个查询文件，运行查询文件可以从指定的表或视图中筛选出满足给定条件的记录，在对记录进行排序、分类汇总后，最终将查询结果输出到不同的目的地（如浏览窗口、数据表、屏幕等），以方便用户的使用。

6.1 视图的创建与应用

在数据库应用系统中，视图的应用非常广泛。Visual FoxPro 的视图是从 SQL 语言移植而来的，因此也被称为 SQL 视图。

6.1.1 视图的概述

1. 视图的概念

数据表是数据库中的核心对象，视图是数据库中另外一个重要的对象，它是从一个或几个基本表导出的虚拟表。那些用于产生视图的表叫作该视图的基表，也可以称为母表。当然，一个视图也可以从另一个视图中产生。

视图之所以是虚拟的，是因为数据库中只存放视图的定义而不存放视图对应的数据。视图中的数据仍然存放在导出视图的数据表中。

某个视图一旦被定义，就成为数据库中的一个组成部分，具有与普通数据库表类似的功能，可以像数据库表一样接受用户的访问。视图是不能单独存在的，它依赖于数据库以及数据表的存在而存在，只有打开与视图相关的数据库才能使用视图。

2. 视图与表的区别

虽然视图十分像表，但是不能认为视图就是表，两者之间有着本质的区别：表中的数据是物理存在并存储在介质上的，而视图本身没有存储任何实际数据，只是一种逻辑对象，它所有的数据都是通过引用基表而反映出来的。视图中的数据是按照用户指定的条件从已有的数据库表或其他视图中抽取而来，这些数据在数据库中并不另加存储，而是仅在该数据库的数据字典中存储这个视图的定义。某个视图一旦被定义，就成为数据库中的一个组成部分，具有与普通数据库表类似的功能，可以像数据库表一样接受用户的访问和更新。

视图只能依赖于某一个数据库而存在，并且只有在打开相关的数据库后，才能创建和使用视图。用户不仅可以通过视图从单个或多个数据库表中提取所需的数据，更重要的是，还可以通过视图来更新数据库表中的数据。当通过视图修改数据时，实际上是在改变基表中的数据；相反地，基表数据的改变也会自动反映在由基表产生的视图中。由于逻辑上的原因，有些视图可以修改对应的基表，有些则不能（仅仅能查询）。

3. 视图的分类

视图有本地视图和远程视图之分。本地视图直接从本地计算机的数据库表或其他视图中提取数据；远程视图则可从支持开放数据库连接 ODBC 的远程数据源（如网络服务器）中提取数据。用户可以将一个或多个远程视图添加到本地视图中，以便能在同一个视图中同时访问本地数据库中的数据和远程 ODBC 数据源中的数据。

4. 视图的优点

相对于数据表而言，使用视图具有以下一些优点。

（1）简单性：看到的就是需要的，视图不仅可以简化用户对数据的理解，也可以简化他们的操作。用户可以根据需要设定视图，以后不用每次都去指定条件，只要调用视图即可。

（2）安全性：通过视图，用户只能查询和修改他们所能见到的数据，而无法看到数据库中的其他数据，较好地满足了不同权限用户的需求，并防止非权限数据被篡改。

（3）逻辑数据独立性：视图可以帮助用户屏蔽真实表结构变化带来的影响。

6.1.2　视图的创建

Visual FoxPro 6.0 允许通过视图向导、视图设计器和有关的 SQL 命令等多种方式来创建视图。SQL 命令在第 5 章已经介绍过了，视图向导不够灵活，本章重点介绍如何使用视图设计器创建视图。

1. 基于视图设计器创建视图的基本步骤

利用视图设计器创建视图的基本步骤如下。

（1）打开"视图设计器"窗口。

（2）指定要添加的数据库表或者视图。

（3）选择出现在视图结果中的字段。

（4）设置筛选条件。

（5）设置排序或分组来组织视图结果。

（6）选择可更新的字段。

（7）保存视图文件。

（8）浏览视图。

下面通过一个具体的例子来说明创建视图的基本步骤。

【例 6-1】　在订单数据库中，通过对 customer 表的操作，提取顾客编号、顾客姓名、顾客性别和消费积分四个字段，筛选性别为男的顾客信息，并以消费积分降序进行排序，组成一个名为"视图 1"的视图。

操作步骤如下。

（1）打开订单数据库。

（2）新建视图：执行"文件"菜单下的"新建"命令，在"新建"对话框中选中"视图"，然后单击"新建文件"按钮，会弹出如图 6-1 所示的"添加表或视图"对话框，要求用户指定要添加的表或视图。

（3）添加表或视图：在这里我们选取数据库中的 customer 表，然后单击"添加"按钮即可。当添加两个以上的表或视图时，需要选择表间联接条件，通常用相同字段进行联接。单击"关闭"按钮后即出现如图 6-2 所示的"视图设计器"窗口。

图 6-1　"添加表或视图"对话框

（4）选取输出字段：在"视图设计器"下方的"字段"选项卡中，将左侧"可用字段"框中的 customer.顾客编号、customer.顾客姓名、customer.顾客性别、customer.消费积分四个字段分别选中添加到右侧的"选定字段"框中，如图 6-3 所示。

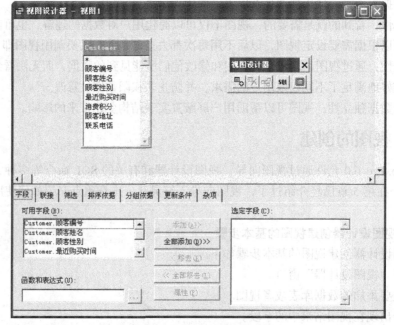

图 6-2　"视图设计器"窗口

图 6-3　选取输出字段

（5）设置筛选条件：在"筛选"选项卡中，设置筛选条件 customer.顾客性别= " 男 "，如

图 6-4 所示。

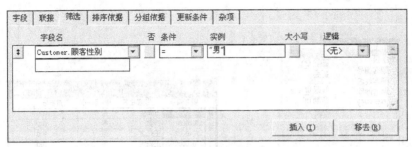

图 6-4 设置筛选条件

（6）设置排序依据：在"排序依据"选项卡中，指定以 customer.消费积分字段的降序对输出记录进行排序，如图 6-5 所示。

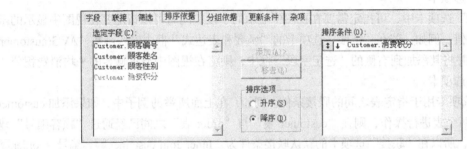

图 6-5 设置排序依据

（7）保存视图设置：单击主窗口"常用"工具栏上的"保存"按钮，或按 Ctrl+W 组合键，将设计完成的视图保存为默认的"视图 1"，然后关闭"视图设计器"窗口。

（8）浏览视图：打开数据库设计器，就可以在订单数据库中看到新创建的"视图 1"，如图 6-6 所示。

如果用鼠标双击这个名为"视图 1"的小表，或者用右键单击"视图 1"小表，弹出快捷菜单，如图 6-7 所示。在快捷菜单中选择"浏览"命令，即可在打开的浏览窗口中显示这个视图的内容，如果选择"修改"命令，就可以打开视图设计器，进行视图的修改维护了。视图浏览结果如图 6-8 所示。

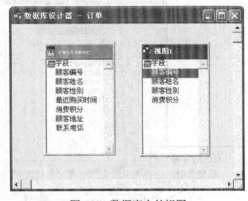

图 6-6 数据库中的视图

2．视图设计器的窗口

在介绍了利用"视图设计器"创建视图的一般过程之后，下面再来看看"视图设计器"的窗口界面。其中，读者尤其要注意窗口中各个选项卡的功能。

（1）上部窗格

如图 6-2 所示，"视图设计器"分为上、下两个窗格。上部窗格显示已经添加的数据表。若要添加新表，可单击"视图设计器"工具栏中的"添加表"按钮；若要去掉已有的数据表，可在选定该表后，单击"视图设计器"工具栏中的"移去表"按钮。

在上部窗格中，数据表之间的连线表示它们之间已经设置了联接关系，双击此连线可以修改联接条件。

图 6-7　视图的快捷菜单

图 6-8　浏览视图的内容

（2）字段选项卡

在"字段"选项卡中，可指定需要在视图中显示的字段，同时可以指定要在视图中显示的函数或表达式的值。例如，若在"字段"选项卡的"函数和表达式"框中输入函数"AVG(customer.消费积分)"，并将其添加到右侧的"选定字段"框中，则将在视图中显示顾客的平均消费积分。

（3）联接选项卡

"联接"选项卡用于指定表之间的联接条件。例如，在上面所举的例子中，如果添加 customer 表和 order 表两个表进行操作，则在"customer 表"与"order 表"之间已经通过"顾客编号"建立了永久关系，所以在"联接"选项卡的默认联接条件为"Inner Join customer.顾客编号 = order.顾客编号"。若单击"类型"列下方的下拉列表，可以根据需要选定其他类型的联接条件，如图 6-9 所示。

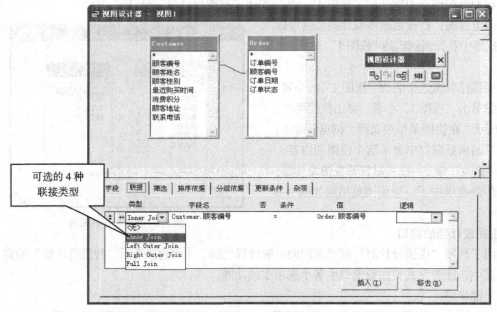

图 6-9　"联接"选项卡

（4）筛选选项卡

"筛选"选项卡用于指定输出记录的筛选条件，通常是在联接条件选出记录的基础上再进行筛选。例如，上面例子所指定的筛选条件为"customer.顾客性别="男""。

（5）排序依据选项卡

本选项卡用来指定视图中输出记录的排列顺序，可以指定多个排序的关键字段，并可对每个字段的排序方式指定是"升序"还是"降序"。注意：只有在"字段"选项卡中指定的输出字段（或者函数、表达式）才有资格被用作排序的关键字段。

（6）分组依据选项卡

利用视图的分组功能，可以将视图结果依据某字段把相同数据值的记录放在一起，从而形成若干个组。将分组与统计函数 SUM、AVG、COUNT 等结合使用，可以完成基于字段分组的统计计算功能。

（7）杂项选项卡

指定是否对重复记录进行视图操作，并且是否对输出的记录作限制，包括输出记录的最多个数和最大百分比等。

（8）视图与数据更新

默认情况下，对视图的更新不会在源数据表中得到反映。如果想通过视图更新源数据表中的数据，需要打开"更新条件"选项卡中，选中图 6-10 左下角所示的"发送 SQL 更新"复选框，并进行相应的设置。

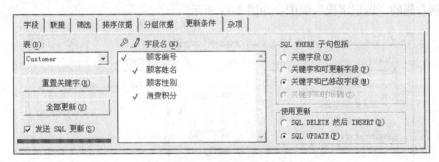

图 6-10　选中"发送 SQL 更新"

有关"更新条件"选项卡中的选项及操作说明如下。

① 指定可更新的表：如果要创建的视图是基于多个表的，则默认为更新"全部表"的有关字段。如果只是更新某个数据表，则可单击"表"下拉列表框并从中指定可更新的表。

② 指定可更新的字段：在"字段名"列表框中列出了有关的字段，字段名左侧的"钥匙"所在列表示关键字，"铅笔"所在列表示可以更新的字段。注意，必须先设置关键字，同一表中的其他字段才可能被设置为可更新字段。

③ "SQL WHERE 子句包括"框的设置："SQL WHERE 子句包括"框中的选项是用来管理多用户访问同一数据库时，应该如何处理数据的更新。在多用户环境中，Visual FoxPro 在允许更新之前，将先检查源表中的指定字段，看看它们在数据被提取到视图之后是否发生了更改。如果数据源中的这些字段在此期间已被修改，则不允许再进行更新操作。"SQL WHERE 子句包括"框中各选项的含义如下。

● 关键字段：当源表中的关键字段已被改变时，更新失败。

● 关键字和可更新字段：当源表中关键字和任何可更新字段已被改变时，更新失败。

● 关键字和已修改字段：当源表中关键字和通过视图要改变的字段已被改变时，更新失败。

● 关键字和时间戳：当源表中关键字和记录的时间戳已被改变时，更新失败。

④ "使用更新"框的设置：在"使用更新"框中可选择使用更新的方式，包括以下两种方式。

● SQL DELETE 然后 INSERT：先用 DELETE 命令删除源表中需要被更新的记录，然后再用 INSERT 命令向源表插入更新后的记录。

● SQL UPDATE：直接使用 UPDATE 命令更新源表。

在设计好视图以后，可以通过浏览方式查看视图。用户可以在打开的视图窗口中编辑修改记录，Visual FoxPro 会将所作的修改返回到源表中去自动进行更新。

3. 基于视图设计器创建视图的示例

下面以两个例子为线索介绍使用视图设计器创建视图的方法。例 6-2 举例说明了视图中分组统计功能的实现，例 6-3 举例介绍了基于多表创建视图的方法。

【例 6-2】 在订单数据库中，统计并显示男、女顾客的平均消费积分。

操作步骤如下：

① 打开订单数据库。

② 新建视图，打开"视图设计器"窗口。

③ 在"字段"选项卡的"可用字段"框中选定 customer 表的"性别"字段，将其添加到右侧的"选定字段"框中。

④ 在"字段"选项卡左下角的"函数和表达式"框中填入"AVG(customer.消费积分)"函数，将其添加到右侧的"选定字段"框中，如图 6-11 所示。

图 6-11　选定输出字段

⑤ 在"分组依据"选项卡中选定分组字段。这里选定 customer.顾客性别作为分组依据字段，如图 6-12 所示。

⑥ 将所创建的视图保存为"视图 2"，在订单数据库的数据库设计器中，浏览"视图 2"，得到分组视图的结果，如图 6-13 所示。

图 6-12　"分组依据"选项卡

图 6-13　分组视图结果示例

【例 6-3】 在订单数据库中，查看消费积分大于等于 1000 的顾客记录，要求包含顾客编号、顾客姓名、消费积分、订单编号和订单日期，并以订单编号的升序排列组成一个名为"视图 3"的视图。

操作步骤如下。

（1）打开订单数据库。

（2）新建视图，添加 customer 表和 order 表，打开"视图设计器"窗口。

（3）在"字段"选项卡的"可用字段"框中选定 customer.顾客编号、customer.顾客姓名、customer.消费积分、order.订单编号、order.订单日期五个字段，将其添加到右侧的"选定字段"框中。

（4）设置筛选条件：在"筛选"选项卡中，设置筛选条件 customer.消费积分>=1000。

（5）设置排序依据：在"排序依据"选项卡中，指定以 order.订单编号字段的升序对输出记录进行排序。

（6）单击常用工具栏上的"保存"按钮，将设计完成的视图保存为默认的"视图 3"。

（7）运行视图：打开数据库设计器，就可以在学生数据库中看到新创建的"视图 3"，如图 6-14所示。

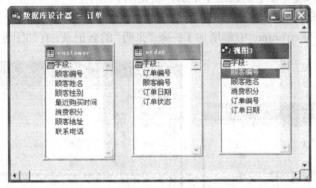

图 6-14　订单数据库中的视图 3

如果用鼠标双击这个名为"视图 3"的小表，或者用右键单击"视图 3"小表，在快捷菜单中选择"浏览"命令，即可在打开的浏览窗口中显示这个视图的内容，视图浏览结果如图 6-15 所示。

顾客编号	顾客姓名	消费积分	订单编号	订单日期
11010001	黄小姐	1200	1211301027	11/30/12
53050001	陈玲	1000	1212251000	12/25/12
37020002	方先生	1000	1212251025	12/25/12

图 6-15　浏览视图 3 的内容

6.1.3　视图的应用

视图一旦定义成功，在大多数场合，就可以像使用数据表一样来使用。

可以使用传统的 Visual FoxPro 专有命令对视图进行操作，例如，在订单数据库中使用 USE 命令打开视图 3，接着在主屏幕上显示视图 3 的记录内容。然后打开"浏览"窗口显示和修改视图 3 中的内容。

```
OPEN DATABASE 订单        && 在打开数据库的情况下才可以操作视图
USE 视图 3               && 打开视图 3
```

```
   LIST                          && 在屏幕上显示视图内容
   BROWSE                        && 浏览修改视图 3
```

另外，对视图进行操作的更一般的方法是使用 SQL 操纵命令对视图进行操作。

1. 对视图进行查询操作

使用 SELECT 命令对视图进行查询。

【例 6-4】 使用 SQL 命令显示视图 1 中消费积分在 800 以上的记录，并只显示顾客姓名和消费积分两个字段。

在命令窗口中输入以下查询命令，则有如图 6-16 所示的显示结果。

```
SELECT 顾客姓名,消费积分 FROM 视图 1 WHERE 消费积分>800
```

2. 在视图中插入记录

在设置源表数据可更新的前提下，可用 INSERT 命令向指定的视图中插入记录。

图 6-16　查询视图 1 中消费积分在 800 以上的记录

【例 6-5】 使用 SQL 命令在视图 1 中插入新记录。

```
INSERT INTO 视图 1 VALUES("11110001", "张明", "男",800)
```

则在视图 1 和源表 customer 中都增加了一条"张明"的新记录，有如图 6-17 所示的显示结果。

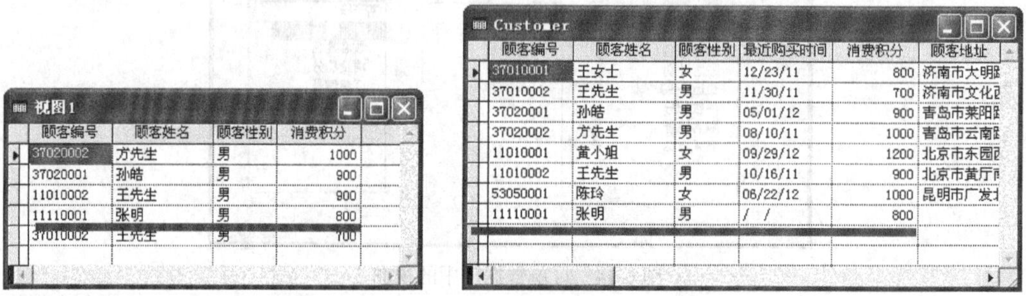

图 6-17　视图 1 和 customer 表中都插入了新记录

3. 在视图中更改记录

在设置源表数据可更新的前提下，可用 UPDATE 命令向指定的视图中插入记录。

【例 6-6】 使用 SQL 命令将视图 1 中所有姓王的顾客的消费积分增加 100。

```
UPDATE 视图 1 SET 消费积分=消费积分+100 WHERE 顾客姓名 LIKE "王%"
```

则在视图 1 和源表 customer 中都为两位王先生增加了 100 分的消费积分，有如图 6-18 所示的显示结果。

图 6-18　对视图 1 进行更改记录操作

4. 在视图中删除记录

在设置源表数据可更新的前提下，可用 DELETE 命令逻辑删除视图中的记录（实际是在源表中逻辑删除记录），需要注意的是，不能对视图中的记录进行物理删除。

【例 6-7】 使用 SQL 命令将视图 1 中消费积分大于 900 的记录删除。

`DELETE FROM 视图 1 WHERE 消费积分>900`

视图 1 中只有"方先生"一条记录符合条件，故只逻辑删除这一条记录，同时对源表 customer 中"方先生"记录进行逻辑删除。浏览源表 customer 如图 6-19 所示。由于该记录没有被彻底删除，所以再次浏览视图时该记录将正常显示。

顾客编号	顾客姓名	顾客性别	最近购买时间	消费积分	顾客地址
37010002	王先生	男	11/30/11	700	济南市文化西路100号
37020001	孙皓	男	05/01/12	900	青岛市莱阳路10号
37020002	方先生	男	08/10/11	1000	青岛市云南路9号
11010001	黄小姐	女	09/29/12	1200	北京市东园西甲128号
11010002	王先生	男	10/16/11	900	北京市黄门南路128号
53050001	陈玲	女	06/22/12	1000	昆明市广发北路78号

图 6-19 对视图 1 执行逻辑删除记录操作后数据表 customer 的浏览结果

总之，使用视图的方法与使用表的方法一样，若在视图中更改记录值，这些改变会立即导致基表中记录值的改变，能用于数据表的操作命令差不多都可以用于视图。当然，视图毕竟不是数据表，不能独立存在，也不能改变其结构，而只能修改视图的定义。

6.2 查询的建立与维护

Visual FoxPro 的查询是从一个或多个相关的数据表中提取用户所需的数据，并可按指定的顺序、分组与查询去向等进行输出。

6.2.1 查询的建立及运行

由于查询与视图都是按照一定的规则从指定的数据表中提取所需的数据，因而用查询设计器来创建查询与用视图设计器来创建视图的方法几乎是一样的。

利用查询设计器进行查询的基本步骤如下：

（1）打开"查询设计器"窗口。

（2）指定被查询的数据表。

（3）选择出现在查询结果中的字段。

（4）设置查询条件。

（5）设置排序或分组来组织查询结果。

（6）指定查询结果的输出方向。

（7）保存查询文件。

（8）运行查询。

下面通过一个具体的例子来说明查询的建立与运行。

【例 6-8】 在订单数据库中，查询性别为男的顾客信息，并按消费积分从高到低的顺序输出其顾客编号、顾客姓名、消费积分和订单编号。

操作步骤如下。

（1）打开订单数据库。

（2）创建查询：可以用以下方法之一创建查询。

方法 1：执行"文件"菜单下的"新建"命令，在弹出的"新建"对话框中选中"查询"，然后单击"新建文件"按钮。

方法 2：在命令窗口中输入 CREATE QUERY 命令。

方法 3：在项目管理器的"数据"选项卡中选择"查询"，然后单击"新建"按钮。

（3）添加表或视图：在弹出的"添加表或视图"对话框中，选取数据库中的 customer 表和 order 表进行添加；若要选取自由表，可单击"其他"按钮；若要选取视图，则单选视图后，选择某个数据库中的视图进行添加。添加过程中，如果数据来源于两个及两个以上的表或视图，需要在两表（视图）之间确认联接条件。单击"关闭"按钮后即出现如图 6-20 所示的"查询设计器"窗口。

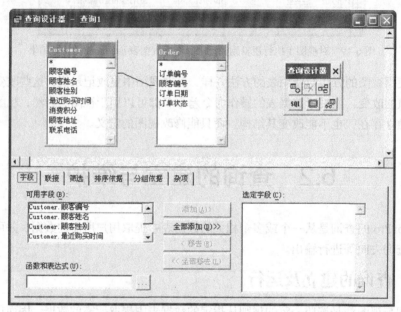

图 6-20 "查询设计器"窗口

（4）选取输出字段：在"查询设计器"下方的"字段"选项卡中，将左侧"可用字段"框中的 customer.顾客编号、customer.顾客姓名、customer.消费积分、order.订单编号四个字段选中后添加到右侧的"选定字段"框中。

（5）设置筛选条件：在"筛选"选项卡中，设置筛选条件 customer.顾客性别="男"。

（6）设置排序依据：在"排序依据"选项卡中，指定以 customer.消费积分字段的降序对输出记录进行排序。

（7）保存查询设置：单击主窗口"常用"工具栏上的"保存"按钮，或按 Ctrl+W 组合键，将设计完成的查询保存为默认的"查询 1.QPR"文件。

（8）执行查询。

创建查询后，运行查询即可得到查询的结果。可用以下方法之一执行查询。

方法 1：在主窗口中，选择"查询"菜单下的"运行查询"命令，或者直接单击"常用工具栏"中形如叹号的"运行"按钮。

方法 2：右键单击"查询设计器"窗口，在弹出的快捷菜单中选择"运行查询"命令。

方法 3：选择主窗口“程序”菜单下的“运行”命令，在弹出的对话框中选中要执行的查询文件，然后单击“运行”按钮。

方法 4：在命令窗口执行“DO 查询 1.QPR”命令。

其中，方法 3 与方法 4 可以在未打开被查询的数据表、未打开“查询设计器”的情况下直接执行。本例查询的结果如图 6-21 所示。

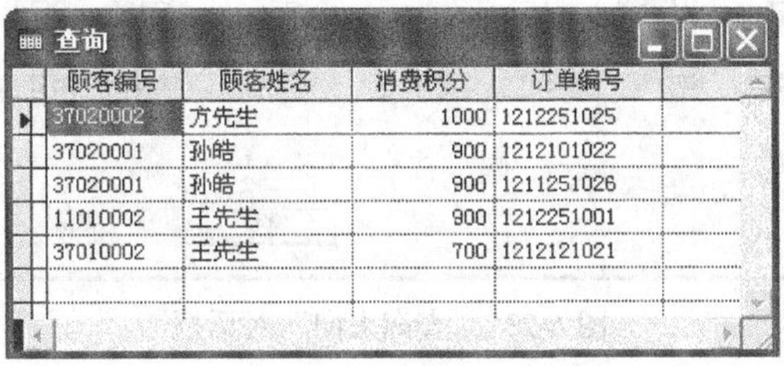

顾客编号	顾客姓名	消费积分	订单编号
37020002	方先生	1000	1212251025
37020001	孙皓	900	1212101022
37020001	孙皓	900	1211251026
11010002	王先生	900	1212251001
37010002	王先生	700	1212121021

图 6-21　查询结果示例

6.2.2 查询的维护

新建和修改查询后，可以打开“查询设计器”，在主窗口中将自动增加一个“查询”菜单。查询实际上就是一个程序，查询文件的缺省扩展名为.QPR。查询菜单中包含了一些与“查询设计器”窗口中各选项卡功能对应的命令，同时包含了相当有用的“查看 SQL”命令和“查询去向”命令。

1. 修改查询文件

新建的查询文件常常需要修改，修改查询时，只须打开查询文件。

方法 1：执行“文件”菜单下的“打开”命令打开要修改的查询文件。

方法 2：在命令窗口执行“MODIFY QUERY <查询文件名>”命令，在弹出的“查询设计器”窗口内对打开的查询文件进行修改。

2. 查看 SQL

用户在“查询设计器”中所设计的查询，将由系统自动生成对应的 SELECT 命令保存在一个扩展名为.QPR 的查询文件中。可在查询文件打开的情况下（此时，查询设计器同时被启动），执行“查询”菜单下的“查看 SQL”命令，即可在弹出的窗口中看到对应于当前查询的 SELECT 命令。

图 6-22 所示即为例 6-8 创建的查询 1.QPR 文件所对应的 SELECT 命令。在此窗口中的 SELECT 命令是不能修改的，然而由于扩展名为.QPR 的查询文件实际上是一个文本文件，因而可用任何文本编辑器对其查看和编辑。

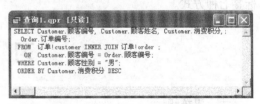

图 6-22　查询的 SELECT 命令

3. 查询去向

查询结果默认的输出去向是以浏览窗口的形式显示在屏幕上，实际上用户可以把查询结果输出到不同的目的地。执行“查询”菜单下的“查询去向”命令，将弹出如图 6-23 所示的“查询去向”对话框，其中包含了 7 个按钮，用来指定查询结果的七种不同输出形式。这些输出形式分别为。

（1）浏览：在浏览窗口中显示查询结果。

（2）临时表：查询结果保存在一个暂时的只读数据表文件中。

（3）表：将查询结果作为一个数据表文件保存起来。

（4）图形：利用 Microsoft 的图形功能，将查询结果以图形方式输出。

（5）屏幕：在主窗口中显示查询结果。也可以指定输出到打印机或文本文件。

（6）报表：将查询结果输出到报表文件中。

（7）标签：将查询结果输出到标签文件中。

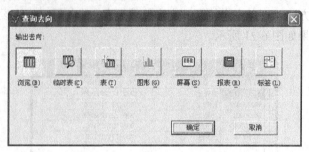

图 6-23 "查询去向"对话框

6.2.3 查询与视图的异同

视图和查询有许多相同之处，如都可以实现提取用户所需要数据的功能，设计器界面十分相似，上半窗格显示数据源，下半窗格都有字段、联接、筛选等选项卡。

但是视图和查询是两个完全不同的概念，具体不同主要表现在以下几个方面。

视图是在一个或多个数据库表的基础上创建的一种虚拟表，只是保存在数据库中的一个数据定义。只有在数据库打开的情况下，才能在数据库设计器中对其进行浏览和修改；而查询创建后，会产生一个保存在磁盘上的扩展名为.QPR 的查询文件，这个查询文件完全独立，它不依赖数据库的存在而存在，并且用户可在未打开有关数据库或数据表的情况下运行查询文件。

视图是查看原始数据库数据的一种方式，可以通过视图这个特殊的窗口来浏览自己感兴趣的数据，更重要的是还可以通过视图来更新数据库表中的数据；而查询一经创建，就是一个按条件设定的文本文件，可以打开进行修改，也可以运行观看结果，但这些都独立于原始数据库数据，不会影响原表记录。

用户创建完成的视图只能存在于当前数据库的相关定义中，因而不存在输出"去向"的问题，只有浏览窗口一种方式来查看结果；而查询去向可以有浏览、临时表、表、图形、屏幕、报表和标签七种方式。

习　题

一、单选题

【1】查询是以下面_____类型的文件保存于磁盘上的。

    A. .DBF   B. .QPR   C. .PRG   D. .EXE

【2】在 Visual FoxPro 中，查询的数据源可以是_____。

    A. 数据库表   B. 自由表   C. 视图   D. A、B、C 都是

【3】在"添加表或视图"，"其他"按钮是让用户选择_____。

    A. 数据库表   B. 视图   C. 自由表   D. 查询

【4】Visual FoxPro 默认的查询去向是_____。

    A. 标签文件   B. 表   C. 浏览窗口   D. 报表文件

【5】在 Visual FoxPro 中，查询可以从源表中筛选记录，但是不能_____。

    A. 修改记录　　　　　　　　　B. 设定输出字段

    C. 对记录进行排序　　　　　　D. 对记录进行分类汇总

【6】在 Visual FoxPro 中，关于视图的错误叙述是_____。

    A. 视图有本地视图与远程视图之分

    B. 视图与数据库表相同，用来存储数据

    C. 可以通过视图来更新源表数据

    D. 视图是从一个或多个数据库表导出的虚拟表

【7】视图设计器中含有而查询设计器没有的选项卡是_____。

    A. 筛选　　　　　B. 排序依据　　　　　C. 分组依据　　　　　D. 更新条件

【8】关于查询与视图，以下说法错误的是_____。

    A. 查询和视图都可以从一个或多个表中提取数据

    B. 查询文件实际上是一个文本文件

    C. 可以通过视图更改数据源表的数据

    D. 视图是完全独立的，它不依赖于数据库的存在而存在

【9】下列哪种不是查询去向_____。

    A. 图形　　　　　B. 表格　　　　　C. 临时表　　　　　D. 标签

【10】在 Visual FoxPro 中，查询与视图的共同特点是_____。

    A. 都依赖于数据库而存在

    B. 都是独立的文件

    C. 都可以从多个相关表中筛选记录

    D. 都只能从一个表中筛选记录

二、填空题

【1】创建和修改查询的重要工具是_____。

【2】实现查询可以使用_____、_____和_____的方法。

【3】在字段选项卡的"函数和表达式"框中输入函数"sum(customer.消费积分)"，则将在查询结果中显示_____。

【4】查询中的联接类型有_____、_____、_____和_____。

【5】查询去向有 7 种，而视图的输出只有 1 种，为_____。

【6】视图与查询最根本的区别就在于：查询只能查阅指定的数据，而视图不但可以查阅数据，还可以_____源数据表中的数据。

【7】视图是在数据表的基础上创建的一种虚拟表，只能存在于_____中。

【8】Visual FoxPro 的视图分为_____和_____两种。

三、思考题

【1】使用数据库的视图有哪些优点？

【2】如何设置视图的可更新条件？

【3】Visual FoxPro 中提供了哪几种查询方法？

【4】使用设计器进行查询的基本步骤是什么？

【5】查询与视图有哪些区别？视图与数据表又有哪些区别？

前面我们主要是通过菜单选择或在命令窗口中输入命令的方法来完成一些简单的数据处理工作，这种工作方式我们称为交互式工作方式，也称为单命令工作方式。这种工作方式的优点是简单、直接，不用写程序，缺点是应用人员需记忆大量命令，了解数据的存储组织形式，并且这种工作方式难以完成复杂的数据管理任务。因此，Visual FoxPro 提供了另一种工作方式，即程序工作方式。

程序工作方式通常由专业编程人员依据任务目标事先编写程序，并将程序以文件的形式保存在外存上，应用人员只需运行程序即可完成任务，这种工作方式的优点是应用人员无需记忆命令，无需了解数据存储组织形式即可完成复杂的数据管理任务。这种工作方式解决了非专业人员使用数据库的困难，避免了命令输入时的重复劳动和误操作，并保证了数据的完整性和安全性。

Visual FoxPro 不仅支持面向对象的程序设计方法，同时也支持传统的面向过程的程序设计方法。本章将介绍面向过程的程序设计，这是学习面向对象程序设计的基础。

7.1 程序文件的建立与运行

7.1.1 程序文件的建立与编辑

所谓程序可以被看作是具有一定任务功能的一系列合法命令的有序集。使用程序完成任务的简单过程包括以下三步：第一步是分析任务并根据任务的要求和目的编写程序；第二步是将写好的程序输入计算机并保存为程序文件；第三步执行任务，发出执行程序的命令，得到任务完成结果。其中编写程序就是我们这一章学习的重点。

1. 如何编写程序

通常，利用计算机进行数据管理的过程可以分以下三步：

第一步，得到原始数据并进行合理存放（如输入数据、打开数据源等）；

第二步，依据任务要求对原始数据进行相应的加工处理（如计算、统计等）；

第三步，将数据处理后的结果按要求输出（如显示、打印等）。

假定，现在的任务是计算商品总价格。完成此任务的三个步骤如下。

第一步，利用交互输入命令得到商品的单价和数量等原始数据，并将它们放入指定变量。

此步骤可用以下命令实现：

```
INPUT  "输入商品单价" TO  DJ
INPUT  "输入商品数量" TO  SL
```

第二步，确定处理数据的方法，商品总价=商品单价×数量，进行数据计算处理。

```
ZJ=DJ*SL
```

第三步，将数据处理的结果按要求输出。

此步骤可用以下命令实现。

```
? "商品总价为：", ZJ
```

整理以上各步骤的实现命令得到一个完整的程序。

```
CLEAR
INPUT  "输入商品单价" TO  DJ
INPUT  "输入商品数量" TO  SL
ZJ=DJ*SL
? "商品总价为：", ZJ
RETURN
```

将编写好的程序输入计算机并保存为程序文件。有了程序文件后，当需要完成任务时，只要发出执行程序的命令即可。那么，如何建立程序文件呢？Visual FoxPro 为我们提供了两种建立程序文件的方法：菜单方式和命令方式。

2. 利用菜单方式建立程序文件

用菜单方式建立程序文件的操作步骤如下。

（1）单击"文件"菜单下的"新建"命令，在弹出的"新建"对话框中选中"程序"单选按钮，表示要建立程序类型的文件，然后，单击"新建文件"按钮，即弹出如图 7-1 所示的程序编辑窗口。

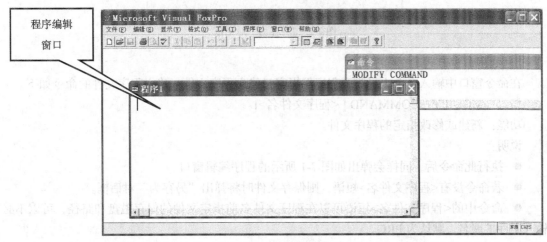

图 7-1　程序编辑窗口

（2）在程序编辑窗口中输入并编辑程序代码，如图 7-2 所示。

（3）输入程序后，执行"文件"菜单下的"保存"命令或按 Ctrl+W 组合键，对于新建文件，系统会弹出"另存为"对话框，如图 7-3 所示。在其中可以指定该程序文件的存放位置和文件名称。最后，单击"保存"按钮即可在磁盘上保存该文件，程序文件的扩展名为.PRG。

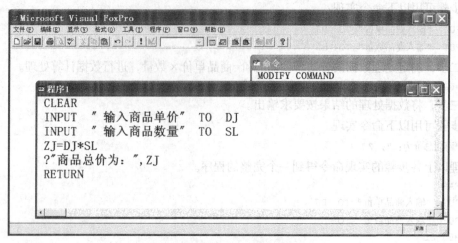

图 7-2   输入程序代码后的程序编辑窗口

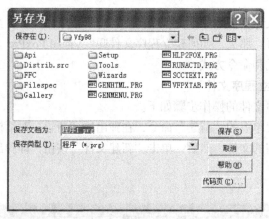

图 7-3   "另存为"对话框

3．利用命令方式建立程序文件

在命令窗口中输入命令也可打开程序编辑窗口建立程序文件。建立程序文件的命令如下。

格式：MODIFY   COMMAND [<程序文件名>]

功能：新建或修改指定的程序文件。

说明：

● 执行此命令后，同样会弹出如图 7-1 所示的程序编辑窗口。

● 若命令没有<程序文件名>短语，则保存文件时将弹出"另存为"对话框。

● 命令中的<程序文件名>短语可以在程序文件名前指定文件的保存磁盘和路径，可以不必输入文件扩展名，默认为.PRG。

● 若指定的磁盘路径下没有该程序文件，则创建该程序文件；若有此文件，则直接在程序编辑窗口中打开文件，用户可对程序进行编辑修改。

由于 Visual FoxPro 程序是一种标准 ASCII 码文本文档，因此不仅可以用 Visual FoxPro 自身提供的程序编辑器来建立程序文件，也可以用其他任意文本编辑器建立程序文件。

需要说明的是，出现在程序中的各条命令通常也被称为语句。在本章的叙述中，命令与语句的含义是相同的。

4. 编辑修改已有程序文件

创建程序文件后，还可以对文件进行编辑修改。要修改程序文件，只要打开文件即可。打开程序文件的方法也有两种：菜单方式和命令方式。

打开程序文件菜单的操作步骤是：单击"文件"菜单下的"打开"命令，弹出的"打开"对话框如图 7-4 所示。在对话框下部的"文件类型"下拉菜单中选择"程序"，对话框的上部即显示出当前默认目录下的所有程序文件，选择文件后单击"确定"按钮或直接双击文件，即可打开程序编辑窗口，并将文件显示于其中。

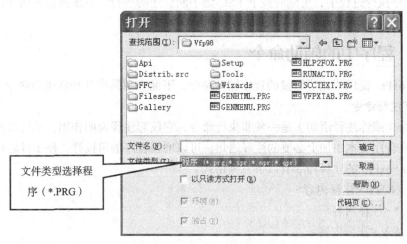

图 7-4 "打开"对话框

7.1.2 程序的运行

1. 用菜单方式运行程序文件

操作步骤如下。

（1）单击"程序"菜单下的"运行"命令，弹出如图 7-5 所示的"运行"对话框。

图 7-5 "运行"对话框

（2）在"运行"对话框中选中要运行的程序文件名，或者在"执行文件"文本框中输入要运行的程序文件名，单击"运行"按钮。

2. 用命令方式运行程序文件

格式：DO ＜程序文件名＞

功能：将指定的程序文件调入内存并运行。

说明：

● 程序文件名前可指定文件所在的磁盘和路径。可不必输入扩展名，默认的扩展名为.PRG。

● 本命令可以在命令窗口键入执行，也可以在另一个程序文件中作为一条语句出现，后者实现了在一个程序中调用另一个程序的功能。

● 在程序执行过程中，可随时按下 ESC 键中断程序的运行，系统弹出对话框，提示用户选择"取消"、"继续执行"或"挂起"三种不同处理方式。

7.1.3　程序中的辅助命令

Visual FoxPro 提供了相当数量的程序辅助命令，下面介绍其中几种常用的命令。

1. 程序注释命令

注释命令（或称注释语句）是一种非执行命令，它仅起注释说明作用，系统对这种语句不作任何操作。在程序文本中加上必要的注释语句，可以增强程序的可读性，便于日后程序的维护与交流。Visual FoxPro 的注释命令有以下三种格式。

格式 1：NOTE ＜注释内容＞

格式 2：* ＜注释内容＞

格式 3：&& ＜注释内容＞

说明

　　　　三种格式的注释命令均可以像其他命令一样独占一行，其中格式 3 还可以放在其他命令的后面使用。

【例 7-1】　注释命令示例。

```
***********************************
* 程序：计算商品总价 *
***********************************
NOTE 设置系统运行环境
SET TALK OFF                    &&关闭人机对话
CLEAR                           &&清屏
INPUT  "输入商品单价" TO  DJ     &&输入单价
INPUT  "输入商品数量" TO  SL     &&输入数量
ZJ=dj*SL                        &&计算总价
? "商品总价为: ", ZJ            &&输出总价
RETURN                          &&程序结束
```

2. 程序结束命令

一个 Visual FoxPro 程序可以由多个程序功能模块构成，各程序模块间可以按需进行多级调用。当一个程序模块运行结束后即可以返回到调用它的上级模块，也可以直接返回到其顶级主程序模块，或者回到系统交互状态，甚至退出 Visual FoxPro 而返回到宿主操作系统。Visual FoxPro 用以下程序结束命令分别指明本程序模块运行结束后的不同去向。

格式 1：RETURN

功能：结束本程序的运行，返回到上级程序模块。若本程序模块是以菜单方式或在命令窗口

调用执行的，则返回到系统交互状态。

格式 2：RETURN TO MASTER

功能：结束本程序的运行，返回到最上级主程序模块。

格式 3：CANCEL

功能：停止程序执行，关闭所有文件，返回系统交互状态。

格式 4：QUIT

功能：停止所有程序执行，关闭所有文件，退回到宿主操作系统。

说明　　一个独立的程序也可以没有专门的结束命令，这时系统在执行完最后一个程序语句后，也将自动返回到系统交互状态。

3. 设置工作环境命令

通常，一个程序需要在特定的系统环境中才可以保证自身正常运行。为此，Visual FoxPro 提供了大量的工作环境设置命令。表 7-1 给出了一些常用的工作环境设置命令。其中大多是一些 SET 命令，这些 SET 命令相当于一个状态转换开关，当设置为 ON 时其功能有效，而设置为 OFF 时则关闭该功能。在下表的命令格式中，用大写的 ON 或 OFF 表示该命令的系统默认状态。

表 7-1　　　　　　　　　　　　常用工作环境设置命令

命　　令	功　　能
CLEAR	清屏幕
CLEAR ALL	关闭所有文件、释放所有的内存变量并置当前工作区为 1 号工作区
SET TALK ON/OFF	设置是否显示所有命令执行的结果
SET PATH TO	设置文件访问时默认的路径
SET DEFAULT TO	设置文件访问时默认的驱动器
SET SAFETY ON/OFF	设置在进行文件重写或覆盖操作时是否有安全提示信息
SET ESCAPE ON/OFF	设置在程序运行时是否可以按 ESC 键终止程序的执行
SET STATUS ON/OFF	设置是否显示屏幕下端的状态行
SET HEADING ON/OFF	设置显示执行 LIST 或 DISPLAY 时字段名是否显示
SET PRINT ON/OFF	设置输出结果是否送打印机打印
SET CONSOLE ON/OFF	设置键盘输入的信息是否发送到屏幕上

7.1.4　程序中的交互输入命令

在程序运行过程中，往往需要根据当时的具体情况随机输入一些数据或用户的操作意向信息，为此 Visual FoxPro 提供了多种交互输入命令。

1. 字符串输入命令

格式：ACCEPT　[<提示信息>]　TO　<内存变量>

功能：暂停程序的执行，等待用户由键盘输入一串字符赋给指定的内存变量。

说明：

● <提示信息>是可选项，它是一个字符型表达式，执行命令时<提示信息>将被显示在屏幕上，它的作用是提醒用户输入什么数据。注意，若<提示信息>是字符串常量，则必须用定界符将其括起来。

● 该命令将用户从键盘上键入的所有内容都作为一个字符串赋给指定内存变量，因此直接输入字符串即可，不需要用定界符将字符串括起来。

● 输入完数据后需按 Enter 键表示输入结束。

【例 7-2】 以下程序段将打开用户指定的数据表，并根据输入的姓名进行简单查询输出。

```
CLEAR
ACCEPT "请输入数据表名: " TO TABLENAME
USE &TABLENAME          &&打开指定的数据表
ACCEPT "请输入被查找人姓名: " TO NAME
LOCATE FOR 姓名=NAME
DISPLAY
USE
RETURN
```

2. 表达式输入命令

格式：INPUT [<提示信息>] TO <内存变量>

功能：暂停程序运行，接受用户键入的表达式并将其值赋给指定内存变量。

说明：

● <提示信息>同 ACCEPT 命令。

● 本命令可输入任何一个合法的 N、C 、D 、L 型常量、变量或表达式。若为表达式则系统先计算表达式的值，然后将值赋给指定内存变量。内存变量的类型将由所赋值的类型决定。

● 若输入字符串常量，则必须加上定界符。

● 按 Enter 键表示本命令的数据输入结束。

【例 7-3】 出租车计费，根据输入的里程数，计算并输出应付车费。

```
CLEAR ALL
DJ=1.5                &&出租车每公里计费1.5元
INPUT "输入里程数: " TO LC
? "应付车费: " +STR(DJ*LC,9,2)
RETURN
```

【思考】（1）可否用 ACEEPT 命令替换 INPUT 命令。

（2）比较本例中 "？" 输出命令与下列命令的输出有何不同？

```
? dj*lc
```

3. 等待或单字符输入命令

格式：WAIT [<提示信息>] [TO <内存变量>]

功能：暂停程序运行，待用户按任意键后继续程序的执行，若命令包含 [TO <内存变量>]短语，则将用户所按字符赋给指定的内存变量。

说明：

● <提示信息>同 ACCEPT 命令。

● 本命令只能输入一个字符，因而不需加定界符也不必按 Enter 键来结束输入。

● 本命令可不带任何选项，此时暂停程序运行并显示 "按任意键继续..."，待用户按任意键后继续运行。

● 若仅选用<提示信息>选项，则显示该提示信息后，待用户按任意键后继续运行。

【例 7-4】 下面的程序段是用 WAIT 命令接受用户的回答，若回答 N 或 n 就终止程序的运行，返回到系统的交互状态。

```
……
WAIT  "继续运行吗?(Y/N)"  TO  ANSWER
IF UPPER(ANSWER )="N"          &&如果回答 N 或 n
   CANCEL
ENDIF
……
```

【思考】本例中若将 IF UPPER(answer)="N"语句改为 IF answer ="N"，则运行程序时会有什么不同？

4. 简单输出命令

（1）换行输出命令：?

格式：?[<表达式列表>]

功能：分别计算列表中各表达式的值，并将它们输出在 Visaul FoxPro 主窗口当前光标的下一行。

说明

<表达式列表>中的各表达式以逗号分隔。

（2）同行输出命令：??

格式：??[<表达式列表>]

功能：计算列表中各表达式的值，并将它们输出在 Visaul FoxPro 主窗口当前光标所在行列位置。

5. 定位输入输出命令

格式：@ <行,列> [SAY <表达式>] [GET <变量>]

[RANGE <表达式 1>,<表达式 2>] [VALID <条件>]]

功能：在屏幕上指定的行、列位置输出表达式的值，并可输入指定变量的值。

说明：

● <行,列> 用于指定在屏幕上输出的位置坐标。行和列均应是数值表达式，且系统将自动对其取整。

● SAY <表达式> 子句中表达式的值将输出在指定的屏幕位置。

● GET <变量> 子句用来指定变量，注意该变量必须是事先存在的，系统在输出 SAY <表达式>的值后紧接着输出该变量的值，此命令执行后当遇到第一个 READ 命令时将激活该变量，用户可为其输入新的值，输入数据的类型和宽度由变量原来的数据类型和宽度决定。

● RANGE <表达式 1>,<表达式 2> 子句用来规定 GET 子句输入的数值型或日期型数据的上下界，这两个表达式的类型都必须与 GET 子句中变量的类型一致。

● VALID <条件> 子句用来规定 GET 子句输入的变量值所需符合的条件，以检测在 READ 操作时由键盘键入数据的合法性。

【例 7-5】 定位输入输出命令应用举例。

```
USE  PRODUCT
APPEND BLANK
@ 5,10  SAY "请输入商品信息: "
@ 7,10  SAY "商品编号: "  GET 商品编号
```

```
@ 8,10  SAY  "商品名称："  GET 商品名称
@ 9,10  SAY  "商品价格："  GET 商品价格 RANGE 0,1000
@ 9,10  SAY  "商品库存："  GET 商品库存 VALID 商品库存>=0
READ
BROWSE
USE
RETURN
```

7.2 顺序结构程序设计

7.2.1 程序设计的三种基本结构

传统程序设计分三种基本结构控制程序流程，分别是顺序结构、分支结构和循环结构。利用这三种基本结构以及模块化程序设计方法，就能描述任何复杂的数据处理过程，并通过执行相应的程序语句来实现各种信息的自动化处理。

1. 顺序程序结构

顺序程序结构是最基本、最常见的程序结构形式。这种程序结构将严格按程序中各条语句的先后顺序依次执行。

2. 分支程序结构

分支程序结构通常都带有一些条件和几组不同的操作，它根据这些条件的成立与否来决定程序的流向，从而达到选择执行不同操作的目的。Visual FoxPro 提供了选择分支以及多路分支两种不同形式的分支程序结构。

3. 循环程序结构

循环程序结构就是在一定条件下反复执行一组特定的操作。在实际工作中，人们经常需要按照一定的规律反复执行若干相同的或相类似的操作，如计算 1+2+3+…+ 100 的和，需要从 1 开始反复累加直到 100 为止。又如要对数据表中的若干记录进行相同的判断、处理和输出时，我们都可以用循环程序结构来轻松实现。Visual FoxPro 提供了当型循环结构、步长型循环结构和扫描型循环结构共三种循环程序结构。

7.2.2 顺序结构的程序设计

顺序结构的程序设计非常简单，只需要将完成任务所需的各条命令依次罗列出来即可。下面是一个简单的顺序结构程序的例子。

【例 7-6】 将 PRODUCT 表中指定编号的商品价格降低 10%，程序如下。

```
CLEAR
ACCEPT "请输入修改商品编号：" TO BH
WAIT "按任意键开始替换……"
UPDATE  PRODUCT  SET 商品价格=商品价格*0.9  WHERE 商品编号= BH
?  "替换完成，程序结束！"
RETURN
```

【例 7-7】 输入一种新商品的编号、名称、价格、库存，将数据插入表 PRODUCT 中，程序如下。

```
CLEAR
ACCEPT "请输入新商品的编号" TO 商品编号
ACCEPT "商品名称: " TO 商品名称
INPUT "商品价格: " TO 商品价格
INPUT "商品库存: " TO 商品库存
INSERT INTO PRODUCT FROM MEMVAR
?"数据已插入,程序结束! "
RETURN
```

7.3　分支结构程序设计

7.3.1　选择分支结构

格式:

```
IF <条件>
    <语句序列 1>
[ ELSE
    <语句序列 2> ]
ENDIF
```

说明:

● IF 语句与 ENDIF 语句必须成对使用,且各占一行。

● 当 IF 语句中的<条件>成立时,即充当条件的逻辑表达式的值为真时,则执行<语句序列 1>,然后执行 ENDIF 后的语句;当<条件>不成立,即充当条件的逻辑表达式值为假且具有 ELSE 语句时,执行<语句序列 2>;当<条件>不成立且没有 ELSE 语句时,则直接执行 ENDIF 后的语句。

● 对于 IF 与 ENDIF 之间的语句序列中的各条语句,在书写或键入时建议向右缩进若干位,使显示层次分明,增加程序的可读性,便于分析和查找错误。

【例 7-8】　一次购买某种商品 100 件及其以上时,可享受 10%的优惠。试编程根据输入的单价和数量计算应付金额,程序如下。

```
CLEAR
INPUT "输入购买商品数量: " TO SL
INPUT "输入商品单价: " TO DJ
JE=SL*DJ
IF SL>=100
    JE=JE *0.9
ENDIF
? "应付金额: "+STR(JE,10,2)
RETURN
```

【例 7-9】　输入一件商品的编号,若表 PRODUCT 中不存在该商品,则输入该商品的名称、价格并将数据插入表中,程序如下。

```
CLEAR
USE PRODUCT
ACCEPT "请输入商品编号: " TO BH
LOCATE FOR 商品编号= BH
FND=FOUND() &&将 FOUND()函数的值赋给变量 FND,
```

&&用变量 FND 的真假值来表示表中是否有该商品

```
USE
IF .NOT. FND
  商品编号=BH
  ACCEPT "商品名称： " TO  商品名称
  INPUT  "商品价格：" TO 商品价格
  INSERT INTO PRODUCT  FROM  MEMVAR
  ?"已完成数据插入，程序结束！"
ELSE
  ? "表中已有该商品，程序结束！"
ENDIF
RETURN
```

7.3.2 分支嵌套结构

事实上，在上述分支结构的<语句序列>中，Visual FoxPro 允许使用任何合法的程序语句，当然也包括另一个合法的分支结构语句。换句话说，分支结构是可以嵌套的。

以下是分支嵌套结构的例子。

【例 7-10】 根据输入 X 的值，计算下面分段函数的值，并显示结果。

$$Y = \begin{cases} X^2 + 4X - 1 & (X \leq 0) \\ 3X^2 - 2X + 1 & (0 < X \leq 10) \\ X^2 + 1 & (X > 10) \end{cases}$$

程序如下：

```
CLEAR
INPUT"X="TO X
IF X<=0
  Y=X*X+4*X-1
ELSE
  IF X<=10
    Y=3*X*X-2*X+1
  ELSE
    Y=X*X+1
  ENDIF
ENDIF
? "Y="+STR(Y,10,2)
RETURN
```

对于分支嵌套结构的程序，最重要的是要使内外层分支结构层次分明。

7.3.3 多路分支结构

当选择的情况较多时，虽然可以使用 IF 语句嵌套来实现，但当嵌套的层数较多时，往往会引起程序结构的混乱与层次不清，并使程序的可读性降低。此时，若采用 Visual FoxPro 提供的多路分支结构就方便、直观多了。多路分支程序结构命令如下。

格式：

```
DO CASE
    CASE <条件 1>
        <语句序列 1>
    [CASE <条件 2>
        <语句序列 2>
    ……
    CASE <条件 n>
        <语句序列 n>]
    [OTHERWISE
        <语句序列 n+1>]
ENDCASE
```
说明如下。

● DO CASE 语句和 ENDCASE 语句必须成对使用，且各占一行。

● 多路分支结构程序的执行过程是：系统依次判断各 CASE 语句中的<条件>是否成立，若遇到某一个 CASE 语句中的 <条件> 成立时，就执行对应的<语句序列>，然后不管其他 CASE 语句的<条件>成立与否都直接转去执行 ENDCASE 后的语句；若没有一个<条件>成立，则在有OTHERWISE 语句时执行对应的<语句序列 n+1>，否则直接执行 ENDCASE 后的语句。

　　各 CASE 语句中的<条件>是按其排列的前后顺序依次被判断的，所以哪一个条件在前、哪一个条件在后程序结果往往是不一样的，需要认真考虑。

【例 7-11】　编程计算银行存款整存整取应得利息，程序如下。
```
CLEAR
INPUT "本金（元）: " TO  BJ
INPUT "存期（年）: " TO  CQ
DO CASE
  CASE CQ>=5
    RATE =4.75        &&5 年期利率为 4.75%
  CASE CQ>=3
    RATE =4.25        &&3 年期利率为 4.25%
  CASE CQ>=2
    RATE =3.75        &&2 年期利率为 3.75%
  CASE CQ>=1
    RATE =3           &&1 年期利率为 3.00%
  CASE CQ>=0.5
    RATE =2.8         &&半年期利率为 2.80%
  OTHERWISE
    RATE =0.35        &&活期利率为 0.35%
ENDCASE
LIXI=BJ*CQ*RATE /100
? " 应得利息: "+STR(LIXI,10,2)
RETURN
```

　　本程序中，我们将利率按半年、一年、二年、三年和五年分为不同档次，不够半年的则按活期利率计算。

【思考】体会程序中多路分支结构各个分支条件的先后位置顺序。

7.4 循环结构程序设计

有时候我们为了解决某个问题常常需要重复多次执行某些相类似的操作，这就要求相应的程序具有循环执行的能力。Visual FoxPro 提供了三种循环流程控制结构，分别为当型循环结构、步长型循环结构和扫描型循环结构。三种形式的循环语句分别适合处理不同类型的问题。

7.4.1 当型循环结构

当型循环结构格式：

```
DO WHILE <条件表达式>
    <语句序列>
    [EXIT]
    [LOOP]
ENDDO
```

功能：执行当型循环时，先判断<条件表达式>的值，若为.T.则执行一遍循环体，遇到 ENDDO 再转向 DO WHILE 处重新判断<条件表达式>的值，直到<条件表达式>的值为.F.时结束循环，执行 ENDDO 后面的语句。

说明：

● DO WHILE 语句为循环开始语句，其中的<条件表达式>可以是任何形式的逻辑表达式。

● ENDDO 语句用以标明循环结构的终点，与 DO WHILE 语句配对使用。

● DO WHILE 语句与 ENDDO 语句之间的<语句序列>被称为循环体，它由一条或多条合法的 Visual FoxPro 语句组成。

● 循环体中若有 EXIT 语句，当执行到该语句时，将强行退出循环而直接转去执行 ENDDO 后的语句。LOOP 语句又称为循环短路语句，当执行到 LOOP 语句时(如果有的话)，立刻返回循环开始语句，判断<条件表达式>是否成立以决定是执行循环体还是结束循环。EXIT 语句或 LOOP 语句通常和循环体中的分支结构语句一起使用。

● 循环体中要么有能改变<条件表达式>的值的语句，使得总有一个<条件表达式>的值为假使其不再进行循环，要么有 EXIT 语句可以结束循环，否则将形成无限循环，即"死循环"。

利用 DO WHILE 循环语句可以进行多种不同形式的循环控制，常见的有三种。

1. 循环次数固定

已知固定的循环次数 N，设置循环变量 I，通过对 I 的顺序计数并与 N 比较的方法完成循环控制。

循环结构如下：

```
I=1
DO WHILE I<=N
    <语句序列>
    I=I+1
ENDDO
```

注意

变量 I 作为循环控制变量，在循环体中要有 I=I+1 语句来改变变量 I 的值。

【例 7-12】　从键盘上输入 10 个数，求它们的和，程序如下。

```
CLEAR
S=0
I=1
DO WHILE I<= 10
   INPUT "输入一个数: " TO X
   S=S+X
   I=I+1
ENDDO
? "这10个数的和为: ",S
RETURN
```

说明

　　程序中设置了两个变量 S 和 I，S 用来存放数据和，I 用来表示将要输入第几个数据。程序开始后首先给变量 S 赋初值 0，变量 I 赋初值 1。程序执行到循环语句 DO WHILE 时，条件 I<=10 成立，程序第一次执行循环体，输入一个数据并将其累加到 S 中。执行语句 I=I+1 后，I 的值是 2，循环体结束，程序转回到 DO WHILE 语句，条件 I<=10 成立，再次进入循环。经过 10 次循环后，I 的值变为 11，条件 I<=10 不成立，不再进入循环，转到 ENDDO 的下一条语句执行。

【例 7-13】　求 1+3+5+...+99 的值。程序如下：

```
CLEAR
S=1
N=3
DO WHILE N<=99
   S=S+N
   N=N+2
ENDDO
? "1+3+5+...+99=",S
RETURN
```

2. 循环次数不固定

在不知道确定的循环次数的情况下，可以用永真循环。

循环结构如下：

```
DO WHILE .T.
    <语句序列>
    IF <条件>
       EXIT
    ENDIF
ENDDO
```

【例 7-14】　由键盘输入若干非零数值，求它们的平均值。输入数值个数不确定，当输入数据 0 时结束输入，程序如下。

```
CLEAR
STORE 0 TO S,I     &&S用来存放所有数据的和，I用来统计输入的有效数据个数
DO WHILE .T.
   INPUT "请输入数值" TO X
   IF X=0          &&输入数据为零时，循环结束
     EXIT
   ELSE
     I=I+1
     S=S+X
```

```
        ENDIF
    ENDDO
    IF  I<>0      &&I 为输入有效数据的个数
      P=S/I
      ? "它们的平均值是: ", P
    ELSE
      ? "没有有效数据! "
    ENDIF
    RETURN
```

【例 7-15】 编写一个具有菜单选择功能的程序。打开客户表后，在屏幕上显示出一个可对该表进行"浏览"、"修改"或"追加"操作的菜单供用户选择，根据用户的选择结果用多路分支语句控制完成相应操作。

```
SET TALK OFF
CLEAR ALL
USE CUSTOMER
DO WHILE .T.
  CLEAR
    TEXT                &&文本输出语句开始处
        1_浏览所有顾客信息
        2_修改某一顾客信息
        3_添加一新顾客信息
        0_退出
    ENDTEXT            &&文本输出语句结束处
    ?
    WAIT " 请选择(0～3): " TO CHOICE
    CLEAR
    DO CASE
      CASE CHOICE="1"
        GO TOP
        BROWSE NOMODIFY
      CASE CHOICE="2"
        INPUT " 请输入顾客姓名: " TO  XM
        LOCATE FOR 顾客姓名= XM
        IF  FOUND()
          EDIT
        ELSE
          ?"没有该顾客!!! "
        ENDIF
      CASE CHOICE="3"
        APPEND  BLANK
        EDIT
      CASE CHIOCE="0"
        EXIT
      OTHERWISE
        WAIT "选择错误, 按任意键重新选择!!! "
    ENDCASE
ENDDO
USE
SET TALK ON
RETURN
```

上述程序中，循环条件设定为逻辑真值.T.，因而循环条件总是成立的。进入循环后先清屏，再将文本输出语句 TEXT 与 ENDTEXT 之间的功能选择菜单内容原原本本地显示出来，并用 WAIT 语句接受用户的菜单选择。当用户选择的是"1"、"2"或"3"，则分别执行相应的浏览、修改或追加功能。若用户选择"0"，就执行 EXIT 语句退出循环过程，并在执行 ENDDO 之后的语句后返回到命令窗口而结束本程序的运行。除此之外，若用户在选择时输入了 0～3 之外的任何字符，则程序提示选择错误，待用户按任意键后又开始新的循环并重新显示菜单供选择。不难看出，程序在执行完所选的任一操作功能后，同样会再次显示菜单供选择，只有当选择"0"之后，才能结束整个程序的运行。

循环条件为逻辑常量.T.的循环通常被称为死循环，这时可在循环体内的分支语句中设置 EXIT 语句来强行退出本层循环，有时也可以在循环体的分支语句中设置 RETURN 或 CANCEL 等语句，以便在满足设定的条件时直接结束程序的运行。

3. 用记录指针控制循环

若对当前数据表中所有记录逐条进行处理，可以用记录指针控制循环。

循环结构如下：

```
USE <数据表名>
DO  WHILE  !EOF()
  <语句序列>
  SKIP
ENDDO
```

【例 7-16】 求指定商品的总销售数量。

```
CLEAR ALL
USE ORDERDETAIL
CLEAR
STORE 0 TO N
ACCEPT "请输入商品编号: " TO BH
LOCATE FOR 商品编号==BH
DO  WHILE  !EOF()
  N=N+销售数量
  CONTINUE
ENDDO
? "该商品总销售数量为: "+STR(N,8)
USE
RETURN
```

以上程序中，循环语句的条件为!EOF()，即记录指针不到文件尾时循环将一直进行下去。循环体中将找到记录的销售数量累加到变量 N 中，并继续查找下一条满足条件的记录。

在这种以!EOF()作为循环条件的循环结构中，必须在其循环体内设置可以使记录指针移动的语句，否则，将会导致死循环程序，即循环会无休止地进行下去。此例中循环体中的 CONTINUE 命令，可以使记录指针顺次向后移动，最终导致条件!EOF()为假，循环结束。

7.4.2 步长型循环结构

当循环次数固定时用步长型循环结构比较方便。

步长型循环结构格式：

```
FOR <循环变量>=<初值> TO <终值> [STEP <步长值>]
   <语句序列>
   [EXIT]
   [LOOP]
ENDFOR|NEXT
```

功能：当循环变量的值不大于终值时，执行循环操作。每执行一次循环后，循环变量的值自动增加一个步长。

说明如下。

● 格式中的 FOR 语句为循环说明语句，表示循环语句的开始。

● 循环变量为任意一个内存变量，不需要事先定义。初值、终值与步长值为数值表达式，其值可正、可负、可为小数。循环的执行次数由初值、终值与步长值决定，循环次数=（终值-初值）/步长值。当步长值为 1 时，短语 STEP 1 可以省略。

● ENDFOR 和 NEXT 语句二者等价，任选其一即可，它们均为循环终端语句，用以标明本循环结构的终点。该语句必须与 FOR 语句成对使用。

● FOR 语句与 ENDFOR（或 NEXT）语句之间的<语句序列>被称为循环体，是每次循环所要执行的一系列语句。

● 步长型循环结构程序的执行过程是：首先将初值赋给指定的循环变量，然后判断其值是否超过终值（若步长值为正数时，循环变量的值大于终值为超过；若步长值为负数时，循环变量的值小于终值为超过），不超过终值即执行循环体，超过终值则不执行循环体。在执行完循环体后会遇到循环终端语句，此时系统将自动给循环变量增加一个步长值，再判断循环变量的当前值是否超过终值，以此决定是再次执行循环体还是结束循环转去执行 ENDFOR（或 NEXT）后的语句。

● 在步长型循环结构的循环体内同样可以设置循环短路语句 LOOP 与退出循环语句 EXIT，其作用和用法与当型循环结构类似。

【例 7-17】 用步长型循环结构编程求 1000 之内所有奇数之和。

```
CLEAR
T=0
FOR I=1 TO 1000  STEP 2
  T=T+I
ENDFOR
? "1+3+5+……+999="+STR(T,6)
RETURN
```

【例 7-18】 在 PRODUCT 数据表中，查找库存最大的前 5 项商品，输出它们的商品编号、商品名称、商品价格及商品库存。

```
CLEAR
USE PRODUCT
*按商品库存字段降序建立普通索引 SPKC
INDEX ON 商品库存 TAG SPKC DESC
SET ORDER TO SPKC        &&指定 SPKC 为主控索引
? "商品编号"+SPACE(12)+"商品名称"+SPACE(26)
?? "商品价格"+SPACE(2)+"商品库存"
```

```
FOR  I=1 TO 5
   ? 商品编号,SPACE(4),商品名称,STR(商品价格,10,2),STR(商品库存,6)
   SKIP
NEXT
USE
RETURN
```

此题的编程思路是将商品数据表按商品库存逻辑排序,取逻辑顺序前 5 条记录即可。在 FOR 语句之前用一条输出语句输出各列数据名称,利用 FOR 语句的循环体每次输出一条记录数据,共循环 5 次。

7.4.3　扫描型循环结构

虽然 DO WHILE...ENDDO 结构可以实现对表内容的逐个扫描操作,但它需要借助函数 EOF() 或 BOF()测试状态,并要借助 SKIP 语句移动记录指针。对于数据表中记录的循环操作,用 SCAN...ENDSCAN 扫描型循环结构来实现更方便。

扫描型循环结构格式:

```
SCAN [<范围>] [FOR <条件表达式 1>] [WHILE <条件 2>]
   <语句序列>
   [EXIT]
   [LOOP]
ENDSCAN
```

功能:在当前打开的表文件中的指定范围内按条件逐个扫描每一条记录,满足条件则执行循环体内的语句,否则跳出循环,执行 ENDSCAN 后面的语句。

说明:

● 使用扫描型循环结构前必须打开相应的数据表。

● 缺省范围和条件短语时,则对所有记录逐个进行<语句序列>所规定的操作。

● 扫描型循环结构程序每循环一遍,就自动将当前数据表的记录指针向下移动一条记录,因而不需要在循环体中设置 SKIP 语句。

● SCAN 语句为循环起始语句,ENDSCAN 语句为循环终端语句,此两条语句必须配套使用。

● 在扫描型循环结构的循环体内同样可以设置循环短路语句 LOOP 与退出循环语句 EXIT,其作用和用法与其他类型的循环结构类似。

【例 7-19】　用扫描型循环结构编程,输出产品表中库存在 100 以下的商品名称及商品库存,并提示补货。

```
CLEAR
USE  PRODUCT
? SPACE(10)+ "商品名称"+SPACE(20)+"商品库存"
SCAN FOR 商品库存<100
   ? 商品名称,商品库存
ENDSCAN
?
? "以上商品库存不足,请及时补货!!! "
USE
RETURN
```

【例 7-20】　例题 7-16 求指定商品总销售数量也可用 scan 语句实现,程序如下。

```
CLEAR
```

```
USE ORDERDETAIL
ACCEPT"请输入商品编号: "TO BH
S=0
SCAN FOR 商品编号==BH
  S=S+销售数量
ENDSCAN
?"总销售数量为: "+STR(S,6)
USE
RETURN
```

【例 7-21】 计算指定订单的订单总价。

```
CLEAR
SELE  1
USE ORDERDETAIL
USE  PRODUCT IN 2
ACCEPT "请输人订单编号: " TO BH
S=0
LOCATE FOR 订单编号==BH
IF FOUND()
  SCAN FOR 订单编号==BH
    SELE 2
    LOCATE FOR 商品编号=A.商品编号
    SELE 1
    S=S+销售数量*B.商品价格
  ENDSCAN
  ? "编号为"+BH+"的订单总价是: "+STR(S,10,2)+"元"
ELSE
  ?"无此订单!!! "
ENDIF
USE
SELE 2
USE
RETURN
```

7.4.4　循环嵌套结构

循环的嵌套是指在一个循环结构的循环体内又包含其他循环结构，也称多重循环结构。前面所介绍的当型循环结构、步长型循环结构和扫描型循环结构不仅自身可以实行循环的嵌套，而且相互之间也可以实行嵌套。

Visual FoxPro 对循环嵌套的层次不限，但要注意的是：每个循环的开始语句和结束语句必须成对出现；内、外层循环层次要分明，不能有交叉。仔细推敲下例中的解题方法、逻辑结构和执行过程。

【例 7-22】 求 100 以内所有质数之和。

```
CLEAR ALL
CLEAR
S=2
FOR I=3 TO 100 STEP 2
  FLAG=.T.
  FOR J=2 TO  SQRT(I)
    IF  I=INT(I/J)*J
      FLAG=.F.
      EXIT
    ENDIF
```

```
      NEXT
    IF  FLAG
        S=S+I
    ENDIF
  NEXT
  ? "2+3+5+7+11+……=",S
  RETURN
```

【例 7-23】 求各商品的总销售数量。

```
CLEAR
SELE 1
USE PRODUCT
USE ORDERDETAIL IN 2
SCAN
  S=0
  SELE 2
  SCAN FOR 商品编号=A.商品编号
    S=S+销售数量
  ENDSCAN
  SELE 1
  ? 商品名称+"总销售数量为"+STR(S,8)
ENDSCAN
USE
SELE 2
USE
RETURN
```

【例 7-24】 求 100～999 之间的水仙花数。水仙花数指一个三位数，其各位数字的立方和等于该数本身，如：$153=1^3+5^3+3^3$。

此题的解题思路：假设 I，J，K 分别为三位数的百位、十位和个位，设置三重循环取遍三位数的所有可能，对每得到的一个三位数验证其是否为水仙花数。

```
CLEAR
?"水仙花数有: "
FOR I=1 TO 9
  FOR J=0 TO 9
    FOR K=0 TO 9
      S=I*100+J*10+K
      IF S=I^3+J^3+K^3
        ?? STR(S,6)
      ENDIF
    NEXT
  NEXT
NEXT
RETURN
```

7.5 模块结构程序设计

结构化程序设计采用的是"自顶向下、逐步求精"的模块化设计方法。所谓模块化设计是指把一个大而复杂的任务分解成若干个实现子功能的小任务来完成。这样做的好处是简化了系统开发的复杂度，提高了程序的可读性、可维护性和可扩展性。通过将系统模块化，便于系统开发时程序员之间的分工和协作，并大大提高了系统开发的效率。模块化程序设计方法是提高程序设计质量的一种重要手段，是一项基本而又非常重要的技术。

所谓模块就是指具有某种功能的一段相对独立的程序。模块与程序是两个意义相近、作业相同的基本概念。模块有主模块与子模块之分，调用另一个模块的程序称为主模块，被调用的程序称为子模块。结构化程序的总体结构通常是由一个主模块（对应的是主程序）与若干个子模块（对应子程序）构成。

7.5.1　程序模块的建立与运行

程序模块与程序文件具有同样的扩展名.PRG，它的建立方法与程序文件的建立方法完全相同，并且同样可以使用 DO 命令来调用执行。所不同的是对于子程序模块来说，必须将 RETURN 语句作为最后一条语句，以便执行完该模块后返回到调用它的主模块继续执行。

子模块的调用是可以嵌套调用的，即在一个子程序模块中还可以调用其他的子程序模块。当有多级嵌套调用时，可以使用 RETURN TO MASTER 语句直接返回到最上层的主模块程序。

1. 调用模块命令格式：

DO　<程序模块名>　[WITH　<参数表>]

功能：调用指定名称的程序模块，并将<参数表>中各个参数的值分别传递给所调用模块中的对应参数。

说明：

● 通常在上级程序模块中使用本命令。

● <程序模块名>应具有接受和处理上级模块传递过来的一系列参数的能力，即有接收参数命令。

● 调用语句中的<参数表>又称实际参数表，可以是任何合法的表达式，各参数之间用逗号分开。

2. 接收参数命令格式：

PARAMETERS <参数表>

功能：接受带参模块调用命令传递过来的各个参数。

说明：

● 在子模块中本命令必须是第一个可执行语句。

● <参数表>内的各个参数被称为形式参数，它们通常由一组内存变量构成。这些形式参数的个数、数据类型与排列顺序必须与带参模块调用命令中的各个实际参数一一对应。

【例 7-25】　输入三个圆的半径，求它们面积的和。

```
****主模块 LT7-25.PRG****
CLEAR
ZMJ=0
FOR I=1 TO 3
  MJ=0
  INPUT"请输入圆的半径："TO BJ
  DO ZGC WITH BJ,MJ
  ZMJ=ZMJ+MJ
NEXT
?"三个圆的总面积是："+STR(ZMJ,10,2)
RETURN

****子模块 ZGC.PRG****
PARAMETERS R,S
```

```
S=3.14*R^2
RETURN          &&此 RETURN 语句是必须要有的
```

【例 7-26】 找出每位顾客的所有订单。

```
****主模块  LT7-26 ****
CLEAR
SELE 1
USE CUSTOMER
USE ORDER IN 2
SCAN
  GKBH=顾客编号
  ?"顾客: "+顾客姓名
  DO GKDD WITH GKBH
ENDSCAN
RETURN


****子模块 GKDD.PRG ****
PARAMETER BH
SELE 2
? "订单编号"+SPACE(6)+"订单日期"
LOCATE FOR 顾客编号==BH
IF FOUND()
  SCAN FOR 顾客编号==BH
    ? 订单编号+SPACE(5),订单日期
  ENDSCAN
ELSE
  ?"该顾客无任何订单!!! "
ENDIF
SELE 1
RETURN
```

 上述程序中，主模块用于控制显示每位顾客的姓名，子模块用于控制显示指定顾客的所有订单的编号和日期。

7.5.2 应用程序的模块化设计

图 7-6 所示的是一个简化的顾客管理系统的功能模块结构，其中包含一个"顾客管理"主控程序模块和下属"添加顾客信息"、"删除顾客信息"、"修改顾客信息"和"查询顾客信息"共四个子功能模块。每个程序模块都对应一个磁盘上的.PRG 文件。

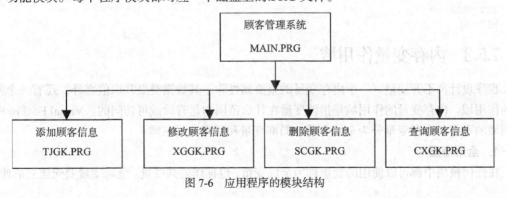

图 7-6 应用程序的模块结构

主控程序模块通常是一个供用户进行操作功能选择的菜单程序，下属的几个模块实现具体的操作功能。下面举例说明"顾客管理"主控程序模块的设计及其程序代码，其他程序模块代码从略。

【例 7-27】 简化的顾客管理系统的主控程序模块。

```
***main.PRG
SET TALK OFF
SET SAFETY OFF
SET STATUS OFF
CLEAR ALL
DO WHILE .T.
CLEAR
@ 2,20 SAY '**** 顾客管理系统****'
@ 3,20 SAY 'T_ 添加顾客信息 '
@ 4,20 SAY ' S_删除顾客信息'
@ 5,20 SAY 'X_ 修改顾客信息'
@ 6,20 SAY ' C_查询顾客信息'
@ 7,20 SAY 'Q_ 退出'
@ 8,20 SAY '*************************'
?
WAIT  " 请键入字母选择对应功能:"  TO  CH
CH=UPPER(CH)
DO CASE
    CASE CH='Q'
        ? ' 谢谢！ 再见！'
        EXIT
    CASE CH='T'
        DO  TJGK          &&调用添加模块
    CASE CH='S'
        DO  SCGK          &&调用删除模块
    CASE CH='X'
        DO  XGGK          &&调用修改模块
    CASE CH='C'
        DO  CXGK          &&调用查询模块
    OTHERWISE
        ? " 输入错误,请重新选择!"
        FOR  I=1 TO 5000      &&延时循环
            N=1
        NEXT
ENDCASE
ENDDO
SET TALK ON
RETURN
```

7.5.3 内存变量作用域

程序设计离不开变量。一个内存变量的重要属性除了其数据类型和取值之外，还有一个就是它的作用域。内存变量的作用域是指该变量在什么范围内是有效或可访问的。Visual FoxPro 中按作用域的不同，内存变量分为全局变量、局部变量和私有变量三类。

1. 全局变量

在任何模块中都可以使用的变量称为全局变量，也称作公共变量。全局变量要先建立后使用，即先声明和定义一个全局变量然后才可以使用它。定义全局变量的命令如下。

格式：PUBLIC　　<内存变量表>

功能：将<内存变量表>中指定的内存变量定义为全局变量，并为它们赋初值.F.。

说明：

● 全局变量必须先定义后赋值，而不允许先赋值后定义。

● 全局变量一旦建立就一直有效，即使创建它的程序模块运行结束也不释放，因此全局变量可以在各模块中公用。

● 内存变量被定义为全局变量后，只有执行 CLEAR ALL、RELEASE、QUIT 等命令后，全局变量才被释放。

● 未经释放的全局变量不能再次定义为局部变量。

● 在命令窗口内通过赋值语句定义的内存变量，默认为全局变量。

2. 局部变量

程序中直接通过赋值语句定义的内存变量都是局部变量，局部变量只能在定义它的模块及其下属模块中有效，当建立它的模块运行结束时局部变量自动清除。局部变量在实际程序设计中非常有用，局部变量可以使下层模块创建的变量不与上层模块的同名变量混淆，即不受其他模块中同名内存变量的影响。定义局部变量的命令格式如下。

格式 1：PRIVATE　　<内存变量表>

格式 2：PRIVATE　　ALL [LIKE|EXCEPT <通配符>]

功能：声明局部变量并隐藏上层程序模块中的同名变量，直至声明它的程序模块执行结束后，才恢复使用上层程序模块中被隐藏的变量。

说明：

● 使用<内存变量表>时，将指定内存变量声明为局部变量。

● 使用短语 ALL 时，声明本级模块建立的所有内存变量均为局部变量。

● 使用短语 ALL LIKE<通配符>时，声明所有与<通配符>相匹配的内存变量均为局部变量。使用短语 ALL　EXCEPT<通配符>时，声明所有不与<通配符>相匹配的内存变量为局部变量。

● 程序模块中所有未经特殊说明的内存变量，系统一律默认为局部变量。

例如：

```
PRIVATE ALL LIKE S*      &&将所有以字母 S 开头的变量定义为局部变量
PRIVATE ALL EXCEPT A*    &&将不以字母 A 开头的变量定义为局部变量
```

需要指出的是，局部变量的作用域向下具有传递性，但向上不具有传递性，即下层模块可以使用上层模块中创建的局部变量，但上层模块不能使用下层模块创建的局部变量。

3. 私有变量

只能在建立它的程序模块中使用的变量称为私有变量，私有变量在其上层或下层程序模块中均不能使用。建立它的模块程序结束时，私有变量自动释放。私有变量也必须先定义后使用。私有变量定义命令格式如下。

格式：LOCAL　　<内存变量表>

功能：将<内存变量表>中的变量定义为私有变量，并为它们赋值.F.。

说明：

● 由于 LOCAL 命令与 LOCATE 命令前四个字母相同，所以这条命令不能被缩写。

● 私有变量的作用域仅在定义它的程序模块中,当程序进入下级模块时会自动屏蔽上层的私有变量，直至下层模块执行结束返回本模块程序时才恢复被屏蔽的本级模块私有变量。当创建私有变量的程序模块执行结束时，私有变量随即消失，不可再用。

【例7-28】 全局变量、局部变量、私有变量作用域示例。

```
***主模块 MAINBL.PRG
CLEAR ALL
XA=1
XB=2
? "主模块中的两个局部变量","XA=",STR(XA,3)+SPACE(5),"XB=",STR(XB,3)
LOCAL CA
CA=100
? "主模块中的私有变量","CA=",STR(CA,3)
DO SUB1
? "返回主模块后","XA=",STR(XA,3)+SPACE(5), " XB=",STR(XB,3)+SPACE(5)
?? "CA=",STR(CA,3)+SPACE(5), "XC=",STR(XC,3) +SPACE(5), "D=",STR(D,3)
RETURN

***子模块 SUB1.PRG
PRIVATE XB
PUBLIC XC
XA=10        &&为上层模块的局部变量 XA 赋值 10
XB=11        &&为本层模块的局部变量 XB 赋值 11
XC=12        &&为本层模块声明的全局变量 XC 赋值 12
CA=13        &&CA 为本层模块局部变量，为它赋值 13
D=14         &&D 为本层模块局部变量，为它赋值 14
? "子模块中","XA=",STR(XA,3)+SPACE(5), "XB=",STR(XB,3)+SPACE(5)
?? "XC=",STR(XC,3)+SPACE(5), "CA=",STR(CA,3)+SPACE(5), "D=",STR(D,3)
RETURN
```

执行 DO mainbl 命令后，主窗口显示如下结果，并弹出如图7-7所示的"找不到变量'D'"的程序错误对话框。

主模块中的两个局部变量　XA= 1　　　XB= 2

主模块中的私有变量　　CA=100

子模块中　　XA= 10　XB= 11　XC= 12　　CA= 13　D= 14

返回主模块后　　XA= 10　　XB=2　　　CA=100　　XC= 12　D=

图7-7 "程序错误"对话框

分析上述运行结果及出错信息如下：

● 变量 XA 是主模块中的局部变量，在子模块中依然有效，故在主、子模块中均视为同一变量，所以在返回主模块时其新赋之值被带回。

● 变量 XB 被定义为主模块的局部变量后，其作用范围本来包括主模块和子模块，但由于子模块声明了一个同名的局部变量 XB，因此主模块中的 XB 被子模块隐藏起来，它对子模块定义的 XB 没有任何影响。当返回主模块时，子模块中建立的 XB 被释放，其值对主模块中的 XB 也没有任何影响，故主模块的 XB 仍保留原值。

● 变量 CA 是主模块中的私有变量，仅在主模块中有效。子模块中的变量 CA 是属于子模块的局部变量，故在子模块中对变量 CA 的赋值不影响主模块中的私有变量 CA 的值。

● 由于变量 XC 在子模块中被定义为全局变量，所以其值在返回主程序时仍有效。

● 变量 D 是在子模块中建立的局部变量，返回主模块时被释放，故在主模块中要输出其值时，出现"找不到变量…"的错误信息。

合理利用内存变量的作用域可以在多个模块之间准确传递所需的数据，同时利用不同变量作用域的不同，可以解决不同程序模块的变量同名问题。要实现多个模块间变量的协调工作需要使用不同类型的变量，并注意它们的作用域。

7.5.4　过程与过程文件

1. 过程的概念

将多模块程序的每个模块以子程序的形式放在分散的.PRG 文件中，每当主程序调用它们时，就要访问一次磁盘，这样增加了读磁盘的时间和内存管理的难度，降低了系统的运行效率。利用过程可以弥补以上不足。所谓过程是一段具有特定功能的程序段，与子程序不同的是，它可以作为主程序文件的一部分放在主程序的后面，一个主程序文件甚至可以包含多个过程。

格式：
```
PROCEDURE <过程名>
[PARAMETERS <参数表>]
<语句序列>
RETURN
```
说明：

① 每个过程都必须以 PROCEDURE 语句开头，以 RETURN 语句结束。

② 过程可以有参数也可以没有参数。

包含过程的程序文件结构如下所示：

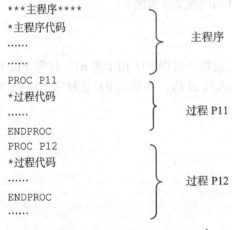

【例 7-29】　利用过程求 $C_n^r = \dfrac{n!}{r!(n-r)!}$

```
***LT7-27.PRG***
*主程序
```

```
CLEAR
INPUT "N=" TO N
INPUT "R=" TO R
T=1
DO P11 WITH N,T
C=T
DO P11 WITH R,T
C=C/T
DO P11 WITH (N-R),T
C=C/T
? "C=",STR(C,5)
RETURN
***过程 P11***
PROC P11
PARA M,S
S=1
FOR I=1 TO M
  S=S*I
NEXT
RETURN
ENDPROC
```

2. 过程文件

过程文件是这样一种特殊的程序文件，它由一个或多个过程构成。打开过程文件后，主程序就可随时调用其中的任意过程（子程序），但从打开文件的个数来说，只打开了一个过程文件。

过程文件的建立方法与程序文件相同，文件扩展名都是.PRG。

过程文件可看作是过程的集合，其中的每个过程均用 PROCEDURE <过程名>加以标识。应用程序运行时，只要一次性地将这个过程文件打开，即可方便地调用其中任意一个指定的过程。

Visual FoxPro 规定，在调用某个过程文件中的过程之前，必须先打开这个过程文件，调用结束后要关闭过程文件。打开过程文件命令格式如下。

格式：SET PROCEDURE TO <过程文件名>

过程文件打开后即可用 DO <过程名>命令来调用该过程文件中的任意一个指定的过程。当不再需要调用其中的过程时，可用以下命令之一将打开的过程文件关闭。

格式 1：CLOSE PROCEDURE

格式 2：SET PROCEDURE TO

【例 7-30】 建立一个过程文件，其中包含两个过程，过程 P11 用于求 n!，过程 P12 用于求 1 到 N 的累加和。编写一个主程序，接收用户输入的 N 值，并根据用户选择求 N!或 1 到 N 的累加和。

```
***过程文件 PP.PRG***
PROC P11
PARA M,S
S=1
FOR I=1 TO M
S=S*I
NEXT
RETURN
ENDPROC
PROC P12
PARA M,S
S=0
```

```
FOR I=1 TO M
  S=S+I
NEXT
RETURN
ENDPROC
***主程序文件 LT7-28.PRG***
CLEAR
SET PROC TO PP
INPUT "请输入 N:" TO N
T=0
ACCEPT " 请选择（1. 求 N!   2. 求累加和    其他选择结束）" TO ANSWER
IF ANSWER="1"
  DO P11 WITH N,T
  ? "N!=",T
ELSE
  IF ANSWER="2"
    DO P12 WITH N,T
    ?"1+2+3+……+N=",T
  ENDIF
ENDIF
SET PROC TO
RETURN
```

7.5.5 用户自定义函数

Visual FoxPro 系统为用户提供了 200 多个内部函数（又称为标准函数），这些函数极大地方便了用户的使用，强化了系统的功能。同时，Visual FoxPro 也允许用户创建一些自己使用的满足个人需要的函数，用户创建的函数称为用户自定义函数。

自定义函数实际上也是一个具有特定功能的程序段，只不过自定义函数通常需要返回一个表达式的值作为该函数的返回值。

自定义函数可以有两种定义格式，一种是像子程序一样以独立程序文件形式存在，与子程序不同的是自定义函数以 RETURN <表达式>语句结束，有函数返回值。另一种自定义函数形式像过程，只是以 FUNCTION 语句开头，并以 RETURN <表达式>语句结束。

自定义函数程序结构格式：

```
[FUNCTION <自定义函数名>]
[PARAMETERS <参数表>]
    <语句序列>
RETURN <表达式>
```

说明：

● 自定义函数可以作为一个独立的程序文件存储，此时程序文件名即其函数名。自定义函数也可以像过程一样出现在主程序的后面或放在过程文件中，此时自定义函数以 FUNCTION 语句开头。

● 自定义函数的首条语句一般是 PARAMETERS 语句，用于接受自变量值，自定义函数没有自变量时，可以缺省此语句。

● 自定义函数必须以 RETURN <表达式>语句结束，并将<表达式>值作为函数值返回，自定义函数的数据类型由返回值的数据类型决定。

● 自定义函数的调用方法与 Visual FoxPro 内部函数的调用方法完全一样，通常应在表达式中使用。自变量的个数与类型必须与 PARAMETERS 语句中的参数一一对应。

● 若自定义函数存放在过程文件中，必须打开过程文件，再调用自定义函数。

【例 7-31】 利用自定义函数求 $C_n^r = \dfrac{n!}{r!(n-r)!}$。

```
***主程序 LT7-29.PRG***
CLEAR
INPUT "请输入 N:" TO N
INPUT "请输入 R:" TO R
C=F1(N)/(F1(R)*F1(N-R))
? "C=",STR(C,6)
RETURN
***自定义函数 F1***
FUNCTION F1
PARAMETERS s
T=1
FOR I=1 TO S
  T=T*I
NEXT
RETURN T
```

【例 7-32】 利用自定义函数求各商品的总销售数量。

```
***LT7-30.PRG***
CLEAR
SELE 1
USE PRODUCT
? SPACE(10)+" 商品名称"+SPACE(26)+"总销售数量"
SCAN
  ZSL=FS(商品编号)
  ? 商品名称, ZSL
ENDSCAN
USE
RETURN
FUNCTION FS          &&函数的功能是求指定商品的总销售数量
PARA BH              &&变量 BH 用于接收自变量的值即指定商品编号
SELE 2
USE ORDERDETAIL      &&在 2 号工作区上打开订单详情表
S=0
SCAN FOR 商品编号==BH
  S=S+销售数量
ENDSCAN
SELE 1      &&返回主程序前，回到主程序工作区
RETURN S
```

习 题

一、判断题

【1】Visual FoxPrp 中 ACCEPT 语句只能接收字符型数据，INPUT 语句只能接收数值型数据。

【2】? 和??都是输出语句，它们的功能完全相同。

【3】结构化程序设计的三种基本结构是顺序结构、分支结构和循环结构。

【4】过程文件中可以由若干过程构成，过程只能放在过程文件中。

【5】全局变量的作用域是所有模块，局部变量的作用域是本模块。

【6】函数与过程的不同在于函数必须返回一个值。

【7】EXIT 和 LOOP 语句只能用于当型循环结构中。

【8】在"先判断后循环"的循环程序结构中，循环体最少执行 1 次。

【9】子模块中作为形式参数的只能是变量。

【10】Visual FoxPro 中，子程序允许嵌套。

二、单选题

【1】以下输入语句中，_____语句不以回车键作为输入数据的结束。

    A. ACCEPT   B. INPUT

    C. WAIT   D. ACCEPT 和 WAIT

【2】建立程序文件的命令是_____。

    A. CREATE PRG   B. MODIFY COMMAND

    C. OPEN COMMAND   D. USE PRG

【3】可以终止执行循环体的语句是_____。

    A. LOOP   B. STOP

    C. EXIT   D. END

【4】DO CASE...ENDCASE 语句属于_____。

    A. 顺序结构   B. 循环结构

    C. 模块结构   D. 分支结构

【5】在程序文件中调用另一程序的命令是_____。

    A. DO <程序文件名>   B. CALL <程序文件名>

    C. LOAD <程序文件名>   D. OPEN <程序文件名>

【6】定义全局变量的语句是_____。

    A. PARAMETERS <变量名表> B. PUBLIC <变量名表>

    C. PRIVATE <变量名表>   D. LOCAL <变量名表>

【7】与 DO CASE 匹配使用的语句是_____。

    A. ENDDO   B. ENDIF

    C. ENDCASE   D. END

【8】在输入字符型数据时，不需要输入定界符的语句是_____。

    A. ACCEPT   B. INPUT

    C. WAIT   D. 以上语句均不需要输入定界符

三、程序填空

【1】下列三段程序均可以计算 N!，根据程序功能填上正确的语句。

程序段 1：CLEAR

_____

FOR I=1 TO N

  T=T*I

NEXT

```
? "N!=",T
RETURN
```

程序段 2: CLEAR

_____

_____

```
FOR  I=3 TO  N
   T=T*I
NEXT
? "N!=",T
RETURN
```

程序段 3: CLEAR

_____

_____

```
FOR  I=N  _____
   T=T*I
NEXT
? "N!=",T
RETURN
```

【2】下列两段程序均可以在 ORDER 表中，查找顾客编号为"37020001"的所有订单，根据程序功能填上正确语句。

程序段 1:
```
CLEAR
USE  ORDER
```

_____

```
IF  !FOUND()
   ? "该顾客目前无订单!!! "
ELSE
? "订单编号  顾客编号  订单日期"
SCAN  FOR
     ? 订单编号,顾客编号,订单日期
ENDSCAN
```

_____

```
USE
RETURN
```

程序段 2:
```
CLEAR
USE ORDER
```

_____

```
IF  !FOUND()
   ? "该顾客目前无订单!!! "
ELSE
? "订单编号  顾客编号  订单日期"
  DO WHILE
     ? 订单编号,顾客编号,订单日期
```

_____

```
  ENDDO
ENDIF
USE
RETURN
```

四、阅读程序，写出程序功能或结果

【1】写出下列程序的功能

```
CLEAR
USE  PRODUCT
? SPACE(10)+"商品名称"+SPACE(26)+"商品库存"
SCAN  FOR  商品库存>=200
   ? 商品名称,商品库存
ENDSCAN
USE
RETURN
```

【2】写出下列程序运行的显示结果

```
CLEAR
FOR I=1 TO 5
   ?
   FOR J=1 TO 2*I-1
?? "*"
   NEXT
NEXT
RETURN
```

【3】写出下列程序运行的显示结果

设 A 输入的值为"ABCDEF"

```
CLEAR
ACCEPT "A=" TO A
L=LEN(A)
P=SPACE(0)
FOR  I=1 TO  L
   P=SUBSTR(A,I,1)+P
NEXT
? A+"---------->"+P
RETURN
```

【4】写出下列程序运行的显示结果

```
CLEAR ALL
STORE 0 TO A,B,C,D,N
DO WHILE .T.
N=N+5
DO CASE
   CASE N<=30
     A=A+1
     LOOP
   CASE N>=70
     B=B+1
     EXIT
   CASE N>=50
     C=C+1
   OTHER
     D=D+1
   ENDCASE
   N=N+5
ENDDO
? A,B,C,D,N
RETURN
```

五、编程题

【1】从键盘接收商品编号，在 PRODUCT 表中查找该商品，找到显示商品名称和商品库存，找不到显示"找不到该编号商品！！！"。

【2】计算出租车费，不超过 3 公里，按最低基础车费 8 元计费；超过 3 公里部分，每公里增加 2 元，由键盘输入任意一个里程数求出租车费。

【3】从键盘任意输入 A、B、C 三个数值，将它们从大到小排列输出。

【4】查询 ORDER 表中 2012 年 11 月份所有订单的订单编号、顾客编号和订单日期。

【5】输入一分数 S，若 S>=90，输出"优秀"；若 75<=S<90，输出"良好"；若 60<=S<75，输出"及格"；若 S<60，输出"不及格"。

【6】查询 SCORE 和 COURSE 表中各门课程的选课人数，输出课程名及人数。

【7】查询 STUDENT 和 SCORE 表中所有选"大学语文"（编号为"200101"）这门课的学生姓名和成绩。

【8】在主程序窗口输出九九乘法表。

【9】分别用过程和自定义函数，求 $\dfrac{(M!+N!)}{(M-N)!}$。

【10】编写一个循环程序，可以将新商品信息重复插入到表 PRODUCT 中。

第8章
面向对象程序设计

Visual FoxPro 既支持面向过程的程序设计，也支持面向对象的程序设计。面向过程的程序设计，人们需要考虑的是解决过程组合、过程内部程序结构、过程之间的协作关系等问题，是一种程序流驱动的以过程为中心的程序设计方式；而面向对象的程序设计，人们需要考虑的则是解决创建哪些对象、对象包括哪些属性和方法、对象之间如何协作等问题。程序的设计思想发生了根本性改变，程序的结构也由众多过程的组合演变成了各种对象的有机组合，程序的驱动机制由程序流驱动演化为事件驱动。

8.1 面向对象程序设计基础

面向对象的程序设计方式（Object-Oriented Programming，OOP），是当前程序设计的主流方向，它克服了面向过程程序设计方式的缺陷，是程序设计方式在思维上和方法上的一次飞跃。面向对象程序设计方式是一种试图模仿人们建立现实世界模型的程序设计方式，是对程序设计的一种全新的认识。

8.1.1 面向对象程序设计的特点

面向对象程序设计与传统的面向过程程序设计相比，有着明显的优势，这已经被所有的程序设计人员所认可。

（1）接近人们的思维习惯。使用面向对象程序设计方法更接近人们处理事物的思维方式，使开发者能建立起反映真实世界中事物运动规律的应用程序，能适应不断变化的业务需要，提高应用程序的质量。

（2）代码的可重用性强。随着操作系统、开发平台以及应用要求越来越复杂，应用程序的规模也变得越来越庞大，因此，程序开发中有很多重复性的工作，代码的重用成了提高开发效率的关键。由于在面向对象程序设计中引入了类的概念，并由此产生了类库，可以通过继承、实例化等方式重用类库中的类，大大加强了代码的可重用性。

（3）程序一致性的可维护性高。面向对象的数据和代码具有封装性，它将数据和代码封装为一体，这就是类。类进行实例化后就产生了对象。对象作为程序运行的最基本实体，其中具有的属性和方法来源于产生该对象的类，这个类也是由它的父类派生而来的，所以就给程序一致性的维护提供了很大的方便。

（4）模块的独立性大。在面向过程程序设计中，过程的概念非常狭隘，这一层次的独立性也很有限，至少从数据这一级来讲它不具备独立性，这就导致在大型软件的开发过程中数据的一致性问题仍然存在。而面向对象模式是以对象或数据为中心，以数据和方法的封装体为程序设计单位，程序模块之间的交互存在于对象一级，这时的数据与传统数据有很大的不同，它同自己的方法一起封装起来，具有"行动"的功能。把它当成一个组件构成程序时，模块的独立性就充分体现出来了。

（5）可扩充性高。类具有继承性的特点，继承可以有很多种方式，它可以用多种方式在原有类的基础上构造更复杂的类，而这种方式对原有类的完整性没有影响，因此，面向对象的程序有很好的可扩充性，只要用某一个功能相近的类派生出一个新类，对这个新类增加必要的新属性和新方法，就可以使程序增加一种新功能。而在面向过程的程序设计中，过程采用调用的方法，模块相对固定，要增加新功能只能从程序一级修改，但是修改后的程序模块却无法保证原有模块的完整性。

（6）程序的可控性更灵活。面向对象程序设计的程序由若干对象组成，对象协同工作往往依赖于消息的传递，而消息的传递往往基于事件的触发。从程序设计的观点看，某条消息的产生可被视为某个事件的发生，如单击鼠标。因此，用户通过触发特定事件，给对象发出消息，可以干预程序的执行流程。

综上所述，面向对象的程序设计方式用"对象"表示各种事物，用"类"表示对象的抽象、用"消息"实现对象之间的联系，用"方法"实现对象处理的过程。因此，面向对象程序设计的首要任务是从客观世界中抽象出为解决问题所需的对象，再次为每个对象设置各种属性并制定其行为和方法，最后利用事件触发机制和消息传递机制使各相关对象协同工作。因而对象、类、属性、事件和方法等是面向对象程序设计中必须搞清楚的基本概念。

8.1.2 对象与类的概念

对象与类是面向对象程序设计方式中两个最基本、最重要的概念，二者之间是一般和特殊、抽象和具体的关系。

1. 对象的概念

对象是要研究的任何事物。从一本书到一家图书馆，从最简单的整数到庞大的数据库、极其复杂的自动化工厂、航天飞机都可看作对象，它不仅能表示有形的实体，还能表示无形的（抽象的）规则、计划或事件。对象由数据（描述事物的属性）和作用于数据的操作（体现处理事物的方法）构成一独立整体，其中属性描述了对象的静态特征，而方法描述了对象的动态特征。

在 Visual FoxPro 中，包含在应用程序中的表单及各种控件都是对象，这些对象都具有属性和方法，属性是对象的物理性质，方法则是对象可以执行的动作。例如，表单是一个表单对象，表单的标题、背景色以及布局的设置是对象所具有的属性，打开和关闭表单的操作就是对象所具有的方法，当然，这些方法的实现不需要用户编写具体的代码，表单所内置的代码会自动完成。在日常生活中，大家最常用的手机也可被看作对象，每个人的手机都是独立的整体，所以都可以被看作是一个个的对象。

2. 类的概念

类是在对象之上的抽象，对象则是类的具体化。在 OOP 中，类具有封装、继承和多态三大特性。

（1）类的定义

类是对象的集合，是对一组具有共同方法和一般属性的对象的抽象描述，或者说，类是对一批相似对象的性质描述，这些对象具有相似的属性与方法。

就一个具体的对象而言，该对象只是其所属的某个类的一个实例，每个类可以实例化出很多具有基本数据和方法的对象，即由此产生的每个对象都属于同一个类。

除此之外，在某个类的基础上还可以派生出若干个子类，子类继承了其父类的所有特征并可添加自己新的特征。

例如，在现实世界里，通讯设备类可以有很多的子类，包括计算机类、座机类、手机类等，而按品牌划分，手机类也有很多子类，包括诺基亚类、三星类、摩托罗拉类等，而如果把一个人使用的某一台诺基亚手机看作是一个具体的对象，则这个对象是诺基亚类的一个实例，它具有诺基亚类手机的性能属性以及可操作的各类功能。

（2）类的三大特性

类具有封装、继承和多态三大特性，这些特性可以简化程序的设计，并大大提高代码的可重用性和易维护性。

① 封装性

封装性实际上是将信息进行隐蔽，将对象的方法程序和属性代码包装在一起，外部只能通过向对象发送信息来使用该对象，而不必也不能知道对象内部处理该消息的方法，隐蔽了不必要的复杂性。在 Visual FoxPro 中，当用户为表单添加按钮类对象时，不用考虑这个按钮是怎样产生的、机器如何做到单击按钮等问题，而只需要去研究按钮的属性设计和方法程序设计。同理，当你使用手机中的闹钟功能时，你只需要设置时间和提示铃声，打开或关闭闹钟，便会准时得到服务，而不用考虑手机内部是如何实现的。

封装使抽象化一个对象成为可能，我们知道对象内部的数据和操作已被封装为一个统一体。用户在对某个对象进行操作时，可忽略其内部的实现细节，因为对象被抽象化了。除此之外，"类"的概念本身就是对性质相似的一批对象的抽象。

② 继承性

继承性是指从一个现有的、更普遍的类型创建出一种新的、更具体的类型的方法，而不必从零开始设计每个类。新类又被称为子类，它可以拥有其父类的全部特征，在此基础上，可添加其他更具体的特征。由于子类和父类之间存在继承性，所以在父类中所作的修改将自动反映到它所有的子类上，而无须分别去更改一个个的子类，这种自动更新能力可节省用户大量的时间和精力。

继承是面向对象语言提供的一种重要机制，它支持层次分类的观点。在现实世界中，许多实体或概念不是孤立的，它们具有共同的特征，但也有着细微的区别，人们可以用层次分类的方法来描述这些实体或概念之间的相似之处和不同之处。在这种类的层次结构中，处于上层的类被称为父类，处于下层的类被称为子类或派生类。子类是父类的具体化、特殊化，父类是子类的抽象化。下层比上层更加具体与完善，从而增加了对象的一致性，减少了程序开发时代码及各种信息的冗余。手机的更新速度是非常快的，当推出智能手机类时，它继承了手机类的全部特征，并在此基础上，添加了上网功能。

③ 多态性

对象的多态性是指同类的对象可以有不同的表现形式。例如，手机可以有不同的大小和颜色。在面向对象程序设计中，对象的多态性不仅是指同类的对象可以有不同的属性，还可以指同类对象对于相同的触发器可以有不同的反应动作，或对于相同的功能具有不同的实现方式等。多态性意味着被定义的方法可以应用于多个类，在不知道具体类的情况下，这些方法可以被激活，这意味着所有的变量和表达式的类型直到运行时才被确定。

8.1.3 Visual FoxPro 预定义的基类

Visual FoxPro 中预先定义的类称为基类（Base Class），它们是所有类的来源起点。用户不仅可在基类的基础上创建各种对象，还可以在其基础上创建用户自定义的新类，从而简化对象和类的创建过程，进而达到简化应用程序设计的目的。Visual FoxPro 的基类是系统本身所内含的，并不存放在某个类库中。每个基类都有自己的一套属性、方法和事件，而且基类所有的属性和方法都不能更改。当在某个基类的基础上创建用户自定义的新类时，该基类就成为自定义类的父类，同时自定义类继承了该基类的所有属性、方法和事件。Visual FoxPro 的各种基类一般可分为两大类，即控件类与容器类。

1. 容器类

容器（Container）类对象能够包含其他的对象，在一个容器类对象中有时还可以包含另一些容器对象，例如，一个表单集中可包含多个表单，每个表单中可以包含按钮、文本框等对象，所以说表单是容器类对象的一个典型例子。

用户可以单独访问和处理容器类对象中所包含的任何一个对象。例如，不论是在程序设计时还是在程序运行中，都可以改变表单中按钮或文本框的位置、内容，并设置它们的属性。不同的容器所能包含的对象类型是不同的，表 8-1 列出了 Visual FoxPro 中常用容器类对象的名称及其所能包含的对象。

表 8-1　　　　　　　　　　常用容器类对象

容　　器	能够包含的对象
Container（容器）	任意控件
FormSet（表单集）	表单、工具栏
Form（表单）	页框、任意控件、容器或其他自定义对象
Grid（表格）	表格列
Column（表列）	列标头等
PageFrame（页框）	页面
Page（页面）	任意控件、容器和自定义对象
CommandGroup（命令按钮组）	命令按钮
OptionGroup（选项按钮组）	选项按钮
ToolBar（工具栏）	任意控件、页框和容器
ProjectHook（项目）	文件与服务程序

需注意的是：由表 8-1 中可知，表单集可以包含表单，表单还可以包含其他控件对象，这就形成了对象的层次嵌套关系，而对象的层次概念与类的层次概念是完全不同的两个概念。对象的层次概念是指包含与被包含的关系，而类的层次概念是指继承与被继承的关系。

2. 控件类

控件类（Control）通常是指容器类对象中一个图形化的、并能与用户进行交互的对象。控件用于进行一种或多种相关的控制，其封装性比容器类更加严密，但其灵活性却比容器类差。控件类的对象必须作为一个整体来访问，构成控件对象的各部分是不能被单独处理的。控件类对象不能容纳其他对象。

控件窗口或对话框中常见的文本框、列表框和命令按钮等就是典型的控件对象。表 8-2 列出了 Visual FoxPro 中常用控件类对象的名称及其中文名称。

表 8-2　　　　　　　　　　　　　常用控件类对象

控　件	中 文 名 称
CheckBox	复选框
ComboBox	组合框
CommandButton	命令按钮
OptionButton	选项按钮
Label	标签
EditBox	编辑框
Image	图像
Line	线条
ListBox	列表框
OLEBound	OLE 绑定型控件
OLEContainer	OLE 容器控件
Shape	形状
Spinner	微调按钮
TextBox	文本框
Timer	计时器

8.1.4　对象的属性、方法与事件

面向对象程序设计方式采用面向对象的、事件驱动的编程方式。不同的对象具有不同的属性和方法。我们可以把属性看作是对象的特征，把方法看作是对象的行为，而把事件看作是对象能识别和响应的动作。

1. 属性

对象所具有的特征被称为对象的属性（Properties）。例如，一部手机可以有品牌、颜色、存储容量、出厂日期等属性。又如一辆小汽车具有黑色的、2013 年制造、可以乘坐 5 个人、自动档等属性。

同样，Visual FoxPro 中的每个对象也都有各自的属性，并且可以赋予具体的属性值，表 8-3 列出了 Visual FoxPro 中常用的对象属性。

表 8-3　　　　　　　　　　　　　常用对象属性

属　性	说　明
Alignment	指定与控件相关联的文本对齐方式
AlwaysOnTop	是否处于其他窗口之上（可防止遮挡）
AutoCenter	是否在 Visual FoxPro 主窗口内自动居中
AutoSize	指定是否自动调整控件大小以容纳其内容
BackColor	指定对象内部的背景色
BackStyle	指定对象背景是否透明（透明则背景着色无效）
BorderColor	指定对象的边框颜色

属　　性	说　　明
BorderStyle	指定边框样式为无边框、单线框等
BorderWidth	指定对象的边框宽度
ButtonCount	指定一个命令按钮组或选项按钮组中的按钮个数
Caption	指定对象的标题（显示时标识对象的文本）
Closable	标题栏中关闭按钮是否有效
Controlbox	是否取消标题栏中的控制菜单按钮
ControlSource	指定与对象建立联系的数据源
Enabled	指定表单或控件能否由用户的事件引发
FontBold	指定对象文本是否为粗体字
FontItalic	指定对象文本是否为斜体字
FontName	指定用于显示文本的字体名
FontSize	指定对象文本的字体大小
ForeColor	指定对象中的前景色（文本和图形的颜色）
Height	指定屏幕上一个对象的高度
Increment	指定在单击微调控件的向上或向下箭头键时增加或减少的值
InputMask	指定在一个控件中如何输入和显示数据
Interval	指定计时器事件的间隔，以毫秒为单位
KeyboardHighValue	指定微调控件中允许输入的最大值
KeyboardLowValue	指定微调控件中允许输入的最小值
Left	指定对象距其父对象的左边距
MaxButton	是否有最大化按钮
MinButton	是否有最小化按钮
Movable	运行时表单能否移动
Name	指定对象的名字（用于在代码中引用对象）
PageCount	指定页框对象所含的页数目
Parent	引用一个对象的容器控件
PasswordChar	指定文本框控件内是否显示用户输入的字符还是显示占位符
Picture	指定显示在控件上的图形文件或字段
ReadOnly	指定控件是否为只读而不能编辑
TabIndex	指定控件的 Tab 次序
Top	指定对象距其父对象的上边距
Value	指定控件的当前取值或状态
Visible	指定对象是可见是否可见
WindowState	指定运行时状态：正常、最大化或最小化

　　一个对象在创建之后，它的各个属性就具有了默认值，之后可以通过多种方法对某个对象的属性进行重新设置或赋值，并通过控制某个对象的属性值来操作这个对象。在面向对象程序设计

中，对象的属性既可以在设计时设置，也可以在运行中设置。

在运行中为属性赋值可通过赋值命令实现，格式如下：

<对象引用>.<属性名>=<属性值>

下面举例说明在运行时如何用命令方式为对象设置属性值。

【例 8-1】　将表单 1 中的 Text1 文本框设置属性，文本为粗体、隶书、字号为 24。相应的命令为：

```
表单 1.Text1.FontBold=.T.
表单 1.Text1.FontName ="隶书"
表单 1.Text1.FontSize=24
```

在 Visual FoxPro 中，除了可以利用系统为某类对象提供的各种属性外，还允许用户为某个对象增加新的属性。

2．方法

方法（Methods）定义类对象的行为或可执行的操作，也可以作为类对象与外界交换信息的界面。例如，打开和关闭手机、来电提示等，即为手机的行为和方法。在面向对象程序设计中，方法与其他算法语言的函数、子程序相似，是独立的程序模块。

在 Visual FoxPro 中，每个对象都具有该类对象所固有的若干种方法，通过方法完成特定的功能。方法一旦被定义，就可以在不同的程序段中被多次调用。例如，在命令按钮对象中，调用 Move 方法可以移动按钮的位置。每一个固有的方法对应于一个内在的方法程序，表 8-4 列出了 Visual FoxPro 为常见对象提供的一些常用方法。

表 8-4　　　　　　　　　　　常用的方法程序

方　　法	用　　途
AddColumn	在表格控件中添加一个列对象
AddObject	在表单对象中添加一个对象
Box	在表单对象中画一个矩形
Circle	在表单对象中画一个圆或椭圆
Clear	清除控件中的内容
Cls	清除表单上的图形和文本
Draw	重画表单对象
Hide	隐藏表单、表单组或工具
Line	在表单对象上画一条线
Move	移动对象
Point	返回表单上指定点的红、绿、蓝三种颜色
Print	在表单上打印一个字符串
PrintForm	打印当前表单的屏幕内容
Pset	在表单上描点
ReadExpression	返回保存在一个属性单中的表达式字符串
ReadMethod	返回一个方法中的文本
Refresh	重画表单或控件，并刷新所有数据
Release	从内存释放表单或表单组
RemoveObject	在运行时从容器对象中删除指定的对象

方　法	用　途
ResetDefault	将 Timer 控件复位，使它从零开始计数
Saveas	把对象保存为.SCX 文件
SaveasClass	把对象的实例作为类定义保存到类库中
SetAll	为容器对象中的所有控件或某一类控件指定属性设置
SetFocus	使指定控件获得焦点
Show	显示指定表单
TextHeight	按照当前字体中的显示，返回文本串的高度
TextWidth	按照当前字体中的显示，返回文本串的宽度
WriteExpression	把一个表达式写入属性
WriteMethod	把指定文本写入指定的方法中
Zorder	设定当前表单相对于其他表单的显示位置

调用方法的命令格式如下：

<对象引用>.<方法>

例如，在表单操作中，当前记录改变后，要刷新表单上各控件的显示值，可以调用表单的 Refresh（刷新）方法 Thisform.Refresh。

3. 事件

对象能识别和响应的动作被称为事件（Events）。事件是一些预先定义好的特定的动作，可以由系统引发，而在多数情况下，事件是由用户的操作引发的。例如，对手机键盘的拨号键进行按键操作，会触发手机对象的拨号事件，从而拨出需要的电话。对象在被某个事件触发后，大多会发生一定的行为，即会对应于发生的事件而执行一些特定的操作，不同的对象所能响应的事件也不完全相同。所以就某个对象而言，用户需要关心的是该对象会响应哪些事件，这些事件何时引发，引发时应该执行何种操作。在 Visual FoxPro 中，用户可以为指定对象编写一段程序代码来响应某个特定的事件，从而利用特定事件的触发与响应机制来实现与对象的交互以完成应用程序所需的功能。为某个事件编写的一段程序又称为事件过程（Event Procedure）。一个对象有多个事件，用户可以为不同的事件编写不同的事件过程。

对控件类来说，它们能够识别的事件是固定的，用户不能用程序设计方法产生其他事件，但可以调用与这些事件相关的代码。在 Visual FoxPro 中，对象所能响应的各种事件大致可分为鼠标事件、键盘事件、改变控件内容事件、控件焦点事件、表单事件和数据环境事件等。表 8-5 列出了常见事件及其引发时机。

表 8-5　　　　　　　　　　　常见事件及其引发时机

事　件	引　发　时　机
Click	单击鼠标左键时
DblClick	双击鼠标左键时
RightClick	单击鼠标右键时
MouseDown	按鼠标按键时
MouseUp	释放鼠标按键时
MouseMove	移动鼠标时

续表

事　　件	引　发　时　机
KeyPress	按住释放某键盘键时
InteractiveChange	用键盘或鼠标改变对象值时
ProgrammaticChange	在程序代码中改变对象值时
GotFocus	对象获得焦点时
LostFocus	对象失去焦点时
Load	装载表单或表单集时
Unload	释放表单或表单集时
Activate	对象激活时
DeActivate	对象不再处于活动状态时
Resize	调整对象大小时
Timer	到达 Interval 属性规定的毫秒数时
Init	创建对象时
Destory	对象释放时
Error	对象运行发生错误时

在执行对象的某种方法时，可能触发该对象的若干个事件。例如，调用表单的 show 方法（显示制定表单）时，会激活并显示表单，同时表单的 Activate 事件（对象激活）代码也被执行。和对象在执行方法程序时一样，对象在执行用户编写的事件过程时同样将产生对应的动作和行为。所不同的是，方法程序可以直接被对象调用执行，而事件过程只有在相应的事件被引发时才会被执行。

既然通过改变对象的某些属性或执行某种方法可以触发多个事件，那么知道对象的激活顺序是很重要的，这样可以使事件代码按照要求顺序执行。也就是说，准确掌握类事件的执行顺序，分清事件的前因后果，是设计类的关键问题之一。在运行表单时，先引发事件的 Load 事件，再引发表单的 Init 事件，最后才引发表单的 Activate 事件；而在关闭表单时，先引发该表单的 Destroy 事件，然后引发表单内命令按钮的 Destroy 事件，最后引发表单的 Unload 事件。

8.2　类 的 创 建

类的创建与定义是面向对象程序设计的重要内容。在 Visual FoxPro 中，可以利用"类设计器"可视化地创建用户自定义类，也可以在程序文件中以编程的方式创建自定义类。

8.2.1　用类设计器创建类

最简单的方式是利用 Visual FoxPro 提供的"类设计器"定义新类，步骤如下。

步骤一：可以使用以下三种方法打开"新建类"对话框。

● 方法 1，选择"文件"菜单的"新建"命令，在"新建"对话框中的"文件类型"中选择"类"，单击"新建文件"按钮。

● 方法 2，在命令窗口中输入命令 Create Class 。

步骤二：设置属性。

打开类设计器后，系统自动打开属性窗口和表单设计器，可以在属性窗口中设置类的属性。

步骤三：编辑事件代码。打开新建类的代码窗口有以下几种方法。

● 方法1，在"显示"菜单中选择"代码"命令。

● 方法2，在对象上单击鼠标右键，在快捷菜单中选择"代码"命令。

● 方法3，在属性窗口中选择"方法程序"选项卡，双击 Click Event 选项。

【例 8-2】 利用"类设计器"在 Form 类的基础上创建一个名为 newform 的新类，并设定其属性和方法程序，具体步骤如下。

（1）执行"文件"菜单下的"新建"命令，在弹出的"新建"对话框中选择"类"，再单击"新建文件"按钮，打开"新建类"对话框。

（2）在其中的"类名"文本框中输入新类的名称"newform"。单击"派生于"下拉列表框右侧的箭头，在 Visual FoxPro 提供的基类列表中选择"Form"作为自定义类的基类（也可以单击"派生于"下拉列表框右侧的生成器按钮，在弹出的"打开"对话框中选择某个自定义的类库及其中的某个类名，作为自定义类的基类）。在"存储于"文本框中输入新类要存入的类库名称，例如输入 newlib，即可将新类保存到当前目录中的类库文件 newlib.vcx 中。输入完毕后的"新建类"对话框如图 8-1 所示。

（3）单击"新建类"对话框的"确定"按钮，弹出如图 8-2 所示的"类设计器"窗口，同时在主窗口的菜单栏中将自动增加一个"类"菜单。

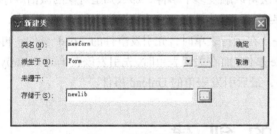

图 8-1 "新建类"对话框

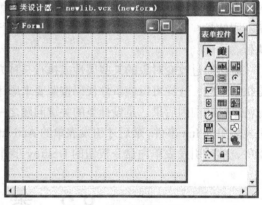

图 8-2 "类设计器"窗口

（4）右键单击"类设计器"窗口中的表单窗口，在弹出的快捷菜单中选择"属性"，将出现如图 8-3 所示的"属性"窗口。

（5）设定 newform 类的属性。选定"属性"窗口列表框中的 Caption 属性，将其改为"订单"。选定"属性"窗口列表框中的 BackColor 属性，将其改为 236,233,100。

（6）利用"表单控件"工具栏中的"标签"工具按钮在"类设计器"中的表单内添加一个标签 Label1。然后利用"属性"窗口将标签的 Caption 属性设置为"订单查询"，将 FontSize 属性设置为 18，将 AutoSize 属性设置为.T.，将 FontBold 属性设置为.T.，再将 BackStyle 属性设置为 0-透明。

（7）利用"表单控件"工具栏中的"命令按钮"工具在"类设计器"中的表单内添加一个命令按钮 Command1，将它的 Caption 属性设置为"退出"，将 Top 属性设置为 144，将 Left 属性设置为 240，将 Height 属性设置为 37，将 Width 属性设置为 72。然后双击该按钮，在弹出的代码窗口中为它的 Click 事件输入如下代码：

```
Thisform.release
```

（8）关闭代码窗口后，在"类设计器"中定义完成的 newform 类如图 8-4 所示。最后单击"常用工具栏"中的"保存"按钮将所定义的新类信息保存，并关闭"类设计器"窗口，完成自定义类的设计。

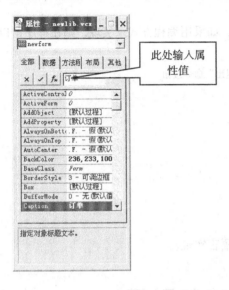

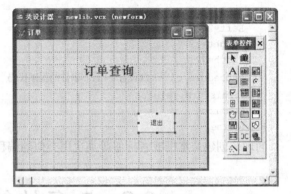

图 8-3 "属性"对话框　　图 8-4 "类设计器"中定义完成的 newform 类

8.2.2 用命令方式创建类

用命令方式创建的自定义类是存放在程序文件中的一组语句，它们定义了该类对象的属性、事件和方法，相当于一个过程。在执行该程序文件时，定义类的这一组命令是不执行的，所以该组命令应放在可执行程序代码之后，通常放在程序文件的尾部。在程序中定义类的命令为 DEFINE CLASS。

格式：

```
DEFINE CLASS <类名 1> AS <父类名>
    [[PROTECTED|HIDDEN <属性名 1>，<属性名 2>…]
        <属性名 1>=<表达式 1>
        <属性名 2>=<表达式 2>
        ……]
    [ADD OBJECT [PROTECTED] <对象名> AS <类名 2>… ]
    [[PROTECTED|HIDDEN ]FUNCTION|PROCEDURE <函数或过程名>
        <语句序列>
    [ENDFUNC|ENDPROC]]
ENDDEFINE
```

说明：

（1）<类名 1>用来指定被定义的类的名称。<父类名>即被定义类的父类，可以是 Visual FoxPro 提供的某个基类，也可以是用户已经定义的某个自定义类。

（2）[PROTECTED|HIDDEN]短语用于保护或隐藏指定的属性或方法程序。

（3）ADD OBJECT 短语用于直接从<类名 2>指定的类生成对象，加入名为<类名 1>的新定义类中。

（4）FUNCTION|PROCEDURE <函数或过程名>短语用来为定义的类创建事件和方法。在这里，每个事件或方法都是程序中的一个函数或过程。

（5）整个类定义语句由 DEFINE CLASS 开始到 ENDDEFINE 为止，应放在应用程序可执行语句的后面，在程序运行时该定义程序段是不执行的，它仅仅表明应怎样做，而实际的操作是由该类所创建的对象来完成的。

【例 8-3】 图 8-4 所示的表单中的"退出"按钮，如果用编程方式来实现，则在程序窗口中程序的尾部，添加如下命令。

```
Define class mquit as commandbutton &&创建"退出"命令按钮
    Caption="退出"
    Top=144
    Left=240
    Height=37
    Width=72
    Procedure click&&设计 click 事件的程序代码
      Thisform.release
    Endproc
Enddefine
```

同理，创建文本框或者标签等类也用类似的编程语言实现。

8.3 对象的创建与引用

类是对象的抽象，对象则是类的实例。一旦定义了类，基于这个类的定义就可以创建此类的对象。对象一旦创建后，就可以在程序运行中引用和设置对象的属性，调用它的方法。

8.3.1 对象的创建

对象的创建，通常可利用 CreateObject 函数来完成，在该函数的参数中必须指定基类。

格式：CreateObject (<类名>[,<参数 1>,<参数 2>,…])

功能：在指定类的基础上创建一个具有该类特性的对象。

说明：

（1）括号内的<类名>应是一个已经定义存在的类。

（2）本函数返回一个对象的引用，它并不是对象本身，而是指向所创建对象的一个指针。通常可将此引用赋给某个内存变量，在此之后即可通过对该内存变量的引用来实现对该对象的引用。

【例 8-4】 以例 8-3 所创建的类 mquit 为基类，创建一个对象 obj_mquit。

```
obj_mquit= CreateObject (mquit)
```

8.3.2 对象的引用

在一个应用程序中，包含了很多对象。例如，表单集包含了若干表单，在表单中又存在着不同的控件组、控件等。在对其中的某一对象进行操作时，需要描述清楚它所在的层次位置、对象

名、属性名或方法名，从而实现该对象的引用和操作。在 Visual FoxPro 程序中，对象的引用方式
有两种，即绝对引用与相对引用。

1. 绝对引用

绝对引用是在引用对象时通过它与所有父对象的层次关系来描述其位置，其中的父对象是指
包含被引用对象的外层对象，基本格式如下。

　　属性的引用格式：<父对象>.<对象名>.<属性名>

　　方法的引用格式：<父对象>.<对象名>.<方法名>

【例 8-5】　在表单 Form1 上有一个页框对象 PageFrame1，页框中又有一个页面对象 Page1。
在 Page1 上有一个按钮对象 Command1，修改按钮标题属性值为"查询"，则应写为：

```
Form1.PageFrame1.Page1.Command1.Caption="查询"
```

如果调用此按钮对象的 Click 方法时，则应写为：

```
Form1.PageFrame1.Page1.Command1.Click
```

2. 相对引用

Visual FoxPro 还提供了一种简单方式来识别操作对象的位置。引用时可以只指出被引用的对
象相对于当前表单集、当前表单的位置，而不需要列出所有父类对象的对象名，这种引用方式称
为相对引用。表 8-6 列出了几个相对引用中常用的属性和关键字。

表 8-6　　　　　　　　　　　相对引用时的属性和关键字

属性和关键字	说　明
PARENT	本对象的父对象
THIS	本对象
THISFORM	包含本对象的表单
THISFORMSET	包含本对象的表单集

 只能在方法程序或事件过程中使用上述属性和关键字。

【例 8-6】　在例 8-2 所创建的表单类 newform 中，添加一个命令按钮 Command2，修改按钮
标题属性值为"操作"，如图 8-5 所示。单击此按钮，可以把标签标题"订单查询"改为"订单的
查询"，同时按钮标题由"操作"变为"完成"。

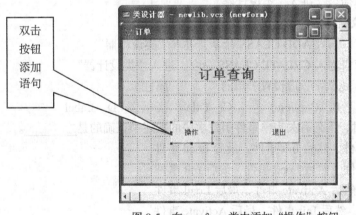

图 8-5　在 newform 类中添加"操作"按钮

应该在 Command2 的 click 事件中添加如下语句。

如果使用绝对引用则应写为：

```
newform.label1.caption="订单的查询"
newform.Command2.caption="完成"
```

如果使用相对引用则应写为：

```
This.Parent.label1.caption="订单的查询"
Thisform.Command1.caption="完成" 或者 This.Caption="完成"
```

习　　题

一、单选题

【1】下列不属于面向对象技术的基本特征的是＿＿＿＿＿。

    A．封装性   B．模块性

    C．多态性   D．继承性

【2】符合对象和类关系的是＿＿＿＿＿。

    A．人和老虎   B．书和汽车

    C．楼和停车场   D．汽车和交通工具

【3】下列关于面向对象程序设计（OOP）的叙述，错误的是＿＿＿＿＿。

    A．OOP 的中心工作是程序代码的编写

    B．OOP 以对象及其数据结构为中心展开工作

    C．OOP 以"方法"表现处理事物的过程

    D．OOP 以"对象"表示各种事物，以"类"表示对象的抽象

【4】下列关于"类"的叙述中，错误的是＿＿＿＿＿。

    A．类是对象的集合，而对象是类的实例

    B．一个类包含了相似对象的特征和行为方法

    C．类并不实行任何行为操作，它仅仅表明该怎样做

    D．类可以按其定义的属性、事件和方法进行实际的行为操作

【5】下列关于创建新类的叙述中，错误的是＿＿＿＿＿。

    A．可以选择菜单命令，进入"类设计器"

    B．可以在.PRG 文件中以编程方式定义类

    C．可以在命令窗口输入 ADD CLASS 命令，进入"类设计器"

    D．可以在命令窗口输入 CREATE CLASS 命令，进入"类设计器"

【6】若要修改表单的标题文字，应设置表单的＿＿＿＿＿属性。

    A．Name   B．Caption   C．Title   D．Label

【7】在运行某个表单时，下列有关表单事件引发次序的叙述中正确的是＿＿＿＿＿。

    A．先 Activate 事件，然后 Init 事件，最后 Load 事件

    B．先 Activate 事件，然后 Load 事件，最后 Init 事件

    C．先 Init 事件，然后 Activate 事件，最后 Load 事件

    D．先 Load 事件，然后 Init 事件，最后 Activate 事件

【8】若某表单中有一个文本框 Text1 和一个命令按钮组 CommandGroup1，其中，命令按钮组包含了 Command1 和 Command2 两个命令按钮。如果要在命令按钮 Command1 的某个方法中访问文本框 Text1 的 Value 属性值，下列引用正确的是_____。

A．This.ThisForm .Text1.Value　　　　B．This.Parent.Text1.Value

C．Parent.Parent.Text1.Value　　　　D．This.Parent.Parent.Text1.Value

二、填空题

【1】面向对象程序设计方式简称为_____。

【2】现实世界中的每一个事物都是一个对象，对象所具有的特征被称为_____。对象的_____就是对象可以执行的动作或它的行为。

【3】在面向对象程序设计中，我们说类具有三个特性，分别是封装性、_____和_____。

【4】类是一组具有相类似属性和操作的对象集合，某个类中的每个对象都是这个类的一个_____；对象能够识别和响应的动作称为_____。

【5】"类"是面向对象程序设计的重要内容，VFP 提供了一系列基类来支持用户派生出新类，VFP 基类有两种，即_____与_____。

【6】在 VFP 中，可以有两种不同的方式来引用一个对象，以下第一个命令引用对象的方式称为_____，第二个命令的引用方式称为_____。

```
Formset1.Form1.Command1.Caption="下一个"
This.Caption="上一个"
```

【7】VFP 提供了一批_____，用户可以在其基础上定义自己的类和子类，从而利用类的_____性来减少编程的工作量。

【8】用类来创建对象的函数是_____，其括号内的自变量就是一个已有的类名，该函数返回一个_____。

【9】用户用_____命令定义的类是一段命令的集合，它们定义了对象的属性、事件和方法，放在应用程序可执行部分的_____，运行程序时并不执行。它仅仅表明该怎样做，而实际的行为操作则是由它创建的_____来完成的。

三、思考题

【1】说明面向对象和面向过程进行程序设计的区别？

【2】什么是对象？什么是类？类和对象之间是什么关系？

【3】怎样理解类的封装性、继承性和多态性三个特性的含义？

【4】VFP6.0 提供的基类有哪些？举例说明容器类的包含关系。

四、操作题

【1】基于基类 Grid 使用命令创建两个对象，并设置这两个对象的相关属性。

【2】用设计器基于 CommandGroup 创建一个自定义类，可以实现对表指针的定位和浏览：第一个记录，下一个记录，上一个记录，最后一个记录。

第9章
表单设计及应用

表单往往被用来作为应用程序数据输入、修改或输出的用户界面，它在 Visual FoxPro 数据库应用系统中有着重要的应用。事实上，Windows 环境中的窗口及对话框均为表单的不同表现形式。上一章已经介绍了如何用编程的方法来设计简单的表单，这一章主要介绍如何利用表单设计器来高效、可视地设计表单。

9.1 表单设计概述

表单的英文名为 Form，可以理解为应用程序的界面。由于应用程序的界面通常包括文本框、命令按钮以及列表框等多个控件对象，因此表单是一个容器对象。表单的设计实际上就是通过某种途径定义表单所包含的控件对象，定义表单对象本身以及它所包括的控件对象的属性、事件和方法程序。在许多时候，表单都要处理相关的数据表，此时需要为所设计的表单添加相应控件，并根据需要将表单中的控件与数据表中的对应数据进行"绑定"。

9.1.1 创建表单的途径

Visual FoxPro 为用户提供了创建表单的多种途径，这些途径主要有以下 4 种。

（1）通过编写程序的方法创建表单。即采用 Visual FoxPro 创建对象和添加控件的专门命令和函数等，编写一个创建表单的程序文件并执行该文件。此种创建表单的方法已在前面章节中举例介绍过。

（2）使用表单向导创建表单。即调用 Visual FoxPro 的表单向导，通过一系列的人机对话创建一些不太复杂的数据表维护表单。

（3）使用表单设计器创建表单。这是最常用、最灵活和最有效的创建表单与修改表单的方法，真正体现了可视化的面向对象程序设计方法，此方法也是本章叙述的重点。使用表单设计器，用户可以根据具体应用的需要，往表单中添加各种各样的控件、随意调整各控件的大小和位置、修改或设置各控件的相关属性、为表单和各控件的触发事件编写所需的事件代码等。

（4）使用表单生成器创建表单。在启动表单设计器后，用户可以调用表单生成器来快速生成一个与某个数据表有关的表单。

无论是用哪种途径和方式创建的表单，在设计完成后都应进行存盘保存。一个表单存盘后将产生两个文件（编程途径创建的表单除外），一个是扩展名为.SCX 的表单文件，另一个是扩展名为.SCT 的表单备注文件。

9.1.2 运行表单的方法

创建完成的表单只有在运行之后，才能展现其实际效果。用户可用下列任意一种方式或方法运行表单。

1. 菜单方式

方法 1：执行主窗口"程序"菜单中的"运行"命令，在弹出的"运行"对话框中选定文件类型为"表单"，再选定所要运行的表单文件，然后单击"运行"按钮。

方法 2：在表单设计器环境中，执行主窗口"表单"菜单中的"执行表单"命令，或按 Ctrl+E 组合键。

2. 命令方式

格式：DO FORM <表单文件名> [WITH <参数 1> [,<参数 2>,...]]

功能：执行指定名称的表单文件。

如果含有 WITH 短语，则在运行该表单而引发它的 Init 事件时，系统会将 WITH 短语中各参数的值传递给 Init 事件代码中的 PARAMETERS 或 LPARAMETERS 命令中的各个形式参数。

9.1.3 表单的常用属性、事件与方法

用户在设计表单时，首先必须熟悉表单常用的属性、事件与方法。

1. 常用表单属性

（1）WindowType 属性

用于控制表单是模式表单还是无模式表单（默认）。若表单是模式表单，则用户在访问 Windows 屏幕中其他任何对象前必须关闭该表单。

（2）BackColor 属性

用于确定表单的背景颜色，默认值为 255,255,255。

（3）Activate BorderStyle 属性

决定表单是否有边框。若有边框，是单线边框、双线边框，还是可调边框。如果 BorderStyle 为 3（默认值），用户可通过调整边框重新改变表单大小。

（4）Caption 属性

决定表单标题栏显示的文本，默认值为"Forml"。

（5）Closable 属性

用于控制表单的标题栏中的关闭按钮和控制菜单中的关闭命令是否能用，默认值为真。注意该属性与 ControlBox 属性有关。当 ControlBox 为.F.时，表单的标题栏中既没有控制菜单，也没有关闭按钮。

（6）MaxButton 属性

控制表单是否具有最大化按钮，默认值为真（.T.）。

（7）MinButton 属性

控制表单是否具有最小化按钮，默认值为真（.T.）。

（8）Movable 属性

控制表单是否能移动到屏幕的新位置，默认值为真（.T.）。

（9）WindowState 属性

控制表单是最小化、最大化还是正常状态，默认值为正常状态。

2. 常用表单事件

（1）Init 事件

在建立对象时引发此事件。在表单对象的 Init 事件引发之前，将首先引发它所包含的各控件对象的 Init 事件，所以在表单对象的 Init 事件代码中能够访问它所包含的所有控件对象。

（2）Activate 事件

在激活表单、表单集或页面对象时引发，即当一个表单、表单集或页面成为当前活动对象时引发。

（3）Destroy 事件

在释放对象时引发。表单对象的 Destroy 事件在它所包含的各个控件对象的 Destroy 事件引发之前引发，所以在表单对象的 Destroy 事件代码中能够访问它所包含的所有控件对象。

（4）Load 事件

在建立表单对象之前引发，即在运行表单时，先引发表单的 Load 事件，再引发表单的 Init 事件。

（5）Unload 事件

在释放表单对象时引发，是表单释放时最后一个要引发的事件。例如，在关闭含有一个命令按钮的表单时，先引发该表单的 Destroy 事件，然后引发表单内命令按钮的 Destroy 事件，最后引发表单的 Unload 事件。

（6）Error 事件

当对象的方法或事件代码在运行中产生错误时引发。该事件发生后，事件代码将根据系统提供的错误类型和错误发生的位置等信息对出现的错误进行相应的处理。

（7）Gotfocus 事件

当对象获得焦点时引发。应用程序中会包含许多对象，但某一时刻只能对被选定的对象进行操作。对象被选定时，该对象就获得了焦点。例如，文本框获得焦点的标志是框内闪烁的光标，命令按钮获得焦点的标志是按钮上的虚线框。可以通过单击对象或者按 Tab 键切换对象来获得焦点，也可以通过执行对象的有关方法来获得焦点。

（8）Click 事件

用鼠标单击表单的空白处，将引发表单的 Click 事件。此外，单击表单内的某个控件时，也会引发该控件的 Click 事件。

3. 常用表单方法

（1）Release 方法

将对象从内存中释放。若释放一个表单，表明将此表单关闭。

（2）Refresh 方法

刷新对象的信息。当一个表单被刷新时，该表单中所有控件的内容将同时被刷新；而当一个页框被刷新时，只有当前页被刷新。

（3）Show 方法

显示表单。此方法将表单的 Visible 属性设置为.T.，并使该表单成为活动对象。

（4）Hide 方法

隐藏表单。此方法将表单的 Visible 属性设置为.F.，从而使表单不可见。

（5）SetFocus 方法

让对象获得焦点，使其成为活动对象。如果一个对象的 Enabled 属性值或 Visible 属性值为.F.，则不能获得焦点。

9.1.4 表单数据源的绑定

在许多时候，特别是在创建与数据表有关的表单时，需要为所设计的表单指定相关的数据源，并根据需要将表单中的控件与数据源中的对应数据进行"绑定"。指定和绑定表单的数据源，可以基于表单的数据环境使用数据环境设计器来实现。

1. 数据环境

数据环境泛指创建表单时所使用的数据源，包括与表单相关的数据表、视图以及数据表之间的关系等。在表单运行时，数据环境中的表或视图会随所属的表单自动打开，并随该表单的释放而自动释放。

2. 数据绑定

数据绑定是指将表单中的控件与某个数据源联系起来，通常是由控件的 ControlSource 属性来指定与其相联系的数据源，从而实现该控件与数据源的数据绑定。数据源允许有字段和内存变量两种，前者来自数据环境中的表或视图，可供用户在设置控件的 ControlSource 属性时选用；后者可以是已经创建的数组变量等。

在表单设计中，通过有关属性的设置，表单中的大多数控件都可以与特定的数据源进行绑定。与数据源及数据绑定有关的属性如表 9-1 所示。

表 9-1　　　　　　　　　　　　与数据源及数据绑定有关的属性

属　　性	说　　明
ControlSource	指定与对象绑定的数据源
RecordSource	指定与表格控件绑定的数据源
RecordSourceType	指定与表格控件绑定的数据源类型
RowSource	指定与组合框或列表框绑定的数据源
RowSourceType	指定与组合框或列表框绑定的数据源类型

大多数情况下，控件与数据源绑定后，控件值便将与数据源的值相一致。例如，表单中的某个文本框与数据表中的某个字段控件绑定后，此时文本框的值将由该字段的值决定，而该字段的值也将随文本框值的改变而改变，从而实现表单中的这个控件与表中字段互传数据的目的。需要注意的是，某些控件（如列表框）与数据源中的字段绑定后，只能进行值的单向传递，即只能将控件值传递给字段。

9.2　表单的创建

在本节中，将向大家介绍如何使用表单向导、表单设计器以及表单生成器创建所需的表单，并通过举例加以说明，最后介绍如何修改表单，使它更加完善、合理。

9.2.1　用表单向导创建表单

执行"文件"菜单中的"新建"命令，在弹出的"新建"对话框中选定"表单"，然后单击"向导"按钮就可以启动表单向导这个工具。用户可在表单向导的引导下，通过简单的交互操作来创建表单，从而避免书写程序代码。

大多数情况下，利用表单向导可以极方便地为指定的数据表产生一个操作维护界面，其中含有这个数据表中的各字段内容，同时包含供用户对该数据表记录进行操作的一些命令按钮，如前后翻页、查找、打印、编辑、删除等按钮。使用表单向导创建表单的不足之处，是由于其简便性，只能产生一定模式的表单。

使用表单向导产生的表单又可分为两种，即单表表单和一对多表单。

1. 使用向导创建单表表单

下面用一个具体的例子来说明用表单向导创建单表表单的操作步骤。

【例 9-1】 使用表单向导创建一个可维护商品数据表 product.dbf 的表单。

参考操作步骤如下：

① 执行"文件"菜单中的"新建"命令，在弹出的"新建"对话框中选定"表单"单选按钮，然后单击"向导"按钮，弹出如图 9-1 所示的"向导选取"对话框。

② 在"向导选取"对话框中选定"表单向导"，然后单击"确定"按钮，出现"表单向导"对话框。在其中的"数据库和表"列表框中选定数据表 product.dbf，然后将"可用字段"列表框中的所有字段移到"选定字段"列表框中，如图 9-2 所示。

图 9-1 "向导选取"对话框

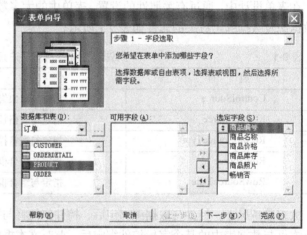

图 9-2 "字段选取"对话框

③ 单击"下一步"按钮，在出现的"选择表单样式"对话框中选定一种喜欢的表单样式，例如"阴影式"，如图 9-3 所示。

④ 单击"下一步"按钮，在出现的"排序次序"对话框中指定商品数据表中需要排序的关键字段。

⑤ 单击"下一步"按钮，在出现的如图 9-4 所示的"完成"对话框中，若单击"预览"按钮即可见到所设计的表单。预览满意后单击"完成"按钮，在弹出的"另存为"对话框中输入一个表单名（如 product），再单击"保存"按钮，所设计的表单就被保存在指定的表单文件 product.scx 和表单备注文件 product.sct 中。

⑥ 执行表单。执行主窗口"程序"菜单中的"运行"命令，在弹出的"运行"对话框的"文件类型"框中选定"表单"，再在列表框中选定 product.scx 后单击"运行"按钮。稍后，屏幕上即可出现所创建的商品维护界面表单，如图 9-5 所示。

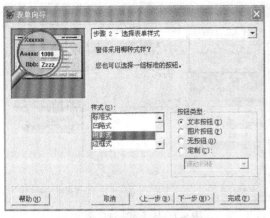 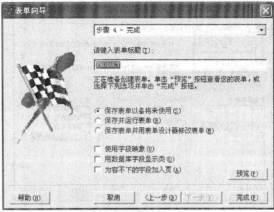

图 9-3 "选择表单样式"对话框 图 9-4 "完成"对话框

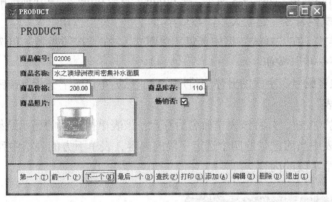

图 9-5 创建完成的表单

用户可通过此表单下方的有关命令按钮对商品数据表进行各种操作,包括对各条记录的查看、编辑、删除,并可添加记录、打印数据表等。

2. 使用向导创建一对多表单

下面再举一个具体的例子来说明用表单向导创建一对多表单的操作步骤。

【例 9-2】 设有一个顾客表 customer.dbf,含有顾客编号、顾客姓名、顾客性别、消费积分、最近购买时间、顾客地址、联系电话等字段。另有一个订单表 order.dbf,含有顾客编号、订单编号、订单日期、订单状态等字段。要求创建一个一对多表单,分页列出顾客表中每个顾客的订单情况。

参考操作步骤如下:

① 执行"文件"菜单中的"新建"命令,在弹出的"新建"对话框中选定"表单"单选按钮,然后单击"向导"按钮,弹出如图 9-1 所示的"向导选取"对话框。在该对话框中选定"一对多表单向导"后单击"确定"按钮,出现"一对多表单向导"对话框。

② 从父表中选定字段。如图 9-6 所示,在对话框中的"数据库和表"列表框中选定数据表 customer.dbf,然后将"可用字段"列表框中的顾客编号、顾客姓名、顾客性别、消费积分字段移到"选定字段"列表框中。然后单击"下一步"按钮。

③ 从子表中选定字段。如图 9-7 所示,在对话框中的"数据库和表"列表框中选定数据表 order.dbf,然后将"可用字段"列表框中的订单编号、订单日期、订单状态字段移到"选定字段"列表框中。然后单击"下一步"按钮。

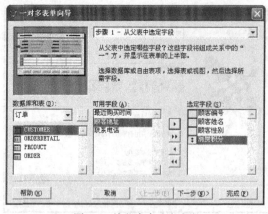
图 9-6　从父表中选定字段

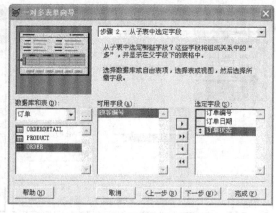
图 9-7　从子表中选定字段

④ 建立表之间的关系。如图 9-8 所示，在 product 表和 order 表中分别选中"顾客编号"字段，在两表之间通过"顾客编号"建立关系。然后单击"下一步"按钮。

⑤ 选择表单样式。在"样式"框中选定"浮雕式"，在"按钮类型"单选框中选取"图片按钮"。然后单击"下一步"按钮。

⑥ 设定以"顾客编号"字段的升序为排序次序，然后单击"下一步"按钮，指定表单的标题为"顾客订单情况表"。

⑦ 单击"完成"按钮，并将该表单命名后存盘。该表单执行后的显示结果如图 9-9 所示。表单的上部显示了父表中当前记录的四个选定字段的内容，表单下方的表格中列出了子表中与当前父表记录对应的几个字段的内容。

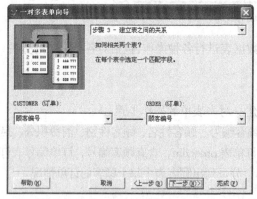
图 9-8　建立表之间的关系

图 9-9　运行后的一对多表单

9.2.2　用表单设计器创建表单

更多地还是采用表单设计器来创建表单。表单设计器不仅能够在表单内任意添加所需的各种控件，而且可为各控件设置相关的属性及合理安排它们的布局。同时，可根据需要方便地为表单及其中的控件编写特定的触发事件的程序代码，从而创建各种复杂、实用的用户界面。

1．创建表单的一般步骤

表单主要用来建立应用程序的用户界面。用表单设计器创建表单，一般先创建表单对象，接着在这个表单对象中安排应用程序所需的各种其他对象（由控件创建），然后设置各对象（表单及控件）的属性，编写各个对象的方法及事件过程代码。一般说来，创建表单包括下面几个步骤。

（1）启动表单设计器。

（2）必要时，为表单指定数据源。

（3）添加所需的控件，并对控件进行合理布局。

（4）为表单和各控件设置有关的属性。

（5）为表单和控件的一些特定事件编写事件代码。

（6）保存并运行表单。

2. 表单设计器的启动

常用下面两种方式启动表单设计器，启动后打开如图 9-10 所示的"表单设计器"窗口。

（1）单击"常用"工具栏上的"新建"按钮，在弹出的"新建"对话框中选定"表单"，再单击"新建文件"按钮。或单击"常用"工具栏上的"打开"按钮，在弹出的"打开"对话框中选定已存在的表单并加以确定。

（2）在命令窗口中执行"CREATE FORM"命令。

3. 表单设计的工具

表单设计器启动后，在 Visual FoxPro 主窗口中弹出"表单设计器"窗口，并自动创建一个名称为"Form1"的空表单对象。用户可以在这个空表单对象上使用表单设计工具添

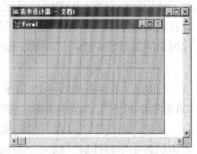

图 9-10 "表单设计器"窗口

加相关的控件对象，并设置这个表单及其组成对象的属性、事件和方法。常用的表单设计工具有"属性"窗口、"表单设计器"工具栏、"表单控件"工具栏、"布局"工具栏等。此外，还将在主菜单中增加一个"表单"菜单。

（1）表单设计器工具栏

"表单设计器"工具栏如图 9-11 所示，内含"数据环境"、"属性窗口"、"代码窗口"、"表单控件工具栏"、"调色板工具栏"、"布局工具栏"、"表单生成器"等按钮。

单击"表单设计器"工具栏中的某个按钮，使其呈按下状态，即可打开对应的窗口或工具栏；单击某个按钮使其呈弹起状态，即可关闭对应的窗口或工具栏。而"表单设计器"工具栏本身，则可以通过主窗口"显示"菜单中的"工具栏"命令来显示或关闭。

（2）表单控件工具栏

"表单控件"工具栏如图 9-12 所示，内含"标签"、"文本框"、"编辑框"、"命令按钮"等各种表单控件按钮。利用"表单设计器"工具栏可以方便地往表单中添加所需的控件，方法是：先在"表单设计器"工具栏中单击所要添加控件的对应按钮，然后在表单窗口的适当位置单击或拖动鼠标即可。

添加到表单内的各种控件可用鼠标将其随意拖动到适当的位置，单击某个控件将其选定后，拖曳它出现的某个控点即可改变其大小。此外，按住 Shift 键，可将逐个单击的控件同时选定。利用剪贴板，可对选定的控件进行"剪切"、"复制"和"粘贴"等操作。

图 9-11 "表单设计器"工具栏

图 9-12 "表单控件"工具栏

除了各种常用表单控件按钮之外，"表单控件"工具栏中还有以下几个辅助按钮：

● "选定对象"按钮。当此按钮处于按下状态时，表示不可创建控件，即只允许对已经创建的控件进行编辑修改；当此按钮未被按下时，表示可以创建新的控件。

● "按钮锁定"按钮。当此按钮处于按下状态时，表示在单击某个控件按钮后，可以在表单窗口中连续添加多个此种类型的控件。

● "生成器锁定"按钮。当此按钮处于按下状态时，表示每次往表单中添加控件时，都会自动打开与此控件有关的生成器。例如，若按下此按钮后再往表单中添加一个文本框，则会自动弹出"文本框生成器"对话框。

● "查看类"按钮。除了可以在表单中添加 Visual FoxPro 提供的一些基类控件之外，系统还允许使用保存在类库中的用户自定义类。若要在表单中使用属于用户自定义类的控件，需要先将用户自定义类添加到"表单控件"工具栏中。方法是：单击"表单控件"工具栏上的"查看类"按钮，在弹出的对话框中选择"添加"命令，然后选定所需添加的类库文件并单击"确定"按钮。

（3）布局工具栏

"布局"工具栏如图 9-13 所示，内含"左边对齐"、"右边对齐"、"顶边对齐"、"底边对齐"、"垂直居中对齐"、"水平居中对齐""相同宽度"、"相同高度"、"置前"和"置后"等多个按钮。

利用"布局"工具栏可方便地调整表单窗口中各个控件的大小和相对位置。例如，在选定表单中的若干个控件后，单击"布局"工具栏中的"左边对齐"按钮，就可以使选中的各个控件靠左边对齐。若在选为表单内的若干个控件后，单击"布局"工具栏中的"相同大小"按钮，就可以使选中的各控件具有相同的尺寸。

（4）属性窗口

"属性"窗口如图 9-14 所示，上部是包含当前表单所有对象的下拉列表框，下部是多个选项卡，每个选项卡都含有一个列表框。

图 9-13 "布局"工具栏   图 9-14 "属性"窗口

在对象下拉列表框中显示了表单中当前被选中对象的名称，单击其右侧的向下箭头将打开一个含有当前表单中所有对象名称的列表。用户在其中选取一个对象时，该对象所具有的属性、事件过程和方法程序等就会显示在下方各选项卡的列表框中。

用户若要查看或修改当前对象的某个属性，可在下方的列表框中选取这个属性，此时在列表框的下部说明框中将显示该属性的说明信息；在列表框的上面将出现一个属性设置框，用来对选定的属性进行设置。用户也可以在表单中同时选定多个对象，这时"属性"窗口内将显示这些对象的共同属性，对这个属性的设置将同时作用于被选定的所有对象。

（5）代码窗口

代码窗口如图 9-15 所示。在表单设计器环境中，若要编辑表单或表单中某个控件的方法或事件代码时，可执行主窗口"显示"菜单中的"代码"命令。在弹出的代码窗口中的"对象"框中选取该方法或事件所属的对象，在"过程"框中选取所要编辑的方法或事件。然后在框下方的编辑区内输入或修改对应的程序代码。

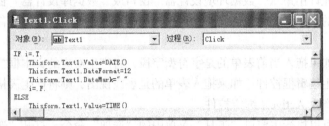

图 9-15　代码编辑窗口

在表单设计器环境中，双击表单或表单中的某个控件也可以打开代码窗口，这时代码窗口的"对象"框中将自动选取被双击的表单或控件。此外，在属性窗口的列表框中双击某个事件或方法也将打开代码编辑窗口。这时代码窗口的"对象"框中将自动选取当前被选定的对象，在"过程"框中将自动选取被双击的事件或方法。

4. 数据环境设计器

如果表单需要访问数据表或视图中的数据，可以使用数据环境设计器。单击"表单设计器"工具栏上的"数据环境"按钮，或者执行主窗口"显示"菜单中的"数据环境"命令，均可打开"数据环境设计器"窗口，并同时在主窗口的菜单栏中出现一个"数据环境"菜单。用户可以在"数据环境设计器"窗口中指定这个表单要访问的数据源，并将数据源中的数据绑定到表单的相应控件中。

（1）指定表单的数据源

在"数据环境设计器"窗口中，用户可以方便地向当前表单的数据环境添加数据表或视图，作为表单的数据源。方法是：执行"数据环境"菜单中的"添加"命令，或者右键单击"数据环境设计器"窗口，在弹出的快捷菜单中执行"添加"命令。然后在出现的"添加表或视图"对话框中选取要添加的表或视图，最后单击"添加"按钮。图 9-16 所示的为添加了两个相关数据表之后的"数据环境设计器"窗口。

用类似的方法也可从当前表单的数据环境中移去表或视图。方法是：在"数据环境设计器"窗口中选取要移去的表或视图，然后执行"数据环境"菜单中的"移去"命令。此外，也可以用鼠标右键单击要移去的表或视图，在弹出的快捷菜单中执行"移去"命令。

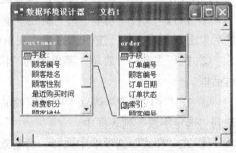

图 9-16　"数据环境设计器"窗口

如果添加到数据环境中的数据表之间具有在数据库中所设置的永久关系，这些关系将自动添加到数据环境中来。如果数据表之间不存在永久关系，则可以根据需要在数据环境设计器中为其建立关系。方法是：在数据环境设计器中，将主表的某个字段直接拖动到子表中与其相匹配的索引标记上即可。如果子表没有与其相匹配的索引标记，也可以将主表字段拖动到子表中欲与其关联的某个字段上，然后根据系统的提示确认创建索引。

若要解除数据环境设计器中数据表之间的关系，可单击表示表间关系的连线将其选定，然后按 Del 键。

（2）将数据源中的数据绑定到表单控件上

Visual FoxPro 允许用户从"数据环境设计器"窗口或"数据库设计器"窗口中直接将字段、表或视图拖入当前的表单，此时系统将自动产生相应的控件并自动实现该控件与对应字段的数据绑定。

默认情况下，如果拖入当前表单的是字符型字段，将产生对应的文本框控件；如果拖入的是备注型字段，将产生编辑框控件；如果拖入表单的是表或视图，则将产生表格控件；如果拖入的是通用型字段，将产生 ActiveX 绑定控件。

实际上，用户可以执行主窗口"工具"菜单中的"选项"命令，打开"选项"对话框，然后在"字段映像"选项卡中修改各种类型的字段与有关控件的对应关系。

9.2.3 用表单生成器创建表单

在表单设计器环境中，用户还可以采用 Visual FoxPro 提供的表单生成器来方便、快速地生成一个与数据表有关的表单。可用下列方法之一调用表单生成器：

● 单击"表单设计器"工具栏中的"表单生成器"按钮。
● 右键单击表单窗口，在弹出的快捷菜单中执行"生成器"命令。
● 执行主窗口"表单"菜单中的"快速表单"命令。

采用以上任何一种方法调用表单生成器后，都将打开一个如图 9-17 所示的"表单生成器"对话框。

在该对话框的"字段选取"选项卡中，用户可指定某个数据表或视图并从中选取若干字段，这些字段都将以控件形式出现在表单中。在该对话框的"样式"选项卡中，用户可选定这些字段在表单上的显示样式，如可以选取"标准式"、"阴影式"、"浮雕式"或"新奇式"等。设置完毕后单击"确定"按钮，即可快速生成一个包含所选定字段的表单，然后加以命名后存盘并执行此表单。

利用表单生成器快速生成的表单一般还不能满足实际应用的需要，用户可以再调用表单设计器，在已有表单的基础上进行修改和完善。

【例 9-3】 使用表单生成器快速生成一个商品表单。

① 执行"文件"菜单中的"新建"命令，在弹出的"新建"对话框中选定"表单"单选按钮，然后单击"新建文件"按钮，打开"表单设计器"窗口。

② 执行主窗口"表单"菜单中的"快速表单"命令，打开如图 9-17 所示的"表单生成器"对话框。

③ 在"字段选取"选项卡中选定商品表 product.dbf，并将其全部字段由"可用字段"列表框移到"选定字段"列表框中。

④ 在"样式"选项卡中选择一种喜欢的样式，例如"新奇式"，然后单击"确定"按钮，稍后即自动快速地完成本表单的设计。可以看到，product 数据表中的各个字段已经按指定的样式作为相应的控件自动添加到表单窗口内，如图 9-18 所示。

⑤ 单击"常用"工具栏上的"保存"按钮，在弹出的"另存为"对话框中将此表单命名（如命名为 ksproduct.scx）后存盘。

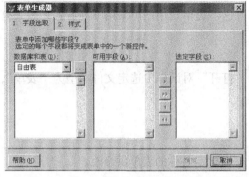

图 9-17 "表单生成器"对话框

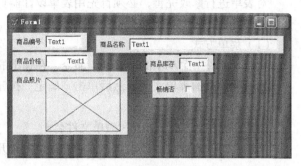

图 9-18 快速添加到表单中的各个控件

⑥ 在命令窗口内执行"DO FORM ksproduct.scx"命令，屏幕上将显示出该表单运行后的效果，如图 9-19 所示。

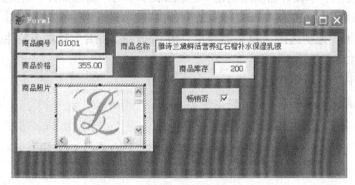

图 9-19 快速表单的运行结果

9.3 表单的修改

除用编程方式创建的表单之外，用其他各种途径创建的表单，均可以使用表单设计器对其进行修改和完善。实际上，用编程方式创建的表单也可以用表单设计器进行修改，但这就使编程实现的表单的效果大打折扣了。

1. 表单修改的内容

对表单进行修改和完善，实际上就是对表单及其包含的对象进行重新布局，并对这些对象的属性、事件和方法进行修改、完善或重新定义。具体说来，表单修改的内容包括：

（1）对表单对象的属性、事件和方法进行修改和完善；

（2）在表单中插入新的控件对象；

（3）删除表单中无用的控件对象；

（4）修改数据对象与数据源之间的绑定关系；

（5）修改和完善表单上控件对象的布局关系；

（6）对控件对象的属性、事件和方法进行修改和完善。

2. 表单的打开

对表单进行修改完善，必须首先用表单设计器打开这个表单。用户可采用下列方式之一来打开表单设计器并修改指定的表单。

（1）菜单方式

执行"文件"菜单中的"打开"命令，在弹出的"打开"对话框中选定文件类型为"表单"，再选定所要修改的表单文件，然后单击"确定"按钮。

（2）命令方式

格式：MODIFY　FORM <表单文件名>

功能：打开表单设计器窗口，同时在窗口内打开一个指定名称的表单供修改。

　　　　如果所指定的表单文件并不存在，系统将启动表单设计器供用户创建一个指定名称的新表单。

【例 9-4】　使用表单设计器删除例题 9-3 商品表单中与"商品照片"有关的控件。

① 执行 MODIFY　FORM ksproduct.scx，打开"表单设计器"窗口及表单 ksproduct.scx。

② 按鼠标左键，拖动选择"lbl 商品照片"和"olb 商品照片"这两个控件后，按 Delete 键，即可将这两个控件对象删除。

③ 将其他控件对象重新布局。

④ 保存表单并关闭表单设计器。

9.4　表单设计技术的应用

表单的应用主要体现在提供一个用户界面，辅助用户进行业务数据的管理方面，而业务数据的管理主要是通过表单内集成的各种控件来实现的。下面以控件设计和应用为主题，以简单举例为手段，详细地介绍表单在数据的输入、处理和输出上的应用。

9.4.1　标签、线条、形状与图像

1. 标签

标签（Label）是一种能在表单上显示文本的控件，常用来显示提示信息或说明文字。标签的常用属性有以下几个。

Caption：标签的标题，即该标题显示的文字。

AutoSize：若设置为.T.，则可自动调整标签的区域，使之正好容纳标题的文字。

FontSize：设置标题文本的字号大小。

FontName：设置标题文本的字体名。

FontBold：设置标题文本是否为粗体。

FontItalic：设置标题文本是否为斜体。

BackStyle：若设置为 0，可使标签透明，即标签与表单背景色一致。

ForeColor：设置标签内文本的前景色。

BackColor：设置标签内文本的背景色。

Alignment：设置标签区域内文本的对齐方式。

WordWrap：若设置为.T.，可使标签沿水平方向压缩，实现竖排标题文字的效果。

2. 线条

线条（Line）控件用于在表单上画各种直线与斜线。线条的主要属性是宽度（Width）和高度（Height），通过改变它们的值可改变线条的斜率。当设置 Width 的值为 0 时，为一条垂直线条；当设置 Height 的值为 0 时，为一条水平线条。

此外，线条还有以下一些属性。

BorderWidth：设置线条的粗细。

BorderColor：设置线条的颜色。

BorderStyle：指定线条风格为实线、虚线或点划线。

LineSlant：当线条为一条斜线时，指定线条如何倾斜。

3. 形状

形状（Shape）控件用于在表单上画矩形、正方形、圆或椭圆等。形状控件的主要属性有曲率（Curvature）以及宽度（Width）和高度（Height）等。

当 Curvature 的值设置为 0 时，若 Width 和 Height 的值相等为正方形，不等则为矩形。

若 Width 和 Height 的值相等，则当 Curvature 的值由 1 变化到 99 时，将由正方形逐渐变化为圆；若 Width 和 Height 的值不相等，则当 Curvature 的值由 1 变化到 99 时，将由矩形逐渐变化为椭圆。

对于在表单中添加的各种形状，还可以通过 BorderColor 属性设置其边框颜色，通过 BackColor 属性设置其背景颜色。

4. 图像

图像（Image）控件用来在表单上添加由图像文件生成的图像，图像文件的类型可以是.BMP、.ICO、.GIF 和.JPG 等。

在表单上添加图像的步骤为：单击"表单控件"工具栏上的"图像"按钮，然后在表单中单击，即创建了一个默认名为 Image1 的图像控件。然后在"属性"窗口内为该控件的 Picture 属性指定一个图像文件（如指定 fox.bmp），该图像（例如狐狸头）随即显示在表单中的图像控件处。

9.4.2　文本框与编辑框

1. 文本框与编辑框的区别

表单中的文本框（TextBox）与编辑框（EditBox）都可以由用户直接输入和编辑数据。此外，文本框与编辑框都具有 Value 属性，通过对它们 Value 属性的设置，也可以改变文本框或编辑框内显示的内容。

二者的主要区别是：文本框只能供用户输入一段数据，数据类型可以为字符型（默认类型）、数值型、日期性、逻辑型；而编辑框可以供用户输入多段数据（所以编辑框通常有垂直滚动条），且数据类型只能为字符型。

2. 文本框与编辑框生成器

在表单中添加若干控件后，除了可以通过属性窗口为每个控件设置各种属性外，有时也可以通过生成器为其设置属性。事实上，生成器是为用户设置属性提供的一个向导，但使用生成器只能设置常用的属性，而不能设置所有属性。

文本框的生成器与编辑框的生成器大同小异，下面以文本框的生成器为例来说明生成器的使用方法。

按"表单控件"工具栏上的"生成器锁定"按钮，然后在表单上添加文本框控件，此时 Visual FoxPro 就会自动打开文本框生成器。该生成器包含"格式"、"样式"和"值"三个选项卡，其中的"格式"选项卡如图 9-20 所示。

"格式"选项卡包含两个下拉列表框和 6 个复选框。用户可在其中的"数据类型"下拉列表框中，选定文本框内数据的类型；在"在运行时启用"复选框中，指定表单运行时该文本框是否可用；在"使其只读"复选框中指定是否禁止用户修改文本框的内容；在"输入掩码"下拉列表框中，选定或设置输入掩码字符串，以定制数据的输入格式。

文本框生成器的"样式"选项卡如图 9-21 所示。在该选项卡中可以设置文本框的外观效果、有无边框和框中文字的对齐方式等。

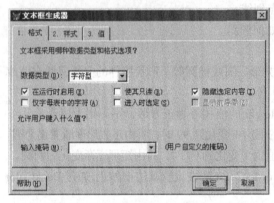

图 9-20 文本框生成器的"格式"选项卡　　　　图 9-21 文本框生成器的"样式"选项卡

文本框生成器的"值"选项卡中有一个"字段名"下拉列表框，可用来选定数据表或视图中的字段（下拉列表框中可供选择的字段是由数据环境提供的），被指定的字段将用来存储该文本框中的内容。

各选项卡的有关内容设置完毕后，单击"确定"按钮关闭生成器，所设置的各种文本框属性即可在表单中生效。

【例 9-5】 设计一个如图 9-22 所示的"日期与时间"表单，只含一个文本框，逐次单击之，即可轮流显示日期或时间。

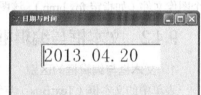

图 9-22 "日期与时间"表单

设计步骤如下。

① 打开表单设计器。

② 从表单控件工具栏中拖入一个文本框 Text1。

③ 将该表单 Form1 的 Caption 属性设置为"日期与时间"。

④ 编写表单 Form1 的 Load 事件代码为：

```
PUBLIC i
i=.T.
```

⑤ 设置文本框 Text1 的属性：

```
FontSize 为 28
BackStyle 为 1
```

⑥ 编写文本框 Text1 的 Click 事件代码：

```
IF i=.T.
    Thisform.Text1.Value=DATE()
```

```
      Thisform.Text1.DateFormat=12
      Thisform.Text1.DateMark="."
      i=.F.
ELSE
      Thisform.Text1.Value=TIME()
      i=.T.
ENDIF
```

⑦ 保存与运行此表单。

9.4.3 列表框与组合框

1. 列表框与组合框的区别

表单中的列表框（ListBox）与组合框（ComboBox）都有一个供用户选择的列表，二者的主要区别是：列表框任何时候都显示它的列表；而组合框通常只显示一项内容，当用户单击其右侧的向下按钮时才显示出可滚动的下拉列表。

对于组合框而言，又有下拉组合框和下拉列表框之分。当组合框的 Style 属性值为 0 时，为允许输入数据项的下拉组合框；当组合框的 Style 属性值为 2 时，为仅允许选择框内数据项的下拉列表框。

2. 列表框与组合框生成器

可用生成器来设置列表框或组合框的各项主要属性，列表框生成器与组合框生成器是类似的，下面以列表框生成器为例来加以简单说明。

按下"表单控件"工具栏上的"生成器锁定"按钮，然后在表单上添加列表框控件，此时 Visual FoxPro 就会自动打开列表框生成器。该生成器包含"列表项"、"样式"、"布局"和"值"四个选项卡，其中的"列表项"选项卡如图 9-23 所示。

"列表项"选项卡用于指定填充到列表框中的列表项，它们可以是表或视图中的字段值、手工输入的数据或内存数组中的值。如果在"用此填充列表"框中选定"表或视图中的字段"，则可在其下方选定具体的表或视图，然后在"可用字段"框中将选定的字段移到"选定字段"框中，被选定的字段将被用来填充所设计的列表框中的列表项。如果在"用此填充列表"框中选定"手工输入数据"，此时将显示如图 9-24 的选项卡，允许用户在下方的表格中手工输入数据作为列表框中列表项的内容。

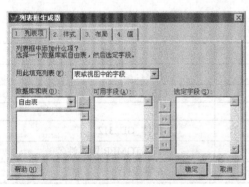

图 9-23 列表框生成器

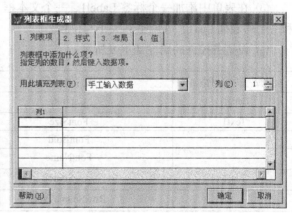

图 9-24 手工输入列表项

"样式"选项卡用来设置列表框的外观效果，包括选择"三维"或"平面"效果、指定可显示的列表行数，以及指定"是否允许递增搜索"等。

"布局"选项卡含有一个复选框和一个表格，用来控制列表框的列宽和显示。

"值"选项卡包含两个组合框，分别用来指定返回值及存储返回值的字段。

3. 列表框与组合框的数据源

通过对列表框或组合框的 RowSourceType 属性和 RowSource 属性进行设置，可以将不同数据源中的数据自动添加到列表框或组合框中。RowSourceType 属性用于指定数据源的类型，即数据来自何处。RowSource 属性则用来指定具体的数据源内容。表 9-2 列出了列表框或组合框的 RowSourceType 属性值及其对应的数据源类型，供用户参考。

表 9-2　　　　　　　　　　　　列表框或组合框的数据源类型

RowSourceType	数据源类型	说　明
0	无	缺省值，由程序向列表中添加列表项
1	值	由 RowSource 中用逗号分隔的数据项来作为列表项
2	别名	由 RowSource 中指定的数据表中的各字段来作为列表项
3	SQL 语句	由 RowSource 中指定的 SELECT 选出的记录来作为列表项
4	查询文件	由 RowSource 中指定的一个.QPR 文件中的各项来作为列表项
5	数组	由 RowSource 中指定的数组中的各项作为列表项
6	字段	由 RowSource 中用逗号分隔的字段列表来作为列表项
7	文件	由 RowSource 中指定的文件夹中的各文件名作为列表项
8	结构	由 RowSource 中指定的数据结构中的各项作为列表项

【例 9-6】　设计一个表单（见图 9-25），将顾客表 customer.dbf 中所有记录的姓名显示在一个列表框中，而在此列表框中选中的姓名将会自动显示在左边的文本框中。

设计步骤如下。

① 打开表单设计器。

② 执行"显示"菜单中的"数据环境"命令，将顾客表 customer.dbf 加入表单的数据环境。

③ 在表单中添加一个标签 Label1、一个文本框 Text1和一个列表框 List1，并调整其大小与位置。

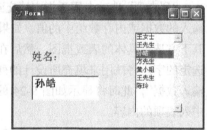

图 9-25　列表框应用示例

④ 设置各控件的属性如下表所示：

控件名称	属 性 名	设 置 值
Label1	Caption	姓名：
Text1	FontSize	16
	FontBold	.T.
	FontName	楷体_GB2312
List1	RowSource	CUSTOMER.顾客姓名
	RowSourceType	6-字段

⑤ 编写 List1 的 InteractiveChange 事件代码如下：

```
ThisForm.Text1.Value=This.Value
```

⑥ 保存并运行此表单。

9.4.4　命令按钮与命令按钮组

1. 命令按钮

表单中的命令按钮（Command Button）常用于完成某个特定的控制操作，其操作代码通常就是为其 Click 事件编写的程序代码。

命令按钮的外观与其属性设置有关，这些属性包括 Caption、AutoSize、FontSize、FontName、FontBold、FontItalic 和 WordWrap 等。命令按钮没有 BackStyle 属性。

Visual FoxPro 允许在命令按钮的标题中增加热键提示，方法是在其 Caption 属性值中增加"\<"符号和某个热键字符。例如，某命令按钮的 Caption 属性值设置为"退出\<Q"，则该按钮的标题除"退出"外，还会有一个带下划线的字母 Q。在执行该表单时，按一次键盘上的 Alt+Q 组合键与单击此按钮的效果是相同的。

2. 命令按钮组

命令按钮组（CommandGroup）控件同时是一种容器对象，它可以包含若干个命令按钮，并统一管理它们。

使用生成器可方便地对命令按钮组的各种属性进行设置，方法是用鼠标右键单击表单中的命令按钮组，然后在弹出的快捷菜单中执行"生成器"命令，即可打开如图 9-26 所示的"命令组生成器"对话框。

命令按钮组在刚创建时，默认包含两个命令按钮。用户可在"命令组生成器"的"按钮"选项卡中重新设置命令按钮的个数，并可在其下方表格的"标题"列中指定每个按钮的标题。如果需要在按钮上显示图形，则可在"按钮"选项卡"图形"列的相应单元格中指定图形文件的路径及文件名。

图 9-26　"命令组生成器"对话框

在"命令组生成器"的"布局"选项卡中，可指定按钮组中的各个按钮是水平排列还是垂直排列，并可指定各按钮之间的间隔及按钮组的边框样式。

命令按钮组既是一个控件对象，又是一个容器对象。若要单独为按钮组中的某一个命令按钮编辑命令，必须先激活命令按钮组。方法是：右键单击该命令按钮组，在弹出的快捷菜单中执行"编辑"命令，命令按钮组四周出现彩色虚框即表示已被激活。此时即可单击其中某个命令按钮将其选定，进而单独改变这个按钮的大小或位置等。编辑完成后，在命令按钮组外任意位置单击，即可退出按钮组激活状态。

在表单内使用命令按钮组时，若单击组内的某个按钮将触发整个按钮组的 Click 事件，那么将如何判别单击的是哪一个按钮呢？事实上，当单击组内某个按钮时，命令按钮组的 Value 属性就会获得一个该按钮在组内的序号值，根据这个 Value 属性值就可判别出单击的是哪一个按钮，从而完成该按钮对应的操作。

【例 9-7】 已知定期存款满一年后的月利率为 2.5‰，满两年后的月利率为 2.8‰，满三年后的月利率为 3.2‰，不足一年的月利率为 1.8‰。设计一个表单，要求根据输入的存款本金和存期（月），单击"计算"按钮即可显示到期后应得的本息和（精确到小数点后两位），如图 9-27 所示。

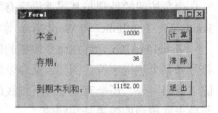

图 9-27　计算存款额表单

设计步骤如下。

① 用命令方式或菜单方式启动表单设计器。

② 添加 3 个标签、3 个文本框和 3 个命令按钮，并调整其位置和大小。

③ 为各控件设置属性如下：

控 件 名 称	属 性 名	设 置 值
Label1	Caption	本金：
	FontSize	12
	AutoSize	.T.
Label2	Caption	存期：
	FontSize	12
	AutoSize	.T.
Label3	Caption	到期本利和：
	FontSize	12
	AutoSize	.T.
Command1	Caption	计算
Command2	Caption	清除
Command3	Caption	退出

④ 编写文本框 Text1、Text2、Text3 的 Init 事件代码如下：

```
This.Value=0
```

⑤ 编写 Command1 的 Click 事件代码如下：

```
x=ThisForm.Text1.Value
y=ThisForm.Text2.Value
DO CASE
    CASE y>=36
        rate=3.2
    CASE y>=24
        rate=2.8
    CASE y>=12
        rate=2.5
    OTHER
        rate=1.8
ENDCASE
ThisForm.Text3.Value=x+ROUND(x*y*rate/1000,2)
```

⑥ 编写 Command2 的 Click 事件代码如下：

```
ThisForm.Text1.Value=0
ThisForm.Text2.Value=0
ThisForm.Text3.Value=0
ThisForm.Text1.SetFocus
```

⑦ 编写 Command3 的 Click 事件代码如下：

```
ThisForm.Release
```

9.4.5　复选框与选项按钮组

复选框（CheckBox）又称为多选框，选项按钮组（OptionGroup）又称单选框。复选框是一个简单的控件，而选项按钮组则可以包含多个选项按钮。与命令按钮组类似，选项按钮组既是一个控件又是一个容器。

1. 复选框

复选框只有被选定与未被选定两种状态。当复选框处于选中状态时其 value 值为 1，否则为 0。此外，Visual FoxPro 允许复选框有以下三种不同的外观。

● 方框：当复选框的 Style 属性值设置为 0 时，其外观为默认的方框。此种复选框被选定时，方框内将出现"√"标志。

● 文本按钮：当复选框的 Style 属性值设置为 1，而 Picture 属性未加设定时，其外观为文本按钮。此种复选框被选定时，文本按钮呈按下状态。

● 图形按钮：当复选框的 Style 属性值设置为 1，并为 Picture 属性指定某个图形文件时，其外观为图形按钮。此种复选框被选定时，图形按钮呈按下状态。

2. 选项按钮组

选项按钮组中通常包含多个按钮，当其中的一个按钮被选定时，其他按钮则都会变成未选定状态。选项按钮的标准样式是一个圆圈，被选定时圆圈内将出现一个圆点。与命令按钮组中的命令按钮一样，选项按钮的外观也可以设置为图形按钮形式。

可以调用"选项组生成器"对选项按钮组的各种属性进行设置，在"选项组生成器"的"按钮"选项卡中可指定按钮的个数及各个按钮的标题，在"布局"选项卡中指定各按钮的排列方式，在"值"选项卡中设置选项按钮组与数据环境中指定字段的绑定等。

与命令按钮组类似，若要单独编辑选项按钮组中的某一个选项按钮，必须先用右键单击该选项按钮组，在弹出的快捷菜单中执行"编辑"命令将其激活后方可进行。

与命令按钮组相类似的还有一点，当单击组内某个按钮时，选项按钮组的 Value 属性就会获得一个该按钮在组内的序号值，因此根据这个 Value 属性值就可以判别出单击的是哪一个选项按钮。选项按钮组默认的 Value 属性值为 1。

【例 9-8】　如图 9-28 所示，设计一个能选择三个数据表中的任意一个进行浏览或编辑的表单。

设计步骤如下。

① 用命令方式或菜单方式启动表单设计器。

② 从表单控件工具栏拖入一个标签、一个选项按钮组、一个复选框和一个命令按钮组并调整其位置和大小。

图 9-28　选择浏览或编辑的表

③ 在数据环境中加入顾客表 customer.dbf、订单表 order.dbf 和商品表 product.dbf 三个数据表。

④ 为各控件设置属性如下：

Form1	Caption	维护数据表
Label1	Caption	请选择要维护的数据表：
Check1	Caption	编辑
Command1	Caption	确定
	Default	.T.
Command2	Caption	退出
Optiongroup1	Value	1

⑤ 设置选项按钮组：打开选项按钮组 Optiongroup1 右键菜单，执行"生成器"命令，在"选项组生成器"的"按钮"选项卡中设置按钮数为 3。将标题列中的 3 项标题分别设定为"customer"、"order"、"product"。在"布局"选项卡中设定按钮间隔和"垂直"布局。

⑥ 编写 Optiongroup1 的 Click 事件代码如下：

```
DO CASE
   CASE This.Value=1
      SELECT customer
   CASE This.Value=2
      SELECT order
   CASE This.Value=3
      SELECT pruduct
ENDCASE
```

⑦ 编写 Command1 的 Click 事件代码如下：

```
IF ThisForm.Check1.Value=1
   BROWSE
ELSE
   BROWSE NOMODIFY NOAPPEND NODELETE
ENDIF
```

⑧ 编写 Command2 的 Click 事件代码如下：

```
ThisForm.Release
```

此表单运行时，用户若在选中"编辑"复选框的情况下单击"确定"按钮，则显示出选定的数据表供浏览和修改；否则显示的表格只供浏览，不允许对表中的记录进行修改、追加或删除。

9.4.6 微调控件

微调控件又叫作微调按钮或数码器（Spinner），在表单中用来接收给定范围内的数值输入。它既可以直接接收键盘的数字输入，也可以用鼠标单击该控件的上、下两个箭头按钮来增减其当前值。与微调控件有关的一些主要属性如下。

Value：微调控件的当前值。

KeyboardHighValue：指定键盘输入数值的上限。

KeyboardLowValue：指定键盘输入数值的下限。

SpinnerHighValue：指定单击上、下箭头按钮增减数值的上限。

SpinnerLowValue：指定单击上、下箭头按钮增减数值的下限。

Increment：指定每单击一次上、下箭头按钮的增减数值。

【例 9-9】　微调控件应用示例。如图 9-29 所示，设计一个可实现用微调控件来控制形状的曲率的表单，单击"退出"按钮关闭本表单。

图 9-29　微调控件应用示例

设计步骤如下。

① 在命令窗口执行"CREATE FORM"命令，启动表单设计器。

② 从表单控件工具栏中拖入一个形状 Shape1、一个命令按钮 Command1 和一个微调控件 Spinner1 到表单中，并调整它们的大小和位置。

③ 设置各控件属性如下表：

控 件 名 称	属 性 名	设 置 值
Command1	Caption	退出
	FontSize	12
Shape1	FillColor	128,255,0
	Fillstyle	7——对角交叉
Spinner1	SpinnerHighValue	99
	SpinnerLowValue	0
	Increment	5
	FontSize	16

以上各属性值设置完成后，屏幕显示设计中的表单如图 9-30 所示。

④ 编写 Command1 的 Click 事件代码如下：

```
ThisForm.Release
```

⑤ 编写 Spinner1 的 InteractiveChange 事件代码如下：

```
ThisForm.Shape1.Curvature=This.Value
```

9.4.7　计时器

在表单中设置计时器（Timer）控件，能在到达设定的时间间隔时自动执行控件 Timer 的事件代码。计时器控件在表单设计器中显示为一个小的时钟图标，在表单运行时则不可见，因此常被用来作一些后台处理。

使用计时器控件的三个要素如下。

Timer 事件代码：用来设定该事件触发时要执行的动作。

Interval 属性：表示触发 Timer 事件的时间间隔，单位为毫秒。

Enabled 属性：默认值为.T.，表示在加载表单时计时器就开始工作，也可以在其他事件代码中将此属性设置为.T.来启动计时器。Enabled 属性值设置为.F.时，该计时器停止计时，待该属性值为.T.时再继续计时。

【例 9-10】　计时器应用示例。如图 9-31 所示，在创建的表单上部设计一个向左移动的字幕（齐鲁工业大学），在下部设计一个显示当前时间的数字时钟。

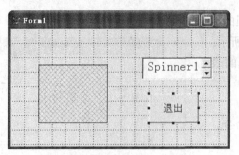

图 9-30 微调控件设计中的表单　　　　图 9-31 计时器应用示例

设计步骤如下。

① 在命令窗口执行"CREATE　FORM"命令，启动表单设计器。

② 添加两个标签 Label1 和 Label2，放到表单中的合适位置并调整其大小。再添加两个计时器 Timer1 和 Timer2（计时器位置任意，在表单执行时见不到计时器）。

③ 设置各控件属性如下表：

控件名称	属性名	设置值
Label1	Caption	齐鲁工业大学
	AutoSize	.T.
	Fontsize	28
	BackStyle	0——透明
Label2	AutoSize	.T.
	FontItalic	.T.
	BackStyle	0——透明
Timer1	Interval	200
Timer2	Interval	1000

　　Timer1 的 Interval 属性值设置为 200，是 Label1 的移动周期；Timer2 的 Interval 属性值设置为 1000，是 Label2 的刷新周期。以上各属性值设置完成后，屏幕显示设计中的表单，如图 9-32 所示。

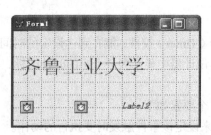

图 9-32 计时器设计中的表单

④ 编写 Timer1 的 Timer 事件代码如下：

```
IF ThisForm.Label1.Left+ThisForm.Label1.Width<0
    ThisForm.Left= ThisForm.Width
ELSE
    ThisForm.Label1.Left=ThisForm.Label1.Left-10
ENDIF
```

⑤ 编写 Timer2 的 Timer 事件代码如下：

```
IF ThisForm.Label2.Caption!=Time()
    ThisForm.Label2.Caption=Time()
ENDIF
```

9.4.8 表格

表格（Grid）控件可用来在表单或页框中显示或修改数据表中的记录。表格也是一种容器类对象，一个表格可由若干个列（Column）组成，而一个列则由列标题（Header）和列控件（如文本框）组成。

1. 由数据环境创建表格

例如，若要在表单中创建订单表表格，打开表单设计器窗口后，可先在数据环境中添加 order.dbf 数据表，然后用鼠标将该表由数据环境窗口拖放到表单窗口，在表单窗口随即产生一个表格，表格中自动填入了 order.dbf 数据表中的字段与记录内容。该表单运行后的结果如图 9-33 所示。

2. 用表格生成器创建表格

从表单控件工具栏中拖入一个"表格"到表单中，然后用鼠标右键单击此表格，在弹出的快捷菜单中执行"生成器"命令，将出现如图 9-34 所示的"表格生成器"对话框。在表格生成器中可方便地设置表格属性，并对表格进行修改和设计。

图 9-33 表单中创建的表格

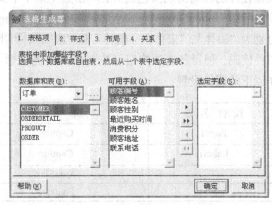

图 9-34 "表格生成器"对话框

在"表格生成器"的"表格项"选项卡中，可选取一个数据库表或自由表，也可以是一个视图，然后指定要在表格中显示的字段。

在"表格生成器"的"样式"选项卡中选取一种表格的显示样式，包括专业型、标准型、浮雕型或财务型等。

在其中的"布局"选项卡中，可重新指定表格中各列的标题和列控件的类型等。

在其中的"关系"选项卡中，可根据需要创建一个一对多表格并指定各个表格之间的关系。

9.4.9 页框与容器

1. 页框

页框（PageFrame）是可以包含多个页面（Page）的容器类控件，在表单上添加页框控件可用来生成含有多个选项卡的对话框等。

在一个表单中可以创建多个页框，在一个页框内可包含多个页面，而在每个页面中又可以添加若干个控件。往页面中添加控件时，必须先激活页框，并在选定要添加控件的页面后再进行添加。若未激活页框而添加控件，则添加的内容实际上只是在页框外的表单中。

页框的主要属性包括以下几个。

PageCount：指定页框中所含页面的数目。

TabStyle：指定页框的选项卡是 Justified 还是 Non-Justified。

ActivePage：指定页框中活动页的页码。

TabStretch：默认值为 1，表示以单行显示所有的页面标题（若位置不够，仅显示部分页面标题）。当指定为 0 时，表示以多行显示所有的页面标题。

Tabs：设定是否指定页面标题。

【例 9-11】 页框应用示例。设计一个含有"字体"、"字号"和"字形"三个选项卡的表单，可分别对文字的格式进行设置。

设计步骤如下。

① 在命令窗口执行"CREATE FORM"命令，启动表单设计器。

② 通过"表单控件"工具栏在表单中添加一个页框控件 PageFrame1，并将其 PageCount 属性指定为 3，此时页框中将出现 3 个页面。

③ 设置第 1 个页面 Page1：右键单击页框控件，在弹出的快捷菜单中选择"编辑"命令，待页框控件的四周出现淡色边界，单击选中第 1 个页面，在其中分别添加一个标签 Label1 和一个选项按钮组 OptionGroup1。设置选项按钮组 Optiongroup1：指定其按钮数目为 4 个，各按钮的标题分别为"黑体"、"宋体"、"楷体"和"隶书"，再指定为"水平"布局；编写 Optiongroup1 的 Click 事件代码，使得各选项按钮可控制 Label1 的标题文字的字体。最后，调整各控件的位置和大小并作以下的属性设置：

控 件 名 称	属 性 名	设 置 值
Page1	Caption	字体
Label1	Caption	选择文字字体示例
	AutoSize	.T.
	Fontsize	18

④ 设置第 2 个页面 Page2：在页框中选中第 2 个页面，在其中分别添加一个标签 Label1 和微调按钮 Spinner1。编写 Spinner1 的 InteractiveChange 事件代码，使得单击微调按钮可控制 Label1 标题文字的大小。最后调整各控件的位置和大小并作以下的属性设置：

控 件 名 称	属 性 名	设 置 值
Page2	Caption	字号
Label1	Caption	改变文字大小示例
	AutoSize	.T.
	Fontsize	18
Spinner1	Increment	5
	FontSize	16

⑤ 设置第 3 个页面 Page3：在页框中选中第 3 个页面，在其中分别添加一个标签 Label1 和两个复选框 Check1 和 Check2。编写 Check1 和 Check2 的 Click 事件代码，使得单击这两个复选框

可分别控制 Label1 标题文字的字形。最后调整各控件的位置和大小并作以下的属性设置:

控 件 名 称	属 性 名	设 置 值
Page3	Caption	字形
Label1	Caption	改变文字字形示例
	AutoSize	.T.
	Fontsize	18
Check1	Caption	粗体
Check2	Caption	斜体

图 9-35   页框中的第 1 个页面

图 9-36   页框中的第 3 个页面

⑥ 保存并运行表单。运行所创建的表单后,第 1 张和第 3 张选项卡的运行效果分别如图 9-35 与图 9-36 所示。

2. 容器

容器(Container)控件与前面介绍的命令按钮组、选项按钮组、表格、页框等容器类控件不同。例如,命令按钮组内只能包括命令按钮、选项按钮组只能包含单选按钮,而这里所说的容器控件则可以包含不同类型的控件,包括其他容器。在表单中使用 Container 容器控件的好处在于,可将容器内包含的所有控件作为一个整体来处理。

与在表单中创建其他控件一样,Container 容器可用表单控件工具栏中的"容器"按钮创建。然而,在向 Container 容器内添加控件时,则必须先激活 Container 容器,即用右键单击容器,在弹出的快捷菜单中执行"编辑"命令,待 Container 容器四周出现浅色边框时再利用表单控件工具栏中的按钮向其中添加控件。

需要注意的是,向 Container 容器内添加的控件必须是新建的,如果将表单中已有的控件拖放到 Container 容器内是无效的。因为此时放入的控件看起来是在容器内,而实际上仍不属于该容器。

9.4.10   ActiveX 控件与 ActiveX 绑定控件

ActiveX 是 MicroSoft 公司的一组技术标准,所谓 ActiveX 控件就是符合 ActiveX 标准的控件。本章前面介绍的控件只是 ActiveX 控件中常用于 Visual FoxPro 界面的一小部分。为了在 Visual FoxPro 的程序设计中利用更多的 ActiveX 控件,在表单设计工具栏中设置了一个名为 OleControl 的 ActiveX 控件按钮和名为 OleBoundControl 的 ActiveX 绑定控件按钮。利用这两个按钮,用户可在表单中插入 Visual FoxPro 原来没有包括的 ActiveX 控件,或直接插入一个 OLE 对象。

1. ActiveX 控件

在表单控件工具栏中选择 ActiveX 控件并向表单中添加该控件时,将自动打开一个"插入对象"对话框,如图 9-37 所示。

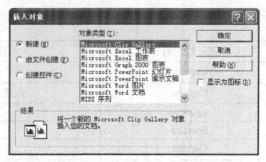

图 9-37 "插入对象"对话框

在"插入对象"对话框中，若选定"新建"单选按钮，可以新建一个 OLE 对象插入到表单中；若选定"由文件创建"单选按钮，可以指定一个磁盘文件作为 OLE 对象插入表单中；若选定"创建控件"单选按钮，则表示将一个 ActiveX 控件添加到表单中。

【例 9-12】 ActiveX 控件应用示例。创建如图 9-38 所示的"我的电子日历"表单，它可以显示 1900 年到 2100 年之间任意年月的日历。

设计步骤如下：

① 打开表单设计器，设定当前表单的 Caption 属性为"我的电子日历"。

② 在"表单控件"工具栏中选定 ActiveX 控件按钮，单击表单下部某处。

③ 在弹出的"插入对象"对话框中选定"创建控件"单选按钮，在"控件类型"列表框中选定"日历控件 11.0"控件，单击"确定"按钮后即在表单中插入了一个名为 OleControl1 的日历控件。

④ 按自己的喜好调整好日历的大小和位置。

⑤ 将设计好的表单存盘并运行。

2. ActiveX 绑定控件

Visual FoxPro 数据表中的通用型字段可以包含各种 OLE 对象，即可包含其他应用程序中的文本、声音、图像和视频等多媒体数据。若将该通用型字段与表单中的 ActiveX 绑定控件进行绑定，就能在表单中显示通用型字段中的 OLE 对象，并可随时调用创建这些对象的应用程序，对这些对象进行编辑修改。

在设计表单时，表单上添加的一个 ActiveX 绑定控件显示为一个含有对角线的方框，用户可根据需要改变其大小，从而实现在表单运行时对框内文本、声音、图像和视频对象显示大小的控制。

将某个通用型字段与表单中的 ActiveX 绑定控件进行绑定的方法是，在该控件的 Control Source 属性中指定所要绑定的通用字段名。

【例 9-13】 ActiveX 绑定控件应用示例。创建如图 9-39 所示的表单，它可以控制浏览 product.dbf 表中的商品及对应照片。

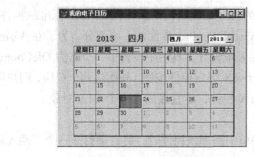

图 9-38 ActiveX 控件应用示例

图 9-39 ActiveX 绑定控件应用示例

设计步骤如下：

① 打开表单设计器，在其数据环境中加入商品表 product.dbf。

② 通过 "表单控件" 工具栏在表单中添加一个文本框 Text1，并调整好它的大小和位置，设定文本框的 ControlSource 属性为 product.商品名称。

③ 添加一个 Active X 绑定控件 Oleboundcontrol1，调整该控件的大小与位置，然后将该控件与对应的字段数据绑定，即指定其 ControlSource 属性为 product.商品照片。

④ 在表单右侧添加一个命令按钮组 Commandgroup1。

在命令按钮组 Commandgroup1 的 "属性" 窗口中设定 Buttoncount 属性值为 4，此时将出现 4 个命令按钮。将各按钮拖放到适当位置，并将各按钮的 Caption 属性值分别设定为 "第一个"、"上一个"、"下一个" 和 "最后一个"。

⑤ 双击 "第一个"、"上一个"、"下一个" 和 "最后一个" 按钮，设定其 Click 事件代码。具体的操作由读者完成（可以参看 "应用系统开发" 一章）。

⑥ 将设计完成的表单存盘后加以执行。

习　题

一、单选题

【1】在表单内可以包含的各种控件中，下拉列表框的缺省名称为_____。

  A．Combo   B．Command

  C．Check   D．Caption

【2】以下有关 Visual FoxPro 表单的叙述中，错误的是_____。

  A．所谓表单就是数据表清单

  B．在表单上可以设置各种控件对象

  C．Visual FoxPro 的表单是一个容器类的对象

  D．Visual FoxPro 的表单可用来设计类似于窗口或对话框的用户界面

【3】在表单中加入一个复选框和一个文本框，编写复选框 Check1 的 Click 事件代码为：Thisform.Text1.Visible=This.Value，则当单击复选框后，_____。

  A．文本框可见

  B．文本框不可见

  C．文本框是否可见由复选框的当前值决定

  D．文本框是否可见与复选框的当前值无关

二、填空题

【1】在命令窗口中执行_____命令，可打开表单设计器窗口。将设计好的表单存盘时，将产生扩展名为_____和_____的两个文件。

【2】在一个表单对象中添加了两个按钮 Command1 和 Command2，若要求单击每个按钮将会作出不同的操作，必须为这两个按钮编写的事件过程名称分别是_____和_____。

【3】在上题中，如果程序运行时单击 Command1 按钮，表单的背景变为蓝色，则其 Click 事件过程中的相应命令应是_____；单击 Command2 按钮，该按钮变为不可见，则其 Click 事件

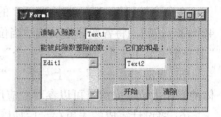

过程中的相应命令应是_____。

【4】对于表单中的标签控件，若要使该标签显示指定的文字，应对其_____属性进行设置；若要使指定的文字自动适应标签区域的大小，则应将其_____属性设置为逻辑真值。

【5】表单中的_____控件可用来创建多页面表单，该控件的_____属性可用来设置页面的个数。

三、思考题

【1】简述表单的作用。

【2】常用的表单事件有哪些？

【3】常用的表单方法有哪些？

【4】请说明"文本框"与"编辑框"的区别。

【5】请说明"列表框"与"组合框"的区别。

【6】请说明数据环境及其作用。

图 9-40　计算表单

四、操作题

【1】设计一个表单完成如图 9-40 所示的功能：若在 Text1 中输入一个除数（整数），然后点击"开始"按钮，就能求出 1～300 之间能被此除数整除的数（整数）及这些数之和，并将结果分别在 Edit1 和 Text2 中输出。若单击"清除"按钮，则可清除 Text1、Edit1 和 Text2 中的内容。

【2】设计一个如图 9-41 所示的表单，对随意输入其文本框中的文字，可选择不同字体进行显示。

【3】如图 9-42 所示，设计一个可实现用微调控件来控制标签文字的大小的表单，单击"退出"按钮关闭本表单。

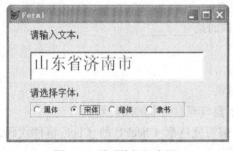

图 9-41　选项按钮组应用

图 9-42　微调控件应用

【4】设计一个华氏温度和摄氏温度相互转换的程序。要求输入一个华氏温度即可得到相应的摄氏温度，而输入一个摄氏温度即可得到相应的华氏温度。计算公式为，摄氏转华氏：华氏=摄氏*9/5+32；华氏转摄氏：摄氏=（华氏−32）*5/9。

第10章
菜单设计及应用

一个应用程序的各种功能通常是以菜单的形式供用户选择调用的，用户在使用一个新的应用程序时，首先会浏览程序的菜单来了解程序的使用。因此设计一个完善的菜单系统是用户接受并迅速掌握应用程序使用方法的关键。用户可以采用编程的方法设计各种菜单，也可以利用 Visual FoxPro 提供的菜单设计器可视化地进行菜单的设计。Visual FoxPro 6.0 支持的菜单有下拉式菜单和快捷菜单两种。

10.1　菜单设计概述

菜单为用户提供了一个方便、快捷地访问应用程序的途径。用户可以通过菜单命令实现对应用程序的操作。菜单的实现可以通过两种途径，其一是使用系统菜单，方便、设计简单，但功能并不如我们所愿；其二是自定义的菜单。

10.1.1　Visual FoxPro 支持的菜单类型

Visual FoxPro 6.0 支持的菜单有两种：下拉式菜单和快捷菜单。

常规的菜单系统一般是一个下拉式菜单，由一个条形菜单和一组弹出式菜单组成。其中条形菜单作为主菜单，弹出式菜单作为子菜单。当选择一个条形菜单选项时，激活相应的弹出式菜单。而快捷菜单一般由一个或一组上下级的弹出式菜单组成。

无论是哪种类型的菜单，它们都在屏幕上显示一组菜单选项供用户选择。用户选择其中的某个选项时都会有一定的动作。这个动作可以是下面任意一种情况：执行一条命令、执行一个过程或激活另一个菜单。

每一个菜单选项都可以有选择地设置一个热键和快捷键。热键通常是一个字符，当菜单被激活时，可以按菜单项的热键快速选择该菜单项。快捷键通常是 Ctrl 或 Alt 和另一个字符键组成的组合键。不管菜单是否被激活，都可以通过快捷键选择相应的菜单选项。

Visual FoxPro 系统菜单是一个典型的菜单系统，其主菜单是一个条形菜单。主菜单上常见的选项有文件、编辑、显示、工具、程序、窗口及帮助等。如果打开了数据库设计器，系统菜单还增加了"数据库"这样一个条形菜单项，如图 10-1 所示。单击"数据库"按钮，打开条形菜单"数据库"的弹出式菜单。

Visual FoxPro 系统的快捷菜单也很常见，当右键单击数据库设计器中两个表的永久关系线后，就打开了图 10-2 所示的快捷菜单"永久关系编辑"。

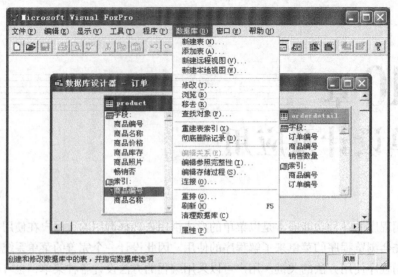

图 10-1　下拉式菜单——Visual FoxPro 的系统菜单

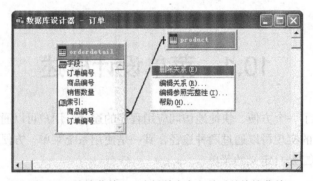

图 10-2　快捷菜单——右键单击永久关系的快捷菜单

10.1.2　创建菜单遵循的原则

为了高效而全面地创建出一个方便合理的菜单，进行菜单设计时，要遵循以下原则：

● 在确定菜单系统的层次结构时，根据用户的执行任务来组织菜单的结构，而不是按照应用程序的层次来组织结构。

● 在为菜单、菜单项命名时，名称要具有一定意义，并设置相关的简短提示，以提示本菜单的命令功能，方便用户选择使用。

● 确定菜单项的顺序时，根据使用频率和逻辑关系来排列菜单，提高查看速度。

● 对菜单进行分组，并在各逻辑组之间用分隔线分隔。

● 为菜单和菜单项设置访问键和快捷键。

10.1.3　创建菜单的方法

在 Visual FoxPro 中，可以利用菜单设计器来设计并生成下拉式菜单与快捷菜单。若想从已有的 Visual FoxPro 系统菜单开始创建菜单，可以使用 Visual FoxPro 的快速菜单功能。

另外，还可以使用编程方式创建菜单。创建下拉式菜单涉及的命令有 DEFINE MENU、DEFINE PAD、ON SELECTION PAD、ACTIVATE MENU 等，而创建快捷菜单涉及的命令有 DEFINE

POPUP、DEFINE BAR、ON BAR、ACTIVATE POPUP 等。

不管是菜单设计器方式，还是编程方式，它们创建菜单的功能都是一样的。不过，由于编程方式比较复杂，现在使用者越来越少了，感兴趣的读者可以参看 MSDN。本书主要介绍如何应用菜单设计器创建菜单。

10.2 菜单的创建

菜单设计器是 Visual FoxPro 提供的一个可视化编程工具，设计者利用它可以建立应用程序的菜单系统。Visual FoxPro 提供了快捷菜单设计器和菜单设计器这两个工具，分别来创建快捷菜单和下拉菜单。由于快捷菜单和下拉菜单的创建方法和步骤类似，所以下面主要介绍下拉菜单的创建。

10.2.1 菜单设计器的启动

由于 Visual FoxPro 提供了快捷菜单设计器和菜单设计器两个工具来分别创建快捷菜单和下拉菜单，因此启动菜单设计器的时候，需要先打开"新建菜单"对话框，选择"菜单"按钮后，才能打开菜单设计器窗口界面。

1. 打开"新建菜单"对话框

下列方法之一都可打开"新建菜单"对话框，如图 10-3 所示。

● 执行"文件"菜单中的"新建"命令，在弹出的"新建"对话框中选定"菜单"，然后单击"新建文件"按钮。

● 单击"常用"工具栏上的"新建"按钮，在弹出的"新建"对话框中选定"菜单"，然后单击"新建文件"按钮。

● 在命令窗口中执行"CREATE MENU"命令。

2. 打开"设计器"窗口

图 10-3　"新建菜单"对话框

在弹出的"新建菜单"对话框中单击"菜单"按钮。打开如图 10-4 所示的菜单设计器的，同时在 Visual FoxPro 的系统菜单中会增加一个名为"菜单"的菜单，并在"显示"菜单中增加"菜单选项"和"常规选项"两个菜单项。

在图 10-3 中，如果单击"快捷菜单"按钮，还可打开快捷菜单设计器。快捷菜单设计器的窗口界面和菜单设计器的类似，这里就不给出了。

图 10-4　菜单设计器窗口

10.2.2　菜单设计器的窗口

菜单设计器被启动后，将打开如图 10-4 所示的"菜单设计器"窗口。"菜单设计器"窗口的左侧是一个列表框，该列表框的每一行可以定义一个菜单项。窗口的右侧包括"菜单级"下拉列表、"菜单项"相关按钮、"预览"按钮等，下面分别进行介绍。

1.　左侧列表框

刚刚创建的菜单，列表框中默认只包含一行菜单项。单击右侧菜单项中的"插入"和"删除"按钮，可以在列表框中增加或删除菜单项。列表框的每一行都包含了"菜单名称"、"结果"和"选项"三个列，可用来定义一个菜单项的基本属性。

（1）"菜单名称"列

在每一行的"菜单名称"列中可指定一个菜单项的名称。若在某个菜单项的名称中加上字符"\<"，可为其指定一个打开该项下拉菜单的快捷键。例如，指定某个菜单项名称为"文件(\<F)"，则按 Alt+F 组合键可快速打开该下拉菜单。

（2）"结果"列

每一行上的"结果"列用于指定选择该菜单项时应执行的动作。单击该列将出现一个下拉列表框，其中包含"命令"、"填充名称"、"子菜单"和"过程"四个选项。

若选择"命令"选项，则在其右侧出现一个文本框，用来输入一条具体的操作命令。当运行此菜单后选择此菜单项时，系统就会执行这条命令。

若选择"填充名称"选项，则在其右侧出现一个文本框，用来输入该菜单项的一个内部名称或序号。

若选择"子菜单"选项，则在其右侧出现一个"创建"或"编辑"按钮，单击"创建"或"编辑"按钮，菜单设计器将切换到子菜单页，可以为当前菜单项定义或修改其下属的各个子菜单项。此时，窗口右上角"菜单级"列表框中会显示当前子菜单项的名称，若要从子菜单页返回到主菜单页，可在"菜单级"列表框中选定"菜单栏"。

若选择"过程"选项，则在其右侧出现一个"创建"或"编辑"按钮，用来输入或修改一段程序代码。当运行此菜单后选择此菜单项时，系统就会执行这段程序代码。

（3）"创建"列

指定菜单标题、菜单项或子菜单相关的程序，初始时不出现此按钮。单击"创建"将生成过程文件，以后此按钮变为"编辑"按钮。

（4）"选项"列

每个菜单项的"选项"列上都有一个无符号按钮，单击此按钮将弹出如图 10-5 所示的"提示选项"对话框，用来定义当前菜单项的其他属性，如为菜单项指定快捷键和说明信息等。当在此对话框中进行了定义之后，按钮上就会出现一个"√"符号。

2.　右侧控件

在"菜单设计器"窗口的右侧还有 4 个命令按钮和 1 个下拉列表。

"插入"按钮用来在当前菜单项之前插入一个新的菜单项，"删除"按钮用来删除当前菜单项，而"插入栏"按钮用来在当前菜单项之前插入一个 Visual FoxPro 的系统菜单项。

单击"插入栏"按钮将弹出一个如图 10-6 所示的"插入系统菜单栏"对话框，在此对话框的列表中选取一个所需的菜单项后单击"插入"按钮，即可将选取的系统菜单项插入到"菜单设计器"窗口的当前菜单项之前。

图 10-5　"提示选项"对话框　　　　　图 10-6　"插入系统菜单栏"对话框

下拉菜单可以包括几层菜单项，使用下拉列表"菜单级"可以选择菜单的层级。在设计菜单的过程中，用户需要随时掌握菜单的设计效果，以便能及时修改。单击"预览"按钮，可观看当前设计的菜单效果。

10.2.3　菜单的创建

使用菜单设计器创建一个完整的菜单系统，通常包括下面几个步骤。

1. 规划系统

根据用户的使用有效地组织菜单结构，根据系统的功能来规划菜单的布局安排，如菜单应出现在界面何处，哪些菜单需要有子菜单等。

2. 菜单设计

在打开的"菜单设计器"窗口中，定义菜单栏的各主菜单项名称、所含的各子菜单项名称，以及各菜单项所对应的操作等。同时，利用新增的"菜单"菜单中的命令与"显示"菜单中新增的两个命令，根据需要对整个菜单作进一步的设置。

3. 保存菜单定义

将设计完成的菜单定义保存为扩展名为.MNX 的菜单文件及扩展名为.MNT 菜单备注文件。以下几种方法之一均可保存菜单定义。

● 单击"常用"工具栏上的"保存"按钮。

● 执行"文件"菜单中的"保存"命令。

● 单击"菜单设计器"窗口的"关闭"按钮，在询问"要将所做更改保存到菜单设计器中吗？"的对话框中单击"是"按钮。

● 按 Ctrl+W 组合键。

4. 生成菜单程序

在"菜单设计器"窗口处于打开的情况下，从"菜单"菜单下选择"生成"命令，生成与菜单文件同名而扩展名为.MPR 的菜单程序文件。

5. 运行菜单程序

以下两种方法之一均可运行菜单程序。

● 执行"程序"菜单下的"运行"命令，在弹出的"运行"对话框中选定要运行的菜单程序文件，然后单击"运行"按钮。

● 在命令窗口执行"DO <菜单程序文件>"命令。注意：此时菜单程序文件的扩展名.MPR不能省略。

下面我们用一个具体的示例来说明创建菜单的基本方法和步骤。

【例 10-1】 利用菜单设计器，为"商品管理系统"设计一个菜单，操作步骤如下。

① 执行"Create MENU productglxt"命令，打开"菜单设计器"窗口。

② 为"商品管理系统"设置主菜单：在"菜单设计器"窗口内输入"查询"等 5 个菜单项名称并指定其对应的"结果"项，再为"查询"菜单项设定命令内容为 messagebox("查询程序尚在开发中! ")，如图 10-7 所示。

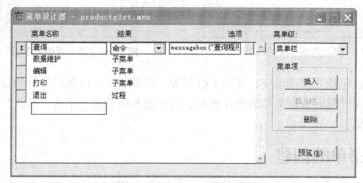

图 10-7　设置主菜单栏

③ 为"数据维护"菜单项设置子菜单项：选中该菜单项后单击出现的"创建"按钮，输入"浏览商品表"、"增加记录"和"修改记录"三个子菜单项名称，并为"增加记录"和"修改记录"菜单项指定对应的命令内容，如图 10-8 所示。

图 10-8　设置"维护数据"子菜单

④ 为"浏览商品表"菜单项编写过程代码：选中该菜单项后单击出现的"创建"按钮，在弹出的过程编辑窗口内输入如下代码：

```
USE product
BROWSE NOMODIFY NOAPPEND
CLOSE DATABASE
```

⑤ 为"浏览商品表"菜单项指定快捷键：选中该菜单项后单击其右端的"选项"按钮，在弹出的"提示选项"对话框中，单击"键标签"文本框，然后在键盘上按 Alt+L 组合键，如图 10-9所示。单击"确定"按钮后返回"菜单设计器"窗口。用同样的方法为"增加记录"和"修改记

录"菜单项指定各自的快捷键。

图 10-9　为菜单项指定快捷键

⑥ 为"编辑"菜单项设置子菜单：选中该菜单项后单击"创建"按钮，在切换后的窗口中单击"插入栏"按钮，在弹出的"插入系统菜单栏"对话框的列表中，选中"全部选定"项后单击"插入"按钮，再用同样的方法插入"粘贴"、"复制"和"剪切"项。设置完毕的子菜单结果如图 10-10 所示。

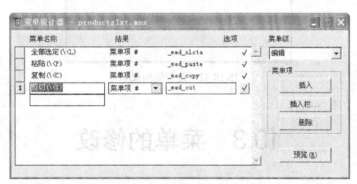

图 10-10　设置"编辑"子菜单

⑦ 为"打印"菜单项设置两个子菜单项及其相应的命令，如图 10-11 所示，其中 product 和 productkp 是事先设计好的两个报表文件。

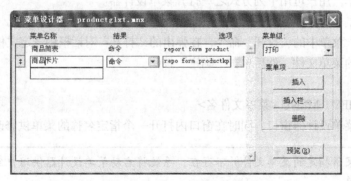

图 10-11　设置"打印"子菜单

⑧ 设置菜单程序的初始化代码：执行"显示"菜单中的"常规选项"命令，在弹出的对话框中选中"设置"复选框，单击"确定"按钮，然后在弹出的"设置"编辑窗口内键入以下代码。

```
CLEAR ALL
CLEAR
***关闭命令窗口:
KEYBOARD "{Ctrl+F4}"
***置菜单窗口标题:
MODIFY WINDOW SCREEN TITLE "商品管理系统"
```

⑨ 为"退出"菜单项定义过程代码：单击"退出"子菜单的"创建"或"编辑"按钮，在出现的过程编辑窗口内键入以下代码。

```
MODIFY WINDOW SCREEN            &&恢复 VFP 窗口标题
SET SYSMENU TO DEFAULT          &&恢复系统菜单
ACTIVATE WINDOW COMMAND         &&激活命令窗口
```

⑩ 保存、生成、运行菜单程序：单击"常用"工具栏上的"保存"按钮保存菜单定义。执行"菜单"菜单中的"生成"命令，生成菜单程序 productglxt.mpr。在命令窗口执行命令"DO productglxt.mpr"后，原系统菜单被新菜单取代，其结果如图 10-12 所示。

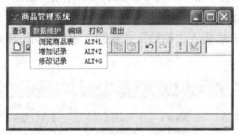

图 10-12　运行后的菜单

10.3　菜单的修改

10.3.1　菜单的打开

菜单设计器不仅可以创建菜单，还可对菜单进行修改和完善。要修改菜单，必须先用菜单设计器打开这个菜单。用户可用下列方式之一打开菜单设计器。

1. 菜单方式

执行"文件"菜单中的"打开"命令，在弹出的"打开"对话框中选定文件类型为"菜单"，再选定所要修改的菜单文件，然后单击"确定"按钮。

2. 命令方式

格式：MODIFY　MENU <菜单文件名>

功能：打开菜单设计器窗口，同时在窗口内打开一个指定名称的菜单供修改。

　　　如果所指定的菜单文件并不存在，系统将启动菜单设计器供用户创建一个指定名称的新菜单。

10.3.2 菜单的修改

启动菜单设计器后，可以增加下拉菜单的菜单项，或删除下拉菜单的菜单项，也可以修改每个菜单项的名称、操作、快捷键等属性。

另外，在 Visual FoxPro 主窗口的"显示"菜单中将出现"常规选项"和"菜单选项"两个菜单项。可以通过"常规选项"对整个菜单系统进行修改完善，也可利用"菜单选项"对主菜单或指定的子菜单进行修改完善。

1. "常规选项"菜单项

执行"显示"菜单中的"常规选项"命令，将弹出如图 10-13 所示的"常规选项"对话框。通过此框可对当前设计的菜单定义总体属性。

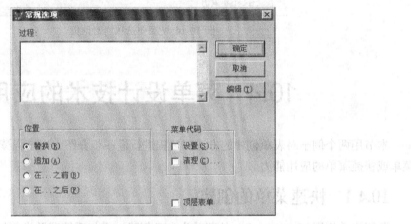

图 10-13 "常规选项"对话框

在"过程"框中可为当前菜单的所有主菜单项（即菜单栏中的菜单项）定义一个缺省的过程代码，当设计中的某个主菜单项没有指定的具体执行动作时，就将执行此过程代码。可以直接在"过程"框中输入过程代码，也可在单击"编辑"按钮后在打开的代码编辑窗口中输入和编辑过程代码。

在"位置"框中可选定正在设计中的菜单与系统菜单的关系。其中，"替换"即在该菜单运行时用所设计的菜单内容替换系统菜单；"追加"即将所设计的菜单添加到系统菜单的后面；"在……之前"即将所设计的菜单内容插在某个指定的菜单之前；"在……之后"即将所设计的菜单内容插在某个指定的菜单之后。

在"菜单代码"框中有"设置"和"清理"两个复选框，选中任何一个复选框都会打开一个相应的代码编辑窗口。选中"设置"复选框后所输入的程序代码将放置在菜单定义代码的前面，在菜单产生之前执行；选中"清理"复选框后所输入的程序代码将放置在菜单定义代码的后面，在菜单显示出来之后执行。

在对话框的右下角有一个"顶层表单"复选框，选中该复选框，可以将设计的菜单添加到某个顶层表单中。

2. "菜单选项"菜单项

执行"显示"菜单中的"菜单选项"命令，将弹出如图 10-14 所示的"菜单选项"对话框。

在此对话框中可为当前菜单的所有子菜单项定义一个缺省的过程代码，当设计中的某个子菜单项没有指定的具体执行动作时，就将执行此过程代码。可以直接在"过程"框中输入过程代码，也可以单击"编辑"按钮在打开的代码编辑窗口中输入和编辑过程代码。此外，还可以在此对话框中为菜单定义内部名称。

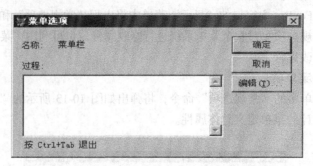

图 10-14 "菜单选项"对话框

10.4 菜单设计技术的应用

本节用两个例子对表单创建的方法和过程进行进一步介绍，以增强读者使用设计器创建下拉菜单或快捷菜单的应用能力。

10.4.1 快速菜单的创建

若用户希望用 Visual FoxPro 的菜单为自己创建一个与系统菜单类似的菜单系统，可用快速创建菜单的方法。在已存在的菜单框架的基础上，通过修改菜单项和指定菜单任务，来创建自己的菜单系统。这就是快速菜单的意义所在。

【例 10-2】 快速创建一个与系统菜单类似的下拉菜单，参考操作步骤如下。

① 单击"常用"工具栏上的"新建"按钮，在弹出的"新建"对话框中选定"菜单"选项后单击"新建文件"按钮。再在弹出的"新建菜单"对话框中单击"菜单"按钮，打开"菜单设计器"窗口。

② 执行主窗口"菜单"菜单中的"快速菜单"命令，与系统菜单类似的多个菜单项即自动填入到"菜单设计器"窗口中，如图 10-15 所示。

③ 利用"菜单设计器"窗口右侧的"插入"或"删除"命令按钮，根据需要增加或删除已有的菜单项。此外，选中某个菜单项后，单击其右侧的"编辑"按钮，便可对该菜单项下属的各子菜单项进行增删操作。把自动产生的各菜单项逐一修改为符合用户需要的菜单。

④ 单击"常用"工具栏上的"保存"按钮将所设计的菜单定义命名后保存为菜单文件和菜单备注文件，如命名为"菜单 2"。然后执行"菜单"菜单中的"生成"命令，在这两个文件的基础上生成"菜单 2.mpr"菜单程序文件。

⑤ 运行菜单程序：在命令窗口执行"DO 菜单 2.mpr"命令，屏幕上出现所设计的新菜单，原 Visual FoxPro 的系统菜单被新菜单所覆盖。

⑥ 恢复系统菜单：在命令窗口执行"SET SYSMENU TO DEFAULT"命令。

图 10-15　设计中的快速菜单

10.4.2　快捷菜单的创建

快捷菜单通常是指用鼠标右键单击某个界面对象时弹出的菜单，它把该对象常用的功能和命令集中起来，给用户提供了很大方便。下面通过一个例子来说明使用 Visual FoxPro 提供的菜单设计器创建一个用户定义的快捷菜单的步骤。

【例 10-3】　设计一个在浏览商品表时，具有改变"商品名称"的字体、字号功能的快捷菜单。参考操作步骤如下。

① 执行"文件"菜单下的"新建"命令，在弹出的对话框中选择"菜单"选项后单击"新建文件"按钮，再在弹出的"新建菜单"对话框中单击"快捷菜单"按钮，打开如图 10-16 所示的"快捷菜单设计器"窗口。

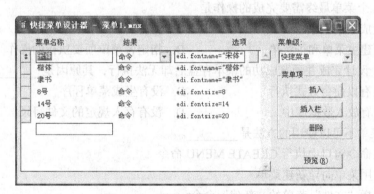

图 10-16　"快捷菜单设计器"窗口

② 添加菜单项：在"菜单名称"栏输入"宋体"，选择"结果"栏为"命令"，然后在"选项"栏输入"edi.fontname="宋体""，如图 10-16 所示。用同样的方法输入其他几个字体、字号菜单项。

③ 打开快捷菜单的"常规选项"对话框，在"设置"代码窗口中输入如下代码：

```
PARAMETERS edi
```

在"清理"代码窗口中输入如下代码：

```
RELEASE POPUPS ZITI
```

④ 单击"常用"工具栏上的"保存"按钮，将菜单定义保存为 ziti.mnx 和 ziti.mnt 文件，执

行"菜单"菜单中的"生成"命令生成 ziti.mpr 菜单程序。

⑤ 打开维护商品表的表单，双击"商品名称"旁的文本框，在 RightClick 事件输入如下代码：

```
do ziti.mpr with this
```

⑥ 运行维护商品表的表单，指向"商品名称"旁的文本框，单击鼠标右键即可弹出所设计的快捷菜单供选择执行其中的命令，如图 10-17 所示。

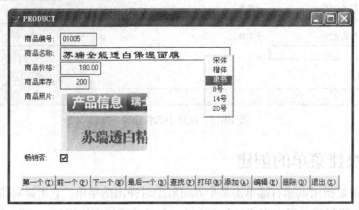

图 10-17　浏览窗口及快捷菜单

习　题

一、单选题

【1】设计一个菜单最终需要完成的操作是_____。

    A. 生成菜单程序   B. 浏览菜单

    C. 创建主菜单和子菜单   D. 指定各菜单项要执行的操作

【2】将一个设计完成并预览成功的菜单存盘后却无法执行，其原因是_____。

    A. 没有以命令方式执行   B. 没有生成菜单程序

    C. 没有放入数据库中   D. 没有存入规定的文件目录

【3】新建菜单不可以使用的方法是_____。

    A. 在命令窗口中执行 CREATE MENU 命令

    B. 使用菜单向导新建菜单

    C. 选择"文件"菜单的"新建"命令

    D. 在命令窗口中执行 CREATE FORM 命令

【4】运行菜单可以使用的方法是_____。

    A. 使用 DO 命令，省略菜单程序文件的扩展名.MPR

    B. 执行"程序"菜单下的"运行"命令

    C. 选择"菜单"菜单的"运行菜单"命令

    D. 选择"常用"工具栏上的"运行"按钮

二、填空题

【1】使用菜单设计器设计菜单时，当某菜单项对应的任务需要用多条命令来完成时，应利用

_____选项来添加多条命令。在菜单设计器窗口中，要为某个菜单项定义快捷键，可利用_____对话框。

【2】用菜单生成器新建菜单时，选择_____菜单的_____命令，可以快速生成菜单。

【3】菜单设计器中每一行上的"结果"列用来指定选择该菜单项时应执行的动作。单击该列将出现一个下拉列表框，其中包含"命令"、"填充名称"、_____和_____四个选项。

【4】可在命令窗口中执行_____命令来运行指定的菜单程序，但菜单程序的扩展名_____不能省略。

【5】要恢复 Visual FoxPro 的默认系统菜单，应执行_____命令。

【6】快捷菜单实际上是一个弹出式菜单，要为某个对象创建一个快捷菜单，需要在该对象的_____事件代码中添加调用对应快捷菜单程序的命令。

三、思考题

【1】设计一个菜单文件包含哪些步骤？

【2】"新建菜单"对话框的"快捷菜单"按钮的功能是什么？

【3】在菜单设计器中，"插入栏"按钮的功能是什么？

四、操作题

【1】利用"菜单设计器"为"库存管理系统"程序建立一个下拉菜单系统，要求包括"出入库管理"、"订货管理"、"查询"、"打印"和"退出"五个主菜单项，各子菜单项如下表所示。要求该菜单运行后，选择"退出"则关闭"库存管理系统"程序，选择其他菜单或子菜单为显示"本程序尚在开发中！"。

出入库管理	订货管理	查询	打印	退出
出库管理		按货号查询	出入库日报表	
入库管理		按货物名称查询	库存总表	

【2】创建一个快捷菜单，含有菜单项"新建表"、"打开表"、"生成表"和"关闭表"。

第11章

报表设计及应用

报表的主要作用是以表格等直观的形式来动态显示和打印数据，通过报表可以方便地向用户展示数据库中的数据及用户对数据的处理结果，因此报表的设计是数据库应用系统开发的一个重要组成部分。报表的设计方法很多，本章主要介绍如何使用 Visual FoxPro 提供的报表设计器来可视化地设计报表。

11.1 报表设计概述

11.1.1 报表简介

报表的创建通常包括两部分内容：数据源和布局。数据源是报表数据的来源，它可以是数据库表或自由表，同时也可以是视图或临时表。

报表布局即报表的格式与打印输出形式，Visual FoxPro 允许的各种报表布局包括以下几种。

● 列报表：相当于数据表的浏览显示方式。

● 行报表：相当于数据表的编辑显示方式。

● 一对多报表：一条记录或一对多关系，如发票、会计报表等。

● 多栏报表：包括多栏行报表或多栏列报表，如电话号码簿等。

● 标签：通常在一张纸上打印多个标签，相当于多栏报表，如邮件标签、名片等。

某报表设计打印的效果参见图 11-9。

11.1.2 报表设计的方法

Visual FoxPro 提供了下述 3 种创建报表的方法：

● 使用报表向导创建报表；

● 使用快速报表创建简单规范的报表；

● 使用报表设计器创建和修改各种各样的报表。

用户设计完成的报表是以扩展名.FRX 保存起来的报表文件，以及以扩展名.FRT 保存起来的相关文件，其中存储了报表的详细设计信息。

11.1.3　报表设计的一般过程

1. 指定数据源

报表总是和一定的数据源相联系。报表的数据源通常是已经存在的数据库中的表或自由表，也可以是视图、查询或临时表。如果一个报表总是使用相同的数据源，则可将此数据源添加到报表的数据环境中。这样，当数据源中的数据更新后，报表的输出内容将随之更新，而报表的格式则保持不变。

将数据源添加到报表的数据环境中，一般可按照如下步骤进行操作。

● 执行"文件"菜单下的"新建"命令，在弹出的"新建"对话框中选取"报表"，然后单击"新建文件"按钮，启动报表设计器。

● 单击"报表设计器"工具栏上的"数据环境"按钮，或者执行主窗口"显示"菜单下的"数据环境"命令，打开"数据环境设计器"窗口。

● 用鼠标右键单击"数据环境设计器"窗口，在弹出的快捷菜单中执行"添加"命令，或者执行主窗口"数据环境"菜单下的"添加"命令，出现如图 11-1 所示的"添加表或视图"对话框。然后在此对话框中选定作为报表数据源的表或视图。

图 11-1　"添加表或视图"对话框

在"数据环境"中设定的作为报表数据源的表或视图，将会随着报表文件的打开而自动打开，并随着报表文件的关闭而自动关闭。

2. 指定报表布局

此部分操作将在"11.2 报表的创建"中详细介绍。

3. 报表的预览和打印

设计报表的最终目的是要打印报表，打印报表的相关步骤包括如下几个方面。

（1）打印页面的设置

在打开报表设计器或报表文件的情况下，执行"文件"菜单下的"页面设置"命令，在出现的"页面设置"对话框中，设置纸张的大小和打印方向、指定页边距等。

（2）预览报表的打印效果

在打印报表之前进行打印效果的预览十分重要。单击"常用"工具栏上的"打印预览"按钮，或者执行"显示"菜单中的"预览"命令，或者用右键单击"报表设计器"在弹出的快捷菜单中执行"预览"命令，均可打开预览窗口显示出当前报表的打印效果。

（3）打印报表

在报表文件打开的情况下，采用以下方法之一均可打印报表：

● 执行"报表"菜单中的"运行报表"命令。

● 执行"文件"菜单中的"打印"命令。

● 右键单击"报表设计器"，在弹出的快捷菜单中执行"打印"命令。

● 在预览报表时，单击"打印预览"工具栏上的"打印报表"按钮。

● 在命令窗口或程序中执行"REPORT FORM <报表文件名>"命令。

11.2 报表的创建

使用 Visual FoxPro 提供的报表查看数据是数据库管理系统中最常用的一种方法，而生成报表就是把数据库中的数据按照一定的条件和格式转换成书面文档资料的过程。可以通过"报表向导"创建一些不太复杂的模式化报表，报表向导将提出一系列问题并根据回答创建报表布局。

11.2.1 使用向导创建报表

启用报表向导有以下四种途径：

● 执行"文件"菜单中的"新建"命令，在弹出的"新建"对话框中选定"报表"，然后单击"向导"按钮。

● 在主窗口的"工具"菜单中，执行"向导"子菜单下的"报表"命令。

● 单击主窗口"常用"工具栏中的"报表"按钮。

1. 用向导创建一对一报表

用"报表向导"创建的一对一报表，是将来自一个表或视图中的记录打印在一个报表中，也称为单表报表。下面用一个具体的例子来说明用报表向导创建单表报表的操作步骤。

【例 11-1】 使用报表向导，以 customer.dbf 创建一份"顾客情况报表"。参考操作步骤如下：

① 执行"文件"菜单中的"新建"命令，在弹出的"新建"对话框中选定"报表"单选按钮，然后单击"向导"按钮，弹出如图 11-2 所示的"向导选取"对话框。

② 选取报表向导。如果数据源只是一个表，应选取"报表向导"；如果数据源包括父表和子表，应选取"一对多报表向导"（"一对多报表向导"将在后面讲述）。在这里我们选取"报表向导"，然后单击"确定"按钮，出现"报表向导"对话框。

③ 选取数据表和字段。在"报表向导"的"数据库和表"列表框中选定 customer.dbf，然后将需要在报表中输出的字段从"可用字段"列表框移到"选定字段"列表框中，如图 11-3 所示。

图 11-2 "向导选取"对话框

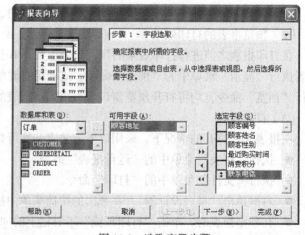

图 11-3 选取字段步骤

④ 单击"下一步"按钮，在出现的"分组记录"对话框中，根据需要设定记录的分组方式，如

图 11-4 所示。注意：只有已建立索引的字段才能作为分组的关键字段。在本例中我们没有指定分组选项。此外，单击图 11-4 中的"总结选项"按钮，可在报表中添加分组统计函数项，如图 11-5 所示。

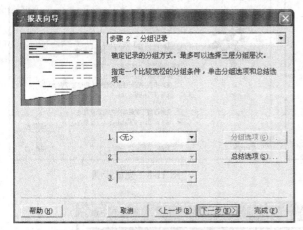

图 11-4　记录分组步骤　　　　　　　　　图 11-5　"总结选项"对话框

　　⑤ 单击"下一步"按钮，在出现的"选择报表样式"对话框中，选取一种喜欢的报表样式。本例中我们选定"简报式"，如图 11-6 所示。

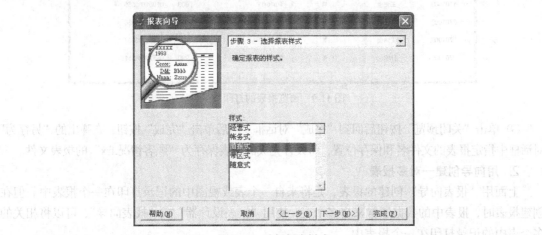

图 11-6　选择报表样式

　　⑥ 单击"下一步"按钮，在出现的"定义报表布局"对话框中，指定报表的布局是单栏还是多栏，是行报表还是列报表，是纵向打印还是横向打印。本例选定为"纵向"打印的单栏列式报表，如图 11-7 所示。

　　⑦ 单击"下一步"按钮，在出现的"排序记录"对话框中指定报表中记录的排列顺序，即选取排序的关键字段，并指定是升序或降序。单击"下一步"按钮，在出现的"完成"对话框中，指定报表的标题并选择报表的保存方式，如图 11-8 所示。

　　⑧ 单击"预览"按钮，对所设计报表的打印效果进行预览。本例的预览效果如图 11-9 所示。此时在主窗口将会出现一个"打印预览"工具栏，包括对预览的报表前后翻页观看，以及"缩放"、"关闭预览"、"打印报表"等多个按钮。在打印机准备好的情况下，单击"打印报表"按钮即可开始报表的打印。若对报表的设计效果感到不满意，则可单击"报表向导"对话框中的"上一步"按钮，返回前面的步骤中进行修改。

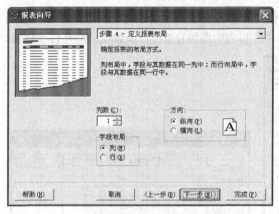

图 11-7　定义报表布局

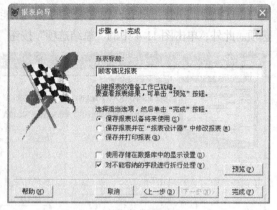

图 11-8　完成步骤

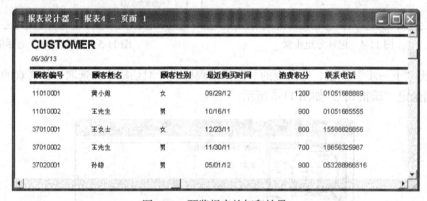

图 11-9　预览报表的打印效果

⑨ 单击"关闭预览"按钮后回到"完成"对话框。然后单击"完成"按钮，在弹出的"另存为"对话框中指定报表的文件名和保存位置，将设计完成的报表保存为"顾客情况.frx"的报表文件。

2．用向导创建一对多报表

上面用"报表向导"创建的报表，是将来自一个表或视图中的记录打印在一个报表中。但在创建报表时，报表中的数据通常来自多个表，使用"报表设计器"或"报表向导"，可以将相关的多个表中的记录打印在一个报表中。

下面通过一个例子来说明创建一对多报表的方法。

【例 11-2】　创建一个"学生成绩报表"，它的记录来自两个相关的表："学生表"和"成绩表"，其主要步骤如下：

① 在图 11-2"向导选取"对话框中，选定 "一对多报表向导"，单击"确定"，显示如图 11-10 所示的"一对多报表向导"对话框。在此对话框中，父表就是一对多关系中的"一"表，选择"学生表"为父表，并选取如图 11-10 所示的字段。

② 单击"下一步"按钮，弹出如图 11-11 所示的从子表中选取字段的对话框。子表就是一对多关系中的"多"表，本例的子表是"成绩表"，选取"课程编号"和"成绩"等字段。

③ 单击"下一步"按钮，弹出如图 11-12 所示的为表建立关系对话框。根据两表的公共字段建立表的关系，是一种等值关系，这里两者的公共字段为"学号"。

④ 单击"下一步"按钮，弹出如图 11-13 所示的排序记录对话框。这主要是确定父表中记录的排序字段。本例学生表中，以学号为排序字段且为升序排序。

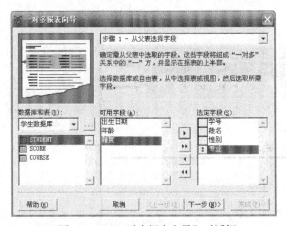

图 11-10 "一对多报表向导"对话框

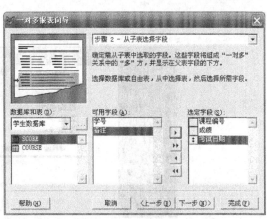

图 11-11 从子表中选取字段的对话框

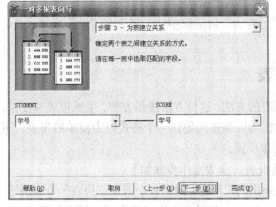

图 11-12 为表建立关系对话框

图 11-13 排序记录对话框

⑤ 单击"下一步"按钮，弹出如图 11-14 所示的选择报表样式对话框。本例选择报表样式为"简报式"，打印方向为纵向。

⑥ 单击"下一步"按钮，弹出如图 11-15 所示的完成对话框。在对话框"报表标题："文本框中输入标题"学生成绩报表"。

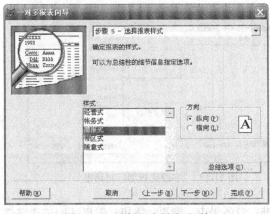

图 11-14 选择报表样式对话框

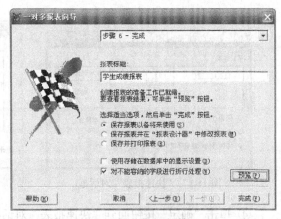

图 11-15 完成对话框

⑦ 单击"预览"按钮，在屏幕上显示如图 11-16 所示的学生成绩报表。可以看到，每个父表

记录的下面，跟着多个子表记录。

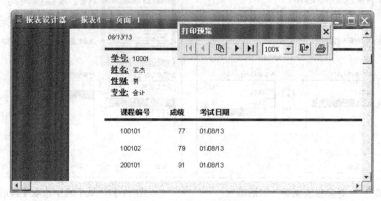

图 11-16　学生成绩报表

⑧ 关闭预览窗口，单击"完成"按钮，在"另存为"对话框中输入报表名"学生成绩表.frx"并保存，即完成创建一对多报表。

11.2.2　用快速报表功能创建报表

Visual FoxPro 为用户提供了一种快速创建报表的方法，这种方法操作方便，生成报表速度快，这就是"快速报表"功能。使用"快速报表"功能可以快速地创建一个格式较为简单的报表。下面举例说明使用"快速报表"功能创建报表的操作步骤。

【例 11-3】　利用"学生表"，创建一个快速报表。参考操作步骤如下：

① 执行"文件"菜单中的"新建"命令，在弹出的"新建"对话框中选定"报表"单选按钮，然后单击"新建文件"按钮，打开"报表设计器"窗口。此时在主窗口将出现"报表"菜单。

② 执行主窗口"报表"菜单中的"快速报表"命令，在弹出的"打开"对话框中选取学生表作为报表的数据源，出现如图 11-17 所示的"快速报表"对话框。

③ 在"快速报表"对话框中指定报表的字段布局，本例指定为默认的列报表布局。选中"标题"、"添加别名"和"将表添加到数据环境中"复选框。然后单击右下角的"字段"按钮，在弹出的"字段选择器"对话框中为报表选择可用的字段，如图 11-18 所示。

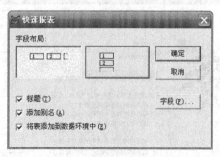

图 11-17　"快速报表"对话框

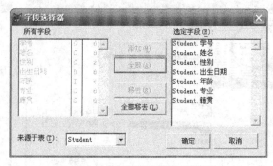

图 11-18　"字段选择器"对话框

④ 单击"确定"按钮回到"快速报表"对话框，再次单击"确定"按钮，所设计的快速报表框架即出现在"报表设计器"窗口中，如图 11-19 所示。

⑤ 单击工具栏上的"打印预览"按钮，即可生成并显示所创建的快速报表的打印预览效果，

如图 11-20 所示。

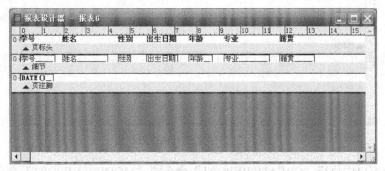

图 11-19　“报表设计器”中的报表框架

学号	姓名	性别	出生日期	年龄	专业	籍贯
10001	王杰	男	09/10/85	21	会计	河南
10001	王杰	男	09/10/85	21	会计	河南
10001	王杰	男	09/10/85	21	会计	河南
10002	刘梅	女	08/16/84	22	会计	辽宁
10002	刘梅	女	08/16/84	22	会计	辽宁
10002	刘梅	女	08/16/84	22	会计	辽宁
10003	孙进慧	女	09/20/84	22	营销	四川
10003	孙进慧	女	09/20/84	22	营销	四川
10003	孙进慧	女	09/20/84	22	营销	四川
10004	吴小莉	女	10/14/86	20	会计	山西
10004	吴小莉	女	10/14/86	20	会计	山西
10004	吴小莉	女	10/14/86	20	会计	山西
10005	李茂	男	09/15/86	20	金融	山东

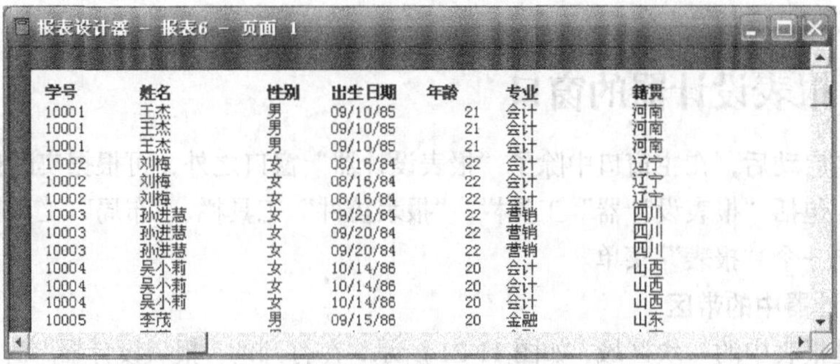

图 11-20　快速生成的报表

⑥ 单击“常用”工具栏上的“保存”按钮，将此报表命名后加以保存。准备好打印机后，单击“打印预览”工具栏上的“打印报表”按钮，即可打印此报表。

“快速报表”不能向报表布局中添加通用字段，必要时可在报表设计器中添加。

11.2.3　用报表设计器创建报表

利用“报表向导”和“快速报表”只能创建初步的简单报表，若仍不满意，可采用报表设计器进行修改，也可采用报表设计器来创建新的报表。使用报表设计器可以方便地设置报表数据源、更改报表布局，更重要的是可以添加各种报表控件，设计出带表格线的报表、分组报表、多栏报表及标签、名片等形式多样的报表。在下一小节，主要学习报表设计器、报表设计工具按钮的使用。

11.3　报表的修改

11.3.1　报表设计器的启动

采用以下任意一种方式，均可启动报表设计器，并同时打开如图 11-21 所示的“报表设计器”窗口。

- 单击“常用”工具栏上的“新建”按钮，在弹出的“新建”对话框中选定“报表”，再单击“新建文件”按钮。

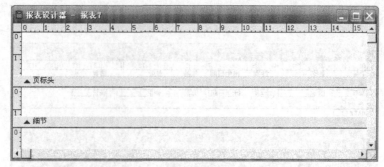

图 11-21 "报表设计器"对话框

● 在命令窗口中执行"CREATE REPORT"命令或"MODIFY REPORT"命令。

● 单击"常用"工具栏上的"打开"按钮，在弹出的"打开"对话框中选定已存在的报表并单击"确定"按钮。

11.3.2 报表设计器的窗口

报表设计器启动后，在主窗口中除了"报表设计器"窗口之外，可根据实际情况显示出多个报表设计工具，包括"报表设计器"工具栏、"报表控件"工具栏、"布局"工具栏等。同时还将在主菜单中增加一个"报表"菜单。

1. 报表设计器中的带区

报表带区是报表中的一块区域，如图 11-21 所示，在打开的"报表设计器"窗口中包含了"页标头"、"细节"和"页注脚"三个带区。如果需要，还可以在窗口内增加"标题"带区和"总结"带区等。

带区的作用主要是控制数据在页面上的打印位置。在打印或打印预览报表时，系统会以不同的方式处理各个带区中的数据。对于"页标头"带区，系统将在每一页上打印一次该带区所包含的内容；对于"标题"带区，则仅在报表开头打印一次该带区的内容；而对于"细节"带区，则对于数据源中每个记录都将打印一次该带区的内容。表 11-1 列出了报表设计器窗口中的各带区及其作用。

表 11-1 报表中的各带区及其作用

带 区 名 称	作 用
标题	每张报表开头打印一次，如报表标题
页标头	每个报表页面打印一次，如列报表的字段名称
细节	每个记录打印一次
页注脚	每个页面底部打印一次，如页码和日期
总结	每张报表最后一页打印一次
组标头	报表数据分组时，每组开头打印一次
组注脚	报表数据分组时，每组尾部打印一次
列标头	报表数据分栏时，每栏开头打印一次
列注脚	报表数据分栏时，每栏尾部打印一次

"页标头"、"细节"和"页注脚"三个带区是"报表设计器"窗口中的基本带区，若要增加其他带区，可采用以下方法：

● 执行"报表"菜单中的"标题/总结"命令，在弹出的"标题/总结"对话框中可指定增加"标题"和（或）"总结"带区。

● 执行"报表"菜单中的"数据分组"命令，或者单击"报表设计器"工具栏上的"数据分组"按钮，在弹出的"数据分组"对话框中指定分组表达式创建分组报表时，可增加"组标头"和"组注脚"带区。

● 执行"文件"菜单中的"页面设置"命令，在弹出的"页面设置"对话框中指定报表的列数创建多栏报表时，可增加"列标头"和"列注脚"带区。

2. 报表设计器工具栏

"报表设计器"工具栏如图 11-22 左侧所示，内含"数据分组"、"数据环境"、"报表控件工具栏"、"调色板工具栏"和"布局工具栏"五个按钮。

单击"报表设计器"工具栏中的某个按钮，使其呈按下状态，即可打开对应的窗口或工具栏；单击某个按钮使其呈弹起状态，即可关闭对应的窗口或工具栏。而"报表设计器"工具栏本身，则可以通过主窗口"显示"菜单中的"工具栏"命令来显示或关闭。

3. 报表控件工具栏

"报表控件"工具栏如图 11-22 右侧所示，内含"选定对象"、"标签"、"域控件"、"线条"、"矩形"、"圆角矩形"、"图片/ActiveX 绑定控件"和"按钮锁定"等控件按钮，利用"报表控件"工具栏可以方便地往报表中添加所需的控件，方法是先在"报表控件"工具栏中单击所要添加控件的对应按钮，然后在报表窗口的适当位置单击或拖动鼠标即可。

4. 布局工具栏

"布局"工具栏如图 11-23 所示，内含的各个工具按钮及其功能及使用方法与设计表单时的"布局"工具栏完全相同。

图 11-22 "报表设计器"工具栏与"报表控件"工具栏　　　　　图 11-23 "布局"工具栏

11.3.3 使用报表设计器修改报表

使用报表设计器建立和修改报表，实际上主要是利用"报表控件"工具栏在报表中添加、修改或删除其中的控件。下面分别进行介绍。

1. 标签控件

标签控件常用来在报表中添加标题或说明性文字。单击"报表控件"工具栏中的"标签"按钮，然后在报表内单击鼠标，在该处将出现一个闪烁的插入点，便可输入标签的文字内容。

若要更改标签文本的字体和字号，可选定该标签控件，然后执行"格式"菜单中的"字体"命令，在弹出的"字体"对话框中进行设定。

若要更改标签文本的默认字体和字号，应执行"报表"菜单中的"默认字体"命令，然后在弹出的"字体"对话框中进行设定。

2. 线条、矩形和圆角矩形

单击"报表控件"工具栏中的"线条"、"矩形"或"圆角矩形"按钮，然后在报表中的适当地方拖动鼠标，即可在报表内生成对应的线条或图形。

若要更改线条、矩形和圆角矩形的线条粗细和样式，可先将其选定，然后再执行"格式"菜单中"绘图笔"子菜单中的相应命令。Visual FoxPro 允许线条的粗细从 1 磅到 6 磅不等，线条的样式则可为"点线"、"虚线"、"点划线"或"双点划线"等。

对于圆角矩形还允许改变其样式。方法是双击该圆角矩形，在弹出的"圆角矩形"对话框中指定其样式和位置等参数。例如，要在报表中画一个圆，可先在报表内添加一个圆角矩形控件，然后双击此控件，在弹出的"圆角矩形"对话框内将"样式"框指定为圆形，再单击"确定"按钮。

3．域控件

在报表中添加域控件，可以实现在报表中出现变量（包括内存变量及数据表中的字段变量）或表达式的计算结果。下面举一个例子说明"域控件"的使用。

【例 11-4】 在前面建立的"顾客情况报表"布局中没有"总结"带区，现增加这个带区并在这个带区添加统计平均消费积分的域控件。

① 打开顾客情况.frx，在"顾客情况" 报表设计器中，单击"报表"菜单中的"标题/总结"命令，在弹出的"标题/总结"对话框中选中"总结带区"，如图 11-24 所示。

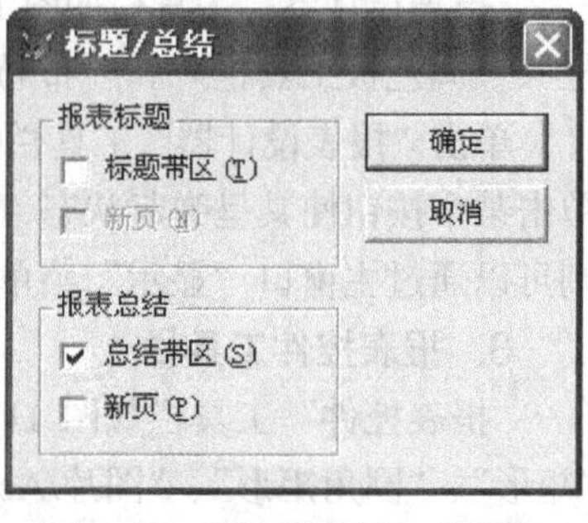

② 单击对话框中的"确定"按钮，可以看到报表布局上

图 11-24 "标题/总结"对话框

多了"总结"带区。在"报表控件"工具栏中，单击"标签"按钮，即在"总结"带区添加了一个标签，标签内容输入"平均消费积分"，如图 11-25 所示。

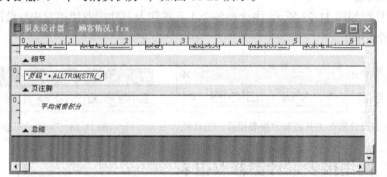

图 11-25 "总结"带区内容

③ 在"报表控件"工具栏中，单击"域控件"按钮，在"顾客情况"报表设计器中"总结"带区内需要添加域控件的位置上单击鼠标，弹出如图 11-26 所示的"报表表达式"对话框。

④ 在"报表表达式"对话框中，单击"表达式"文本框旁边的"…"按钮，在弹出的"表达式生成器"对话框中选取此控件所需的字段，如"customer.消费积分"，如图 11-26 所示。单击"确定"，又回到图 11-27 所示的"报表表达式"对话框。

⑤ 在"报表表达式"对话框中，单击"计算"按钮，弹出如图 11-28 所示的"计算字段"对话框。选中"平均值"来统计所有顾客的平均消费积分。单击"确定"按钮，返回"报表表达式"对话框。

⑥ 单击"报表表达式"对话框中的"确定"按钮，弹出如图 11-29 所示的"顾客情况"报表设计器对话框，在对话框中的"总结"带区内增加了一个计算平均消费积分的域控件。

⑦ 单击"显示"菜单中的"预览"命令，即可显示所修改报表的预览效果，如图 11-30 所示。

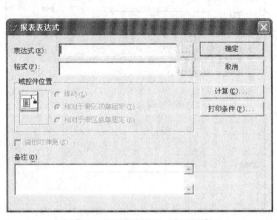

图 11-26　"报表表达式"对话框

图 11-27　"表达式生成器"对话框

图 11-28　"计算字段"对话框

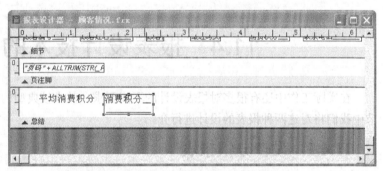

图 11-29　添加计算平均消费积分的域控件

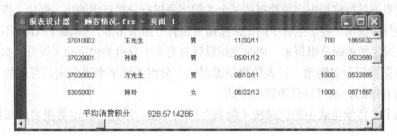

图 11-30　预览修改后报表的打印效果

4. 图片/ActiveX 绑定控件

利用"报表控件"工具栏中的"图片/ActiveX 绑定控件"按钮，可以在报表中插入图片、声音、文档等 OLE 对象。

单击"报表控件"工具栏中的"图片/ActiveX 绑定控件"按钮，然后在报表的某个带区内单击鼠标，将会出现如图 11-31 所示的"报表图片"对话框。

若要在报表中插入由文件产生的图片，可在"报表图片"对话框的"图片来源"框中选取"文件"选项，并在其旁边的文本框中输入文件的路径与文件名。也可以单击右侧的对话按钮，在弹出的对话框中选取一个扩展名为.BMP、.JPG 或.GIF 的图片文件。单击"确定"按钮后，该图片即出现在报表中。

如果要插入人员照片等随记录而改变的图片，则必须在"图片来源"框中选取"字段"选项，并在其旁边的文本框中输入有关数据表的通用型字段名，或者单击右侧的对话按钮来选取字段。单击"确定"按钮后，该通用字段的占位符将出现在报表中。当打印报表时该图片将随着记录的改变而打印出对应的不同图片。

如果图片和图文框不一致，在"报表图片"对话框中有三种处理办法，可任选其一。

添加到报表内的各种控件可用鼠标任意拖放到适当的位置，单击某个控件将其选定后，拖曳它的某个控点即可改变其大小。按住 Shift 键，可将逐个单击的控件同时选定。利用剪贴板可对选定的控件进行"剪切"、"复制"和"粘贴"等操作。

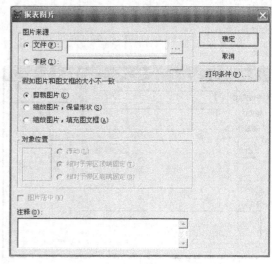

图 11-31 "报表图片"对话框

11.4 报表设计技术的应用

在实际工作中还有很多对报表设计的不同要求，其中较典型的是分组报表和标签报表。在本节中我们将对这两种报表的设计进行介绍。

11.4.1 设计分组报表

报表的基本布局设计好后，若根据给定字段或其他条件对记录分组，则会使报表更容易阅读。因此所谓分组报表是指将报表中的数据按某个关键字段进行分类打印输出，例如，将教工表中的记录按职称分类打印输出，将学生表中的记录按籍贯进行分组输出等。Visual FoxPro 不仅支持设计只有一个分组关键字的单级分组报表，同时支持设计具有多个分组关键字的多级分组报表。

为了对数据进行分组输出，报表的数据源对这个分组关键字来讲必须是有序的。当然，数据源可以是物理有序的，也可以是逻辑有序的。

【例 11-5】 将学生表中的记录按"籍贯"进行分组，以进一步改善报表的布局。参考操作步骤如下：

① 为了正确进行分组，必须事先对学生表中的记录按"籍贯"进行排序，通常是以"籍贯"字段为关键字进行索引。

② 采用菜单方式或命令方式打开"报表设计器"窗口。然后执行主窗口"报表"菜单中的"快速报表"命令，在弹出的"打开"对话框中选取学生表作为报表的数据源，并在出现的"快速报表"对话框中指定报表的布局。然后单击右下角的"字段"按钮，在弹出的"字段选择器"对话框中为报表选择需要输出的字段。

③ 单击"确定"按钮，关闭"字段选择器"对话框后回到"快速报表"对话框。再次单击"确定"按钮，所设计的快速报表框架出现在"报表设计器"窗口中。

④ 执行"报表"菜单中的"数据分组"命令，或者单击"报表设计器"工具栏上的"数据分

组"按钮,在弹出的"数据分组"对话框中,单击第一个"分组表达式"右侧的对话按钮,在出现的"表达式生成器"对话框中选择"student.籍贯"作为分组依据,单击"确定"按钮后返回"数据分组"对话框,如图 11-32 所示。

⑤ 在"数据分组"对话框下部的"组属性"框中,根据需要作进一步的选择设置后单击"确定"按钮,可以看到"报表设计器"窗口中增加了"组标头"和"组注脚"两个带区。

⑥ 执行主窗口"报表"菜单下的"标题/总结"命令,在"报表设计器"窗口中添加一个"标题"带区,并调整其高度,然后单击"报表控件"工具栏中的"标签"按钮,在其中输入报表标题"学生档案表"。

⑦ 将"籍贯"字段域控件从"细节"带区拖放到"组标头"带区的左端,再将"页标头"带区的"籍贯"字段标签拖动到该带区的左端。然后调整"页标头"带区其他标题的位置和"细节"带区其他域控件的位置,使相应的控件上下对齐。最后在"页标头"带区中各字段标题的上、下方各添加一条长线,如图 11-33 所示。

图 11-32 "数据分组"对话框

图 11-33 "报表设计器"内设计完成的分组报表

⑧ 指定数据源的主控索引。单击"报表设计器"工具栏上的"数据环境"按钮,打开数据环境设计器。右键单击设计器,在弹出的快捷菜单中执行"属性"命令。在打开的"属性"窗口中,确认其上端对象框中显示的是"Cursor1",然后单击"数据"选项卡,将其中的"Order"属性设置为"籍贯",如图 11-34 所示。

⑨ 单击"常用"工具栏上的"保存"按钮将设计结果命名后保存。单击"打印预览"按钮进行预览,预览效果如图 11-35 所示。

图 11-34 数据源属性窗口

图 11-35 分组报表的预览效果

思考：步骤⑦将"籍贯"拖至"组标头"后，"图 11-35"是否还应有"籍贯列"？

11.4.2　设计标签报表

标签实际上是一种多栏报表，因此标签的设计与报表设计十分类似。不同之处在于，报表是以表为单位按一个格式生成一个报表，而标签是以表中的记录为单位，一条记录生成一个标签。

在实际工作中，各种各样的标签有着广泛的应用。设计标签就是设计标签的格式和布局，然后将数据表中各记录的有关信息以标签形式打印出来。譬如给"学生表"中的每个人打印一个小纸条，上面标明"学号"、"姓名"、"性别"、"籍贯"等内容，然后贴在他的档案袋上，这就是标签。

用户既可用 Visual FoxPro 提供的"标签向导"或"标签设计器"创建标签，也可以用"报表设计器"设计创建标签。下面我们介绍用"标签设计器"创建标签的方法与步骤。

【例 11-6】　使用标签设计器，将学生表中每个学生的基本信息以标签形式打印输出。参考操作步骤如下。

① 执行"文件"菜单中的"新建"命令，在弹出的"新建"对话框中选定"标签"单选按钮，然后单击"新建文件"按钮，在弹出的"新建标签"对话框中选定标签的布局后单击"确定"按钮，打开如图 11-36 所示的"标签设计器"窗口。此时在主窗口中增加的仍然是一个"报表"菜单和一个"报表设计器"工具栏。

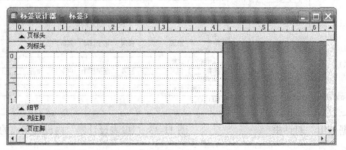

图 11-36　"标签设计器"窗口

② 页面设置：执行主窗口"文件"菜单下的"页面设置"命令，在弹出的"页面设置"对话框（见图 11-37）中，将"列数"设置为 3（即 3 栏），并对列的"宽度"和"间隔"以及"左页边距"作适当调整。然后在"打印顺序"框中指定标签的打印顺序，即自上向下按列打印还是自左向右按行打印。单击"确定"按钮关闭此对话框。

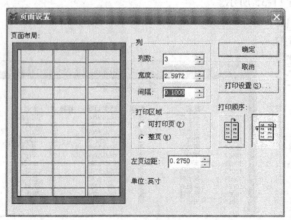

图 11-37　"页面设置"对话框

③ 指定数据源：右键单击"标签设计器"窗口，在弹出的快捷菜单中选择"数据环境"，接着在出现的"数据环境设计器"窗口中用鼠标右键单击，在弹出的快捷菜单中选择"添加"，然后在出现的"打开"对话框中选取学生表作为标签的数据源。

④ 添加控件：在"数据环境设计器"窗口中，把学生表中的有关字段逐一拖放到标签设计器的"细节"带区内自动生成对应的字段域控件，并调整它们的位置和字体大小。

⑤ 单击"报表控件"工具栏中的"圆角矩形"按钮，在"细节"带区字段控件的周围画一个圆角矩形作为每个标签的边框。然后在"标题"带区中添加一个"标签"控件，输入"学生通讯录"作为其标题，并为其设置适当的字体。最后在"页标头"带区的底部使用"线条"控件画两条长横线。在"标签设计器"窗口中设计完成的最后结果如图 11-38 所示。

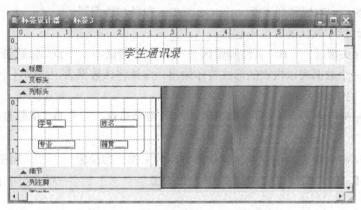

图 11-38 "标签设计器"内设计完成标签

⑥ 单击"常用"工具栏上的"保存"按钮将设计结果命名后保存（扩展名为.lbx）。单击"打印预览"按钮进行预览，所设计标签的预览效果如图 11-39 所示。

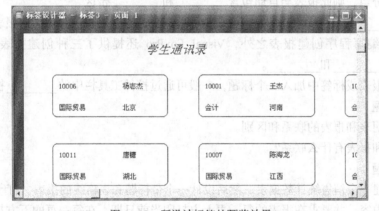

图 11-39 所设计标签的预览效果

习 题

一、单选题

【1】报表的数据源可以是_____。

  A. 自由表和其他报表   B. 自由表和数据库表

  C. 自由表、数据库表和视图   D. 自由表、数据库表、查询和视图

【2】在报表设计器中设计报表时，预览报表可以使用的方法是_____

  A. 选择"常用"工具栏的"打印预览"按钮

  B. 选择"文件"菜单的"打印预览"按钮

  C. 选择"报表"菜单的"预览"

  D. 选择"显示"菜单的"预览"

【3】在报表设计器中，可以使用的控件包括_____。

  A. 标签、域控件和线条   B. 标签、域控件和列表框

  C. 标签、文本框和列表框   D. 布局与数据源

【4】报表设计器中默认的带区不包括_____。

  A. 页标头带区 B. 页注脚带区 C. 细节带区 D. 标题带区

【5】若要将一个数据表以报表的形式打印输出，应该将该数据表记录的各个字段项放在报表设计器的_____内。

  A. 页标头带区 B. 页注脚带区 C. 细节带区 D. 标题带区

二、填空题

【1】Visual FoxPro 报表的创建主要包括两方面的工作，即设定_____和设计_____。

【2】Visual FoxPro 的"报表向导"用于数据源_____，"一对多报表向导"用于数据源_____。

【3】使用_____创建报表比较灵活，不但可以设计报表布局，规划数据在页面上的打印位置，而且可以添加各种控件。

【4】创建分组报表需要按_____进行索引或排序，否则不能确保正确分组。如果已经对报表进行了数据分组，则此报表会自动包含_____和_____带区。

【5】选择_____菜单的_____命令，可以打开"快速报表"对话框向报表添加字段。

【6】除了编写程序创建报表之外，Visual FoxPro 还提供了三种创建报表的方法，分别是_____、_____和_____。

【7】要在报表或标签中加入一个标题，一般可通过控件工具栏中的_____控件来设置。

三、思考题

【1】请说明表和报表的联系和区别。

【2】标签和报表有什么联系？

四、操作题

【1】先创建一个销售统计数据表，然后设计一个带标题和表格线的报表，打印输出该数据表中各个记录的内容。并要求在报表的每一页上方打印当前日期，在每一页的下方打印页码。

【2】以"学生表"和"成绩表"为数据源，使用报表向导创建报表。报表输出字段为学号、姓名、性别、年龄、法律、计算机等，文件名为"学生成绩表.frx"。

第12章
数据库应用系统的开发

应用 Visual FoxPro 技术开发数据库应用系统，也应遵循软件工程的原理和规范，系统开发中各类文件的管理和维护可以使用 Visual FoxPro 提供的项目管理器。本章以"订单管理系统"这个简单项目的开发为背景，阐述了数据库应用系统开发的过程、技术和方法，旨在提高学生使用数据库技术解决实际问题的创新能力。

12.1 项目管理器

项目是在一定时间内满足一系列特定目标的多项相关工作的总称。每一个项目通常对应着一个应用系统。数据库项目就是用数据库系统来完成一个有限任务。

在 Visual FoxPro 中，为了完成一个项目的相关任务，数据库系统往往要创建很多对象，生成很多文件，例如数据库文件、数据表文件、索引文件、查询文件、表单文件、菜单文件、报表文件、文本文件、类库文件和程序文件等。这些文件彼此独立，可能存放在不同的文件夹中，既难于管理又不便于维护。

为了解决这个问题，Visual FoxPro 建立了项目机制，用户可以用 Visual FoxPro 创建一个项目，然后通过项目来集成、管理和维护应用系统的所有文件。事实上，项目中集成的每个文件仍是以独立的文件形式存在的，通常所说的某个项目包含了某些文件仅仅表明这些文件已与该项目建立起了一种联系。

用户可以通过项目管理器创建一个项目，项目创建后将生成扩展名为.PJX 的项目主文件和扩展名为.PJT 的项目备注文件，这两个文件用来存放与该应用项目有关的所有数据、文档、类库、代码及其他对象的信息。

项目管理器不仅可以创建项目，还可以简便、直观地管理和维护项目中所包含的各类文件。项目管理器将项目中的所有文件根据其文件类型来分类组织，并采用图示和树形结构的方式显示这些文件，用户可以通过特定的控件对不同类型的文件进行相应的管理和维护。

项目管理器常用的管理和维护操作有添加和移去数据表、数据库、表单、报表、查询和其他各种对象文件；启动向导、设计器等工具来创建各种对象文件；启动设计器来修改各种对象文件；运行各种对象文件；将与该项目有关的所有文件编译成一个扩展名为.APP 的应用程序文件；将应用程序文件连编为扩展名为.EXE 的可执行文件。

12.1.1 项目管理器的启动

以下任一种的方法均可启动 Visual FoxPro 的项目管理器，启动成功后 VFP 将打开如图 12-1 所示的"项目管理器"窗口。

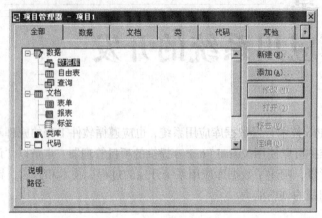

图 12-1 "项目管理器"窗口

- 执行主窗口"文件"菜单中的"新建"命令新建一个项目文件。
- 执行主窗口"文件"菜单中的"打开"命令打开一个已有的项目文件。
- 在命令窗口执行"CREATE PROJECT"命令或"MODIFY PROJECT"命令。

"项目管理器"窗口采用树型目录结构来显示和管理本项目所包含的所有内容。在窗口内选中某个文件后，可单击右侧的"新建"、"添加"或"修改"等按钮进行相应的操作，在窗口底部还将显示当前选中文件的简单说明和访问路径。

"项目管理器"窗口中共有 6 个选项卡，各选项卡的功能如下。

- "全部"选项卡：用于显示和管理项目包含的所有文件。
- "数据"选项卡：包含项目中所有的数据，如数据库、自由表、查询和视图等。
- "文档"选项卡：包含显示、输入和输出数据时所涉及的所有文档，如表单、报表和标签等。
- "类"选项卡：显示和管理用户自定义类。可以在此新建自定义类，也可将已创建的类库文件添加到当前的项目中来。并可以修改或移去自定义类。
- "代码"选项卡：显示与管理各种程序代码文件，包括扩展名为.PRG 的程序文件和扩展名为.APP 的应用程序文件，以及 API 函数库等。
- "其他"选项卡：显示与管理有关的菜单文件、文本文件、位图文件、图标文件和帮助文件等。

此外，在打开"项目管理器"窗口后，主窗口的菜单栏上将增加一个"项目"菜单，该菜单中的命令大多与"项目管理器"窗口内的命令按钮相同，并增加了"项目信息"、"清理项目"等其他一些命令。

【例 12-1】 创建一个名为"订单管理"的项目文件。操作步骤如下：

① 执行"文件"菜单中的"新建"命令，在弹出的"新建"对话框中选中"项目"，然后单击"新建文件"命令，弹出"创建"对话框。

② 在"保存在"框中输入项目文件的保存位置，在"项目文件"框中输入新建的项目名称"订

单管理"，然后单击"保存"按钮。

Visual FoxPro 将在指定的磁盘目录位置建立一个名为"订单管理.pjx"的项目文件。此后，在打开这个文件时将同时打开"项目管理器"窗口。

12.1.2 项目管理器的操作

开发数据库应用系统时，可以在创建好有关的数据和程序文件后，再创建一个项目将它们添加到这个项目中来。最好的办法是，先创建一个项目，然后在该项目中创建各相关文件，对于大项目来说，这显得尤为重要。下面看一下项目管理器的常用操作。

1. 创建文件

在项目管理器中创建的文件将自动被包含在当前打开的项目文件中，创建项目中一个新文件的操作步骤如下：

（1）在"项目管理器"窗口的某个选项卡中选定要创建的文件类型。例如，选取"数据库"可创建一个数据库文件，选取"自由表"可创建一个自由表文件。

（2）单击"新建"按钮，或者执行"项目"菜单下的"新建文件"命令，即可打开相应的设计器创建一个新文件。

例如，在"全部"选项卡或"数据"选项卡中选取"数据库"，然后单击"新建"按钮，在指定一个文件名之后即可打开"数据库设计器"窗口来创建一个数据库。

2. 添加文件

利用项目管理器可将已经存在的文件添加到打开的项目文件中，其操作步骤为：

（1）在"项目管理器"窗口的某个选项卡中选定要添加的文件类型。例如，选取"自由表"即可添加一个自由表文件。

（2）单击"添加"按钮，或者执行"项目"菜单下的"添加文件"命令，在弹出的"打开"对话框中选择要添加的文件，然后单击"确定"按钮。

3. 修改文件

在项目管理器中可修改任意一个本项目内指定的文件，其操作步骤为：

（1）在"项目管理器"窗口的某个选项卡中选定要修改的某个具体文件，如选定数据库中的一个数据表。

（2）单击"修改"按钮，或者执行"项目"菜单下的"修改文件"命令，Visual FoxPro 将根据所要修改的文件类型启动相应的设计器并打开要修改的文件。

（3）在设计器中修改指定的文件，修改完成后存盘退出。

4. 移去文件

若要从项目中移去某个文件，可在项目管理器中进行以下操作：

（1）在"项目管理器"窗口的某个选项卡中选定要移去的文件。

（2）单击"移去"按钮，或者执行"项目"菜单下的"移去文件"命令，Visual FoxPro 将弹出如图 12-2 所示的对话框。

（3）若单击对话框中的"移去"按钮，将从本项目中移去所选定的文件，被移去的文件仍保存在原来的磁盘位置上；若单击对话框中的"删除"按钮，则不仅从项目中移去所选定的文件，而且被移去的文件还将被从磁盘上删除。

图 12-2 移去或删除文件对话框

5. 其他操作

在"项目管理器"窗口中还有其他一些命令按钮，根据所选择的文件的不同类型，这些按钮上所显示的名称也会随之改变。这些按钮及其功能如下。

● "浏览"按钮：若在项目管理器中选中一个数据表，将出现一个"浏览"按钮，单击此按钮即可弹出一个"浏览"窗口供用户浏览选中的数据表。

● "打开"或"关闭"按钮：在项目管理器中选中一个数据库文件后，若此数据库未打开，将出现一个"打开"按钮，单击此按钮可将选定的数据库打开；若此数据库已打开，将出现一个"关闭"按钮，单击此按钮可将选定的数据库关闭。

● "预览"按钮：若在项目管理器中选中一个报表或标签文件，将出现一个"预览"按钮，单击此按钮即可弹出一个相应的"预览"窗口供用户预览选中的报表或标签。此按钮与"项目"菜单中的"预览文件"命令的功能相同。

● "运行"按钮：若在项目管理器中选中一个查询、表单或程序文件时，将出现一个"运行"按钮，单击此按钮将运行所选定的一个查询、表单或程序文件。此按钮与"项目"菜单中的"运行文件"命令的功能相同。

● "连编"按钮：单击此按钮将连编当前打开的项目。所谓连编是指将一个项目中的所有程序连接并编译在一起，形成一个扩展名为.APP 的应用程序文件或扩展名为.EXE 的可执行文件。

12.2 数据库应用系统的开发概述

一个典型的数据库应用系统，通常由用户界面、输入/输出、数据库、事务处理和控制管理等几个部分组成。开发这样一个数据库应用系统，也要遵循软件工程的原理和规范，不过要格外重视数据库的设计和实现。下面简单介绍一下数据库应用系统开发的一般过程和数据库设计的步骤。

12.2.1 数据库应用系统开发的一般过程

数据库应用系统的开发过程一般包括需求分析、系统概要设计、系统详细设计、系统实现、系统测试和系统交付等几个阶段。但根据应用系统的规模和复杂程度，在实际开发过程中往往有一些灵活处理。有时候把两个甚至三个过程合并进行，不一定完全刻板地遵守这样的过程，但是不管所开发的应用系统的复杂程度如何，需求分析、系统设计、系统实现和系统交付这几个基本过程是不可缺少的。

1. 需求分析

需求分析是数据库应用系统开发活动的起点，这一阶段的基本任务简单说来有两个：一是摸清现状，二是厘清目标系统的功能。摸清现状的一个主要目的就是对系统中涉及的数据流进行分析，归纳出整个系统应该包含和处理的数据，为下一阶段的数据库设计奠定基础。厘清目标系统的功能就是要明确说明系统将要实现的功能，也就是明确说明目标系统将能够为人们提供哪些支持，这将为下一阶段的功能设计奠定基础。

在整个系统的开发过程中都应该有最终用户的参与，而在需求分析阶段这尤为重要，用户不仅要参与，而且要树立用户在需求分析中的主体和主导地位。

对于一个应用项目的开发，即使作了认真仔细的分析，也需要在今后每一步的开发过程中不断地加以修改和完善，因此必须随时接受最终用户的监督和反馈意见。

2. 系统设计

通过需求分析，明确了应用系统的现状与目标后，就进入系统设计阶段。系统设计的任务很多，比较重要的有：应用系统支撑环境的选择；应用系统开发工具的选择；应用系统界面的设计，如系统的菜单、表单等；应用系统数据组织结构的设计，也就是数据库的设计；应用系统功能模块的设计；较复杂功能模块的算法设计等。

在系统设计的上述任务中，最为重要的就是数据库设计和功能设计。用户在进行系统设计时，要把这两方面的设计有机联系起来，要统筹考虑，且不可割裂开来独立设计。

（1）数据库设计

数据库的设计的内容包括：设计应用系统中包括的数据库；设计每一个数据库所包括的数据表；设计每一个表的结构、表的索引、字段约束关系、字段间的约束关系；设计数据表之间的永久关系；设计数据表之间的约束等。创建与使用数据库将带来如下一些好处：

● 数据库按一定的逻辑结构存放了所需的大批数据，是实现应用系统数据集成的有效手段，便于各种数据的集中统一管理。

● 可以利用数据库的数据词典功能，设置数据库中各数据表的属性及表中各字段的属性，并建立必要的字段级规则、记录级规则，以及表之间的参照完整性规则等，以保证数据的安全性、一致性和可靠性。

● 可在数据表之间建立永久关系，从而使此种关系在查询与视图中自动成为内在的连接条件，或在表单和报表的数据环境中成为数据表之间的默认关系。同时在建立关系基础上才能建立相关数据表之间的参照完整性。

（2）功能设计

功能设计主要是敲定整个应用系统完成的任务。一般而言，整个应用系统的总任务由多个子任务组合而成,而且这个组合的总任务的复杂程度将大于分别考虑各个子任务时的复杂程度之和，所以，在系统设计的工作中都要进行功能模块化设计。

功能模块化设计是将应用系统划分成若干个功能模块，每个功能模块完成一个子功能，再把这些功能模块合起来组成一个整体，以满足所要求的整个系统的功能。每一个功能模块由一个或多个相应的程序模块来实现，当然，根据需要还可以进行功能模块的细分和相应程序模块的细分，这就是子模块的概念。

在设计一个应用系统时，应仔细考虑每个功能模块所应实现的功能，该模块应包含的子模块，以及该模块与其他模块之间的联系等，然后再用一个控制管理模块（主程序）将所有的模块有机地组织起来。典型的数据库应用系统大多包括以下几个一级功能模块。

① 查询检索模块。数据库应用中的查询检索模块是不可缺少的，通常应提供对系统中每个数据表的分别查询功能，同时允许用户由指定的一个表或多个数据表中获取所需数据。此外，应提供各种条件的查询和组合条件的查询，让用户有更强的控制数据的能力。

例如，对于订单管理系统的查询模块，应允许用户按照顾客姓名或销售员姓名查询，也可以按订单号或订单日期查询，或按多个条件的组合查询，允许用户检索和输出所需的任何订单相关信息。

② 数据维护模块。数据维护模块同样是必不可少的，除了提供数据库的维护功能以及对各个数据表记录的添加、删除、修改与更新功能之外，数据维护模还应该提供数据的备份、数据表的重新索引等日常维护功能。

③ 统计和计算模块。在多数情况下，一个数据库应用系统还应提供用户所需的各种统计计算

功能，除了常规的求和、求平均、按要求统计记录个数和分类汇总等功能外，还应该根据实际需要提供其他专项数据的统计和分析功能。

④ 打印输出模块。一个实际运行中的数据库应用程序自然还应提供各种报表和表格的打印输出功能，既可以打印原始的数据表内容，也可从单个数据表或多个数据表中抽取所需的数据加以综合制表予以打印输出。并可根据需要提供分组打印和排序后打印输出等功能，同时允许用户灵活设定报表的打印格式。

⑤ 帮助模块。在复杂的数据库应用系统中，该模块显得格外重要。完善的帮助模块不仅应该协助用户正确地使用系统的各项功能，而且还应该帮助用户进行简单的系统管理和维护。

3. 系统的实现

系统实现的工作任务比较明确，就是依据系统设计的工作成果创建数据库和功能模块。数据库的建立包括数据表结构的定义、数据表索引的定义、数据表约束的定义、数据表关系的定义、部分数据的录入等；功能模块的创建就是创建这个功能模块所包括的类、程序、查询、菜单、表单和报表等。对数据库的实现，本书已经做了完整的讲解，下面主要介绍一下功能模块实现方面的有关内容。

（1）自定义类的创建

类是系统构建中代码重用的基本单位，创建自定义类可以方便与简化应用程序的实现效率。例如，若需要为应用系统创建统一的界面标志、统一风格的操作控件、统一的业务规则等，就应该考虑利用 Visual FoxPro 的类设计器创建用户自定义类，并将这些自定义类添加到相应的功能模块中。

（2）界面模块的创建

一个应用系统的用户界面包括表单、菜单和工具栏等，它们所包含的控件与菜单命令等应能实现应用系统的全部功能。事实上，无论一个应用系统的程序代码设计得如何简洁巧妙，对最终用户来说都是不可见的，用户所能见到的和所能操作的仅是应用系统提供的用户界面。因此从某种意义上说，面向对象的程序设计过程是一种以用户界面的设计为核心来展开的程序设计。

一个对用户友好的数据库应用程序，大多需要提供一个菜单命令系统供用户选择执行，提供若干个表单界面供用户输入、浏览和修改数据，以及提供若干个操作提示和出错信息提示的对话框等，并在操作失败时提供方便的恢复现场的功能。在某些情况下，还需要添加某些事件响应代码，提供某些特定的用户控制功能，以便在保证数据安全准确的前提下，尽量方便用户的操作。

（3）输入/输出模块的创建

一个数据库应用程序大多包含查询、维护和报表打印等多个输入/输出功能模块。如前所述，在面向对象的程序设计过程中，这些模块的设计实际上是与用户界面的设计融合在一起的。Visual FoxPro 提供了丰富的可视化设计工具，能支持用户在创建友好的用户界面的同时完成所需输入/输出功能模块的创建。其创建步骤一般包括：

● 创建所需的菜单、表单、报表等对象。
● 为表单和报表对象添加所需的各种控件。
● 设置各对象的属性，及对象内部各控件的属性。
● 编写对象所需的事件过程代码。
● 需要时，为对象的方法程序添加代码。

（4）业务模块的创建

通俗地讲，"业务"就是各行业中需要处理的事务，以销售系统为例，"业务"是与售出产品、换取利润相关的商业活动。在 Visual FoxPro 中，业务模块可以跟输入/输出模块集成在一起，也可以通过类或程序单独实现。

（5）主控模块的创建

在 Visual FoxPro 中，主控模块是通过主文件实现的。主文件也称为主控程序，是指用户在启动应用系统时所执行的一个程序文件。它可以是一个表单程序，也可以是一个菜单程序或命令程序。在 Visual FoxPro 中，通常建议使用命令程序作为主程序。在创建主程序时，一般需要完成以下几项任务。

① 初始化工作环境

主程序所必须做的第一件事就是对应用系统的工作环境进行初始化。初始化工作环境通常包括以下几项内容：

- 用一系列 SET 命令进行环境设置；
- 初始化变量，包括说明所用变量的类型、是否为全局变量，并为变量赋初值等；
- 建立默认的文件访问路径；
- 打开所需的数据库、数据表及有关索引；
- 需要的话，加入外部类库和过程文件。

② 显示用户主界面

用户主界面可以是一个菜单，也可以是一个表单或其他用户界面组件。用户主界面是通过在主程序中安排一条执行菜单的命令或执行表单的命令来显示的。大多数情况下，在显示作为系统主界面的菜单或表单之前，还应先显示应用系统的软件封面，并启动一个针对操作员的身份验证程序或注册对话框。

③ 建立事件循环

建立起应用系统的工作环境，并在显示初始用户界面之后，需要建立一个事件循环来等待接受用户的交互操作。通常是在主程序中执行一条 READ EVENTS 命令，在此之后 Visual FoxPro 才能响应用户的鼠标点击和键盘按键等事件。

建立了控制事件的循环后，应用系统也必须提供一种方法来结束事件循环，通常可在为退出应用系统而编写的菜单命令代码或表单的"退出"按钮事件代码中，执行一条 CLEAR EVENTS 命令来结束应用程序的事件循环。当发出 CLEAR EVENTS 命令时，程序继续执行紧跟在 READ EVENTS 后面的那条命令。

④ 退出系统时恢复原工作环境

退出应用系统时应能恢复 Visual FoxPro 原来的工作环境。包括原有环境设置的恢复，各打开的数据库以及数据表的关闭，变量的清除等。

（6）模块的测试与调试

在应用系统创建的过程中，需要不断地对所实现的查询、类、程序、菜单、表单、报表等程序模块进行测试与调试。通过测试发现问题和纠正错误，并逐步加以完善。

Visual FoxPro 提供了专门的程序调试器，可用它来设置程序断点、跟踪程序的运行，检察所有变量的值、对象的属性值及环境设置值等。启动程序调试器的方法是执行"工具"菜单下的"调试器"命令，或在命令窗口执行 DEBUG 命令。

经测试各程序模块，达到预定的功能和效果后，就可进行整个应用系统的综合测试与调试。综合测试通过后，便可投入试运行，即把各程序模块连同数据库一起装入指定的文件夹，然后启动主程序开始运行，考察系统的各个功能模块是否能正常运行，是否达到了预定的功能和性能要求，是否能满足用户的需求。试运行阶段一般只需装入少量的试验数据，待确认无误后再输入大批的实际数据。

4. 系统的测试

测试阶段的任务就是验证系统设计与实现阶段中所完成的功能能否稳定准确地运行，这些功能是否全面地覆盖并正确地完成了委托方的需求，从而确认系统是否可以交付运行。测试工作一般由项目委托方或由项目委托方指定第三方进行。

一般来说，在系统实现阶段设计人员会进行一些测试工作，但这是由设计人员自己进行的一种局部的验证工作，重点是检测程序有无逻辑错误，与前面所讲的系统测试在测试目的、方法及全面性方面还是有很大差别的。

5. 系统的交付

系统的交付主要有两个任务：一是应用系统的连编，以便最后生成一个可执行文件供最终用户使用；二是应用程序的发布，即对所完成的软件数据、程序等打包，并形成发行版本，使用户在满足系统所要求的支撑环境的任一台计算机上按照安装说明便可以安装运行。

（1）应用系统的连编

一个应用程序设计完毕后，还必须进行连编，以便最后生成一个可执行文件供最终用户使用。连编不仅能将各个分别创建的模块有机地组合在一起，从而保证整个系统的完整性和准确性，同时还可以增加程序的保密性。

通常用项目管理器或应用程序生成器来进行连编，为此可先创建一个项目，并将应用程序所包含的各个组件添加到项目管理器中。连编一个应用程序的步骤通常包括：

① 在项目管理器中打开需要连编的应用程序项目，然后单击"连编"按钮或执行"项目"菜单的"连编"命令。

② 在弹出的如图 12-3 所示的"连编选项"对话框中，选中"连编应用程序"、"显示错误"、"连编后运行"等选项，然后单击"确定"按钮。

③ 在弹出的"另存为"对话框中输入连编完成后所生成的应用程序的名称，然后单击"保存"按钮。

应用程序连编成功后将生成扩展名为.APP 的应用程序文件，此种文件可在 Visual FoxPro 环境中运行。若要生成可以直接在 Windows 环境下运行的.EXE 可执行文件，应在"连编选项"对话框中选取"连编可执行文件"选项。

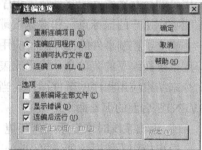

图 12-3 "连编选项"对话框

（2）应用系统的发行

在完成应用程序的开发和连编之后，可利用"安装向导"为应用程序创建安装程序和发行磁盘（或光盘），其主要步骤如下。

① 建立发布树

首先需要创建并维护一个独立的只包含安装文件的目录树，称为"发布树"。其中包含要复制到用户硬盘上去的所有发布文件。

② 运行"安装向导"

执行"工具"菜单下"向导"子菜单中的"安装"命令，可启动"安装向导"。"安装向导"共有以下七个操作步骤：

- 指定"发布树"的位置。
- 指定应用程序的各个组件。

- 为应用程序指定安装盘类型。
- 指定安装过程中的对话框标题以及版权声明等内容。
- 指定应用程序的默认文件安装目的地。
- 显示待安装的文件名、目的地及其他一些选项，允许对其做修改和调整。
- 最后单击"安装向导"对话框的"完成"按钮后，系统便将"发布树"中的所有文件进行压缩，并把它们分解为与安装盘大小相匹配的文件块，同时生成一个 SETUP.EXE 文件。

12.2.2　数据库设计的步骤

如前所述，一个高效的数据库应用系统必须要有一个或多个设计合理的数据库的支持。与其他计算机应用系统相比，数据库应用系统具有数据量大、数据关系复杂、用户需求多样化等特点。这就要求对应用系统的数据库和数据表进行合理的结构设计，不仅能够有效地存储信息，而且能够反映出数据之间存在的客观联系。本节将探讨数据库设计的过程，主要包括数据需求分析、确定所需表、确定所需字段、确定所需关系以及设计求精等。

1. 数据需求分析

首先需要明确创建数据库的目的，即需要明确数据库设计的信息需求、处理需求及对数据安全性与完整性的要求。

- 信息需求：即用户需要从数据库中获得哪些信息。信息需求决定了一个数据库应用系统应该提供的所有信息及这些信息的类型。
- 处理需求：即需要对这些数据完成什么样的处理及处理的方式。处理需求决定了数据库应用系统的数据处理操作，应考虑执行操作的场合、操作对象、操作频率及对数据的影响等。
- 安全性与完整性的要求：在定义信息需求和处理需求的同时，必须考虑相应的数据安全性和完整性的要求，并确定其约束条件。

在整个应用系统设计和数据库设计中，需求分析都是十分重要的基础工作。必须与实际使用人员多加交流，耐心细致地了解现行业务的处理流程，收集能够收集到的全部数据资料，包括各种报表、单据、合同、档案和计划等。

2. 确定所需表

确定数据库中所应包含的表是数据库设计过程中技巧性最强的一步。尽管在需求分析中已经基本确定了所设计的数据库应包含的内容，但需要仔细推敲应建立多少个独立的数据表，以及如何将这些信息分门别类地放入各自的表中。事实上，根据用户想从数据库中得到的信息，包括要查询的信息、要打印的报表、要使用的表单等，仍不能直接决定数据库中所需的表及这些表的结构。

应该从分析数据库应用系统的整体需求出发，对所收集到的数据进行归纳与抽象，同时还要防止丢失有用的信息。仔细研究需要从数据库中提取的信息，遵从概念单一化的原则，将这些信息分成各种基本主题，每个主题对应一个独立的表，即用一个表描述一个实体或实体间的联系。例如，在一个销售管理系统的数据库中，可将客户、员工、商品、订单、供应商等每个实体设计成一个独立的数据表。

3. 确定所需字段

确定每个表所需的字段时应考虑以下几个原则。

- 每个字段直接和表的实体相关：即描述另一个实体的字段应属于另一个表。必须确保一个表中的每个字段直接描述本表的实体。如果多个表中重复同样的信息，则说明表中有不必要的字段。

● 以最小的逻辑单位存储信息：表中的字段必须是基本数据元素，而不应是多项数据的组合。如果一个字段中结合了多种数据，应尽量把信息分解为较小的逻辑单位，以避免日后获取单独数据的困难。

● 表中字段必须是原始数据：即不要包含可由推导或计算得到的字段。多数情况下，不必将计算结果存储在表中。例如，库存表中有商品号、商品名称、单价、数量等字段，而商品总价可根据单价和数量计算后得到，不必包含在库存表中。若要在表单或报表中输出商品总价，可临时通过计算获得。

● 包括所需的全部信息：在确定所需字段时不要遗漏有用的信息，应确保所需的信息都已包括在某个数据表中，或者可由其他字段计算出来。同时在大多数情况下，应确保每个表中有一个可以唯一标识各记录的字段。

● 确定关键字段：关系型数据库管理系统能够迅速地查询并组合存储在多个独立的数据表中的信息。为使其有效地工作，数据库中的每一个表都必须至少有一个字段可用来唯一地确定表中的一个记录，这样的字段被称为主关键字段。Visual FoxPro 能够利用关键字段迅速关联多个表中的数据，并按照需要把有关数据组织在一起。关键字段不允许有重复值或 NULL 值。例如，在员工数据表中，通常可将员工号作为主关键字段，而不能将姓名作为主关键字段。

4. 确定所需关系

设计数据库的一个重要步骤是确定库中各个数据表之间的关系。所确定的关系应该能够反映出数据表表之间客观存在的联系，同时也为了使各个表的结构更加合理。数据表之间的关系可分为三种，即一对一关系、一对多关系和多对多关系。

● 一对一关系：在一对一关系中，表 A 的一个记录在表 B 中只有一个记录与之对应，而表 B 中的一个记录在表 A 中也只有一个记录与之对应。如果存在一对一的关系，首先应考虑是否可以把这两个表的信息合并成一个表。如果不适合合并，可在两个表中使用同样的主关键字段建立一对一的关系。例如，教工档案表和教工工资表都可以使用教工号作为主关键字段建立联系。

● 一对多关系：一对多关系是关系型数据库中最普遍的联系。在一对多关系中，表 A 的一个记录在表 B 中可以有多个记录与其对应，而表 B 中的一个记录在表 A 中最多只有一个记录与之对应。要建立这种关系，可以将"一方"的主关键字段拖放到"多方"的表中。"一方"应该使用主索引关键字或候选索引关键字，而多方可使用普通索引关键字。

● 多对多关系：在多对多关系中，表 A 的一个记录在表 B 中可以有多条记录与其对应，而表 B 中的一个记录在表 A 中也可以有多条记录与之对应。例如，在销售管理数据库中，对于订单表中的每个记录，在商品表中可以有多个记录与之对应；同样对于商品表中的每个记录，在订单表中也可以有多个记录与之对应。对于这种复杂的多对多关系，通常需要改变数据库的设计，把多对多的联系分解为两个一对多的联系。方法是创建第三个表，所创建的第三个表应包含两个表的主关键字段，然后分别与两个表建立一对多的联系。由于这第三个表在两个表之间起着纽带作用，因而被成为"纽带"表。

5. 确定所需约束

确定数据库应该满足的约束，是保证数据库中数据正确性和一致性的重要手段。数据库约束是为了保证数据的完整性而实现的一套机制，需要根据业务需求，从下述三个方面确定数据库所需要满足的约束。

● 字段约束：如果业务要求数据表中字段的类型或值必须符合某个特定的要求，可以通过设定字段的有效性规则加以实施。

● 表内约束：如果表中两个或两个字段之间存在业务约束关系，可以通过设置记录的有效性规则来实施。

● 表间约束：为了保持相关表之间的数据一致性，使数据表数据记录在插入、删除和更新时满足业务逻辑，可以通过设置参照完整性设置加以实施。

6. 设计求精

数据库设计的过程实际上是一个不断返回修改、不断调整的过程。在设计的每一个阶段都需要测试其是否能满足用户的需要，不能满足时就需要返回到前一个或前几个阶段进行修改和调整。

在确定了所需的表、字段和它们之间的联系后，应该再回过头来仔细研究和检查一下设计方案，看看是否符合用户的需求，是否易于使用和维护，是否存在某些缺陷和需要改进的地方。经过反复论证和修改之后，才可以在此数据库的基础上开始应用系统的程序代码开发工作。下面是需要检查的几个方面。

● 是否遗忘了字段？是否有需要的信息没有包含进去？如果是，它们是否属于已创建的表？如果不包含在已创建的表中，那就需要另外创建一个表。

● 是否有包含了同样字段的表？如果是，需要考虑将与同一实体有关的所有信息合并成一个表。

● 表中是否带有大量的不属于本表实体信息的字段？例如，在销售表中既带有销售信息字段又带有客户信息的若干个字段，此时必须修改设计，确保每个表包含的字段只与一个实体有关。

● 是否为每个数据表选择了合适的主关键字？在使用这个主关键字查找具体记录时，它是否很容易被记忆和键入？并应确保主关键字的值不会重复。

● 是否在某个表中重复输入了同样的信息？如果是，需要将该表分成两个一对多关系的表。

● 是否存在字段很多而记录却很少的表，而且许多记录中的字段值为空？如果有，就需要考虑重新设计该表，使它的字段减少，记录增多。

12.3　案例分析——订单管理系统的开发

"订单管理系统"是一个以单人网店为背景的简化应用系统，它虽然小巧，却包含了开发一个应用系统所需的各个步骤，这对于帮助读者厘清数据库应用系统开发的过程是很有启发的，对于读者掌握 Visual FoxPro 的开发技术也是很有帮助的。

12.3.1　需求分析

采用计算机辅助管理的手段，对个人网店的销售订单进行统一的管理，以降低人工管理订单的复杂度，提高订单管理的规范化。本系统的开发应该满足用户的以下需求。

1. 功能需求分析

由于本案例是一个单人网店的订单管理，所以功能很简单，主要有以下两点：

（1）对网店的销售订单进行统一管理，支持店主对网店的销售订单信息进行录入、修改、删除、查询、统计、报表和打印等操作。

（2）订单管理系统只允许店主以操作员的身份使用，操作界面要友好、直观与方便。

2. 数据需求分析

订单的管理涉及的主要数据有店主和订单，这两类数据的业务特征有以下两点：

（1）订单信息包括客户信息、销售产品信息、销售数量信息、销售时间信息等；作为系统用户的店主信息主要有用户名和密码两项。

（2）完整的存储订单及其客户和产品的信息，并保证订单信息在客户、产品和订单之间数据的一致性，防止无客户和产品信息的孤立订单数据的出现。

12.3.2 系统设计

基于上述的需求分析，系统设计如下所述。

1. 功能设计

本系统主要用于店主对网店的销售订单、购买顾客以及销售产品的计算机辅助管理，具体来说，就是店主基于本系统对与订单相关的信息进行插入、修改、删除、查询、统计、报表和打印等功能。基于这些功能，系统可以设计为六大功能模块，具体情况如下。

（1）主界面模块

本模块提供订单管理系统的主菜单界面，供用户选择与执行各项管理工作。同时在本模块中还将核对进入本系统操作人员的用户名与密码。

（2）查询模块

提供网店销售订单相关信息的查询检索功能，包含顾客信息查询、商品信息查询、订单信息查询等子模块。其中，对于顾客信息与商品信息的查询既可按照编号查询，也可按照姓名、名称查询。

（3）维护模块

提供销售订单信息的修改、添加、删除、备份等维护功能，包含顾客信息维护、商品信息维护、订单信息维护等子模块。对于顾客信息与商品信息的维护同样可在输入编号或姓名、名称后快速显示，并根据需要进行增、删、改等操作。

（4）统计模块

提供各种统计信息，如顾客购买商品数量的统计、订单销售额的统计等。

（5）报表模块

可打印每个顾客的信息、各种商品信息统计表、订单统计表、顾客订单一览表等。

（6）帮助模块

关于系统的使用提供相关的帮助信息。

基于上述分析，系统的功能架构可用图 12-4 表示。由于系统比较简单，所以架构很简洁，自上而下共两层，第一层是主界面，通常对应管理控制模块；第二层为功能层。

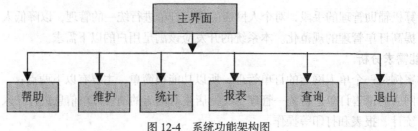

图 12-4　系统功能架构图

2. 数据库设计

根据项目需求分析，本项目确定创建一个订单数据库，并在该数据库中加入客户表、商品表、订单表、订单明细表等。这些数据表的详细情况分别如表 12-1、表 12-2、表 12-3 和表 12-4 所示。请用户注意，由于业务关系很清晰，数据库的约束在前面的章节介绍的很全面，所以这里就没有完全展开。此外，为了验证操作人员的身份及授权情况，还需建立一个管理员表。该表可以作为自由表独立存放，其结构如表 12-5 所示。需要特别指出的是商品表中少了一个字段，请读者根据上下文补上这个字段。

表 12-1　客户表

字　段　名	数 据 类 型	字 段 宽 度	说　　明
顾客编号	字符型	8	建立主索引
顾客姓名	字符型	8	建立普通索引
顾客地址	字符型	2	
固定电话	字符型	6	
移动电话	字符型	6	

表 12-2　商品表

字　段　名	数 据 类 型	字 段 宽 度	说　　明
商品编号	字符型	9	建立主索引
商品名称	字符型	40	建立普通索引
商品价格	货币型	8	
商品库存	数值型	4	
商品照片	通用型	4	

表 12-3　订单表

字　段　名	数 据 类 型	字 段 宽 度	说　　明
订单号	字符型	9	建立主索引
顾客编号	字符型	10	建立外键关系
订单日期	日期型	8	
备注	备注型	4	

表 12-4　订单明细表

字　段　名	数 据 类 型	字 段 宽 度	说　　明
订单号	字符型	8	建立主索引
商品编号	字符型	9	建立外键关系
数量	数值型	6	仅限于数字

表 12-5　管理员表

字　段　名	数 据 类 型	字 段 宽 度	说　　明
注册名	字符型	8	
密码	字符型	10	可以为任何 ASCII 字符

12.3.3　系统实现

设计好本应用系统的模块结构和数据库后，即可着手本项目的创建。本例中，首先利用项目管理器创建一个名为 ddgl 的项目，然后以该项目为平台，创建应用系统的数据库，创建应用系统的各个功能模块，最后将系统的上述功能连编打包。

1. 创建数据库

根据系统设计，本项目先建一个"订单.dbc"数据库，并在该数据库中创建客户表 customer.dbf、商品表 product.dbf、订单表 orders.dbf 和订单明细表 orderdetail.dbf。然后建立数据表之间的约束和关系。由于订单数据库的创建在第 5 章的综合示例中有完整的介绍，所以这里就不赘述了。下面只给出自由表管理员 adminers.dbf 的创建代码。

```
CREATE TABLE adminers.dbf FREE (注册名 char(8)，密码 char(10))
INSERT INTO adminers VALUES (" manager"，"123456")
```

2. 创建新类

在应用系统的设计中，创建用户自定义的新类可以简化系统的设计工作，使界面风格一致，并便于维护与修改系统。所创建的类可直接添加到正在设计的表单及其他对象中，大大提高了程序设计的工作效率。

由于在本系统的顾客信息查询表单与顾客信息维护表单中都将用到记录定位命令按钮组，其中包含"第一个"、"上一个"、"下一个"和"最后一个"四个按钮。因而不妨先将其定义为一个类，存储在指定的某个自定义类库中以便需要时随时调用。这里以创建这个新类 jldw.vcx 为例，说明具体创建步骤。

① 打开订单管理项目 ddgl.pjx，在项目管理器中选定"类"选项卡，然后单击"新建"按钮，弹出如图 12-5 所示的"新建类"对话框。

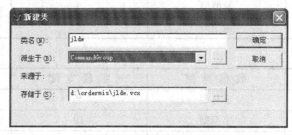

图 12-5　"新建类"对话框

② 在"类名"文本框中输入"jldw"；在"派生于"下拉列表框中选定"CommandGroup"；在"存储于"框中填入要保存的磁盘路径，然后单击"确定"按钮。

③ 在"属性"窗口中设定 Buttoncount 属性值为 4，此时将出现 4 个命令按钮。将各按钮拖放到适当位置，并将各按钮的 Caption 属性值分别设定为"第一个"、"上一个"、"下一个"和"最后一个"，如图 12-6 所示。然后再将各按钮的 Name 属性值分别设定为"dyg"、"syg"、"xyg"和"zhyg"。

图 12-6　设计中的新类 jldw

④ 双击"第一个"按钮，设定其 Click 事件代码如下：

```
go top
this.parent.syg.enabled=.F.
this.parent.xyg.enabled=.T.
this.parent.zhyg.enabled=.T.
thisform.refresh
```

⑤ 双击"上一个"按钮，设定其 Click 事件代码如下：

```
skip -1
if bof()
    messagebox("已是第一个记录！",48,"信息窗口")
    this.parent.dyg.enabled=.F.
    this.parent.syg.enabled=.F.
    skip
else
    this.parent.dyg.enabled=.T.
    this.parent.syg.enabled=.T.
endif
this.parent.xyg.enabled=.T.
this.parent.zhyg.enabled=.T.
thisform.refresh
```

⑥ 双击"下一个"按钮，设定其 Click 事件代码如下：

```
skip
if eof()
    messagebox("已是最后一个记录！",48,"信息窗口")
    skip -1
    this.parent.xyg.enabled=.F.
    this.parent.zhyg.enabled=.F.
else
    this.parent.xyg.enabled=.T.
    this.parent.zhyg.enabled=.T.
    thisform.refresh
endif
this.parent.dyg.enabled=.T.
this.parent.syg.enabled=.T.
thisform.refresh
```

⑦ 双击"最后一个"按钮，设定其 Click 事件代码如下：

```
go bottom
this.parent.dyg.enabled=.T.
this.parent.syg.enabled=.T.
this.parent.xyg.enabled=.F.
thisform.refresh
```

⑧ 单击"常用"工具栏上的"保存"按钮，将新创建的类保存到指定的类库中。

3. 创建主界面

（1）软件封面

首先创建如图 12-7 所示的软件封面表单，设定此表单为顶层表单，以文件名 cover.scx 存盘。根据设计要求，在运行若干秒钟后或者当用户按下任意键后，该表单将自行关闭，随即启动管理员身份验证界面。创建此表单的具体操作步骤如下。

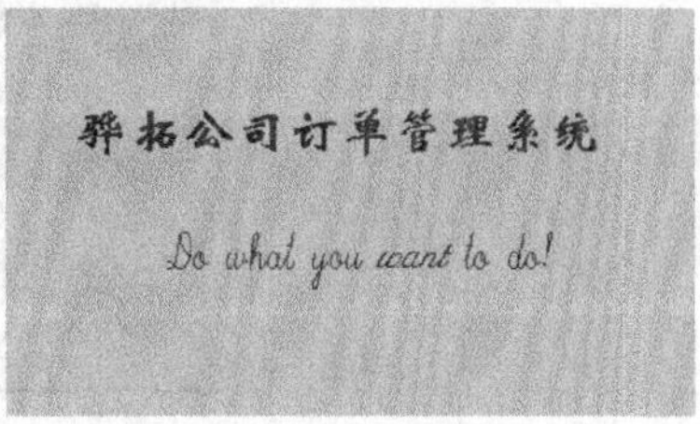

① 打开表单设计器，在表单 Form1 中添加两个标签 Label1、Label2 和一个计时器 Timer1，并调整其大小与位置。

图 12-7　软件封面

253

② 设置表单及其内控件的有关属性如表 12-6 所示：

表 12-6 封面表单及表单内控件的有关属性

对象名称	属性名	设置值
Form1	Autocenter	.T.
	BackColor	192,192,192
	ShowWindow	2——作为顶层表单
	Titlebar	0——关闭
Label1	Caption	骅拓公司订单管理系统
	FontName	华文新魏
	FontBold	.T.
	FontSize	24
	BackStyle	0——透明
Label2	Caption	Do what you want to do!
	FontSize	26
	FontName	Script
	BackStyle	0——透明
Timer1	Interval	5000

③ 为了使本表单在显示 5 秒钟后自动关闭并自动调用身份验证程序，设置计时器 Timer1 的 Interval 属性值为 5000 毫秒，同时为 Timer1 的 Timer 事件编写如下代码：

```
ThisForm.Release
Do Form Password.scx
```

④ 为了使本表单在用户按下任意鼠标键后即能自动关闭并自动调用身份验证程序，编写表单 Form1 的 MouseDown 事件代码如下：

```
ThisForm.Release
Do Form Password.scx
```

⑤ 将此表单以文件名 cover.scx 存盘。

（2）创建身份验证界面

对于应用系统的操作者，一般都需要进行操作权限和身份的验证。本系统为此设计了一个图 12-8 所示的身份验证表单 Password.scx，只有输入的操作员姓名及密码均无误后才能进入系统主菜单。具体设计步骤如下。

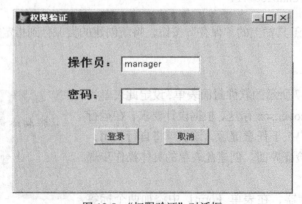

图 12-8 "权限验证"对话框

① 打开表单设计器，在表单 Form1 中添加两个标签 Label1、Label2，两个文本框 Text1、Text2 和两个命令按钮 Command1、Command2，并调整其大小与位置。

② 设置表单及其内部控件的有关属性如表 12-7 所示：

表 12-7　　　　　　　　　　　　身份验证表单及表单内控件的有关属性

对 象 名 称	属 性 名	设 置 值
Form1	Autocenter	.T.
	Caption	权限验证
Label1	Caption	操作员：
	FontSize	12
	FontBold	.T.
Text1	Value	manager
Label2	Caption	密码：
	FontSize	12
	FontBold	.T.
Text2	PasswordChar	*
Command1	Caption	登录
Command2	Caption	取消

③ 编写表单 Form1 的 Init 事件代码如下：

```
Public n          &&宣告 n 为全局内存变量
n=0               &&设置 n 的初值为零
```

④ 编写命令按钮 Command1 的 Click 事件代码如下：

```
n=n+1
czy=Alltrim(ThisForm.Text1.Value)
mm=Alltrim(ThisForm.Text2.Value)
USE adminers        &&打开管理员表
LOCATE  FOR 注册名=czy
IF Found().and.密码=mm
    USE
    ThisForm.Release
    Release n
    DO main.mpr          &&执行主菜单程序
ELSE
    IF n<3
        Messagebox("姓名或密码有误, 请重新输入! ",0,"输入错误")
        ThisForm.Text1.Value=""
        ThisForm.Text2.Value=""
        ThisForm.Text1.setfocus
    ELSE
        ThisForm.Release
        Release n
        Clear Events
    ENDIF
    USE
ENDIF
```

命令按钮 Command2 的 Click 事件代码在这里不给出了。假设单击"取消"按钮后，应用程序直接返回 Visual FoxPro 主窗口，请问事件代码应该怎样写？另外，如果用户输入三次密码都错误，目前的代码是否会给出相应提示信息？如果没有，应该怎样修改事件代码？

⑤ 将本表单命名为 Password.scx 后加以保存。

4. 创建查询表单

在系统的查询模块中，包括"顾客信息查询"、"商品信息查询"和"订单查询"等子模块。这里以"商品信息查询"表单 query.scx 的制作为例展开阐述，其他查询表单的创建与此类似，不再赘述。

创建的"商品信息查询"表单如图 12-9 所示，可参照以下步骤。

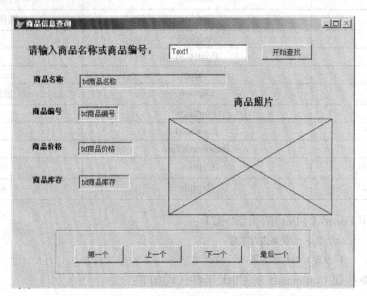

图 12-9 "商品信息查询"表单

① 打开表单设计器，定义表单的 Caption 属性值为"商品信息查询"，并将表 product.dbf 加入该表单的数据环境。

② 执行"表单"菜单下的"快速表单"命令，此时系统会自动将 product 表的各个字段添加到表单中形成对应的字段控件，并且自动实现表中各字段与对应表单控件的数据绑定。然后调整各字段控件的布局。

③ 因本界面只提供信息查询与浏览，而不提供数据修改功能，所以须将各字段对应文本框的 ReadOnly 属性设置为.T.。

④ 在表单上部添加一个标签 Label1、一个文本框 Text1 和一个命令按钮 Command1，并调整其大小与位置。设置 Label1 的 Caption 属性为"请输入商品名称或商品编号:"，Command1 的 Caption 属性为"开始查找"。

⑤ 由自定义类直接生成用于记录定位的"第一个"、"上一个"、"下一个"和"最后一个"命令按钮组。方法是：单击"表单控件"工具栏中的"查看类"按钮，在弹出的菜单中选择"添加"，然后将自定义的 jldw 类添加到表单中，即可直接生成所需的按钮组。

⑥ 编写"开始查找"按钮 Command1 的 Click 事件代码如下：

```
cz= Alltrim(ThisForm.Text1.Value)
n=Recno()              &&将当前记录号存入变量 n
GO TOP
SCAN
```

```
    IF product.商品编号=cz .OR. product.商品名称=cz
        ThisForm.Text1.Value=""
        ThisForm.Text1.SetFocus
        ThisForm.Refresh
        RETURN
    ENDIF
ENDSCAN
MessageBox("该信息不存在！",0,"查找失败")
GO n                    &&将记录指针指向原记录
ThisForm.Text1.Value=""
ThisForm.Text1.SetFocus
ThisForm.Refresh
```

⑦ 将此表单保存为 query.scx 文件。

5. 创建维护模块

维护模块用来对订单、客户和产品数据进行添加、修改、删除等操作，包括"顾客信息维护"、"商品信息维护"和"订单维护"等几个子模块。这里以表单 maintin.scx 的设计为例来说明 "商品信息维护"子模块的创建方法和步骤。表单的维护操作，首先要查找到需要维护的数据记录，因此"商品信息维护"与"商品信息查询"表单类似，但在其中增加了"修改"、"添加"和"删除"三个命令按钮，如图 12-10 所示。

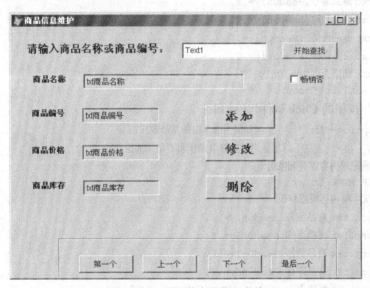

图 12-10　"顾客信息维护"表单

"商品信息维护"表单运行时，应能实现以下功能：

● 用户可以单击记录定位按钮组中的"第一个"、"上一个"、"下一个"或"最后一个"按钮来显示某条需要维护的记录，也可以在输入商品编号或名称后，单击"开始查找"按钮找到并显示要维护的记录。

● 单击"修改"按钮后即允许修改当前显示的记录内容，此时"修改"按钮变为"保存"按钮，而"添加"按钮变为"还原"按钮。待用户将当前记录的内容修改完毕后，单击"保存"按钮即可完成记录的修改；单击"还原"按钮则所作修改作废，恢复当前记录的原来数据。

● 单击"添加"按钮后即可向 customer 表追加一条空白记录，与单击"修改"按钮时一样，此时"修改"按钮变为"保存"按钮，而"添加"按钮变为"还原"按钮。待用户将新添加的记录内容输入完毕后，单击"保存"按钮即可完成当前记录的添加；单击"还原"按钮则所添加的记录便被删除，恢复添加前显示的记录。

● 单击"删除"按钮后可将当前记录删除，这时将弹出一个如图 12-11 所示的"确认删除"对话框，只有单击其中的"确认"按钮后，才能真正将当前记录删除。

我们将"商品信息维护"表单文件命名为 maintin.scx，"修改"、"添加"、"删除"三个按钮的 Name 属性分别设置为"xg"、"tj"、"sc"。其中各个控件的有关创建步骤从略，以下是为整个表单及"修改"、"添加"、"删除"三个命令按钮编写的事件代码。

图 12-11 "确认删除"对话框

① 表单 Form1 的 Init 事件代码如下：

```
Public n, tj, sz              &&定义所要用到的全局内存变量
Dimension sz(5)               &&数组变量 sz 用于存放修改中的记录数据
USE product.dbf EXCLUSIVE
**因表单打开时即显示第一条记录，所以此时
**用以下命令关闭"第一个"与"上一个"按钮功能。
ThisForm.jldw1.dyg.Enabled=.F.
ThisForm.jldw1.syg.Enabled=.F.
**使各文本框内容初始时不可以修改
ThisForm.txt 商品编号.ReadOnly=.T.
ThisForm.txt 商品名称.ReadOnly=.T.
ThisForm.txt 商品价格..ReadOnly=.T.
ThisForm.txt 商品库存.ReadOnly=.T.
ThisForm.chk 畅销否..ReadOnly=.T.
ThisForm.Text1.SetFocus
```

② "修改"按钮的 Click 事件代码如下：

```
IF This.Caption="修改"        &&如果当前单击的是修改按钮
    tj=.F.                    &&记住当前是修改操作而不是添加操作
    **将当前记录内容保存到数组
    SCATTER MEMO TO sz
    **使各文本框内容可以修改
    ThisForm.txt 商品编号.ReadOnly=.F.
    ThisForm.txt 商品名称.ReadOnly=.F.
    ThisForm.txt 商品价格.ReadOnly=.F.
    ThisForm.txt 商品库存.ReadOnly=.F.
    ThisForm.chk 畅销否.ReadOnly=.F.
    **改变各有关按钮的状态
    ThisForm.xg.Caption="保存"
    ThisForm.tj.Caption="还原"
    ThisForm.sc.Enabled=.F.
    **使开始查找按钮不可见，记录定位按钮不可用
    ThisForm.kscz.Visible=.F.
    ThisForm.jldw1.dyg.Enabled=.F.
    ThisForm.jldw1.syg. Enabled =.F.
    ThisForm.jldw1.xyg. Enabled =.F.
    ThisForm.jldw1.zhyg. Enabled =.F.
    ThisForm.txt 商品名称.SetFocus
    ThisForm.Text1.LostFocus
```

```
        ThisForm.Refresh
   ELSE            &&否则单击的是保存按钮
        **使各文本框内容恢复为不可以修改
        ThisForm.txt 商品编号.ReadOnly=.T.
        ThisForm.txt 商品名称.ReadOnly=.T.
        ThisForm.txt 商品价格.ReadOnly=.T.
        ThisForm.txt 商品库存.ReadOnly=.T.
        ThisForm.chk 畅销否.ReadOnly=.T.
        **改变各有关按钮的状态
        ThisForm.xg.Caption="修改"
        ThisForm.tj.Caption="添加"
        ThisForm.sc.Enabled=.T.
        **使开始查找按钮可见,记录定位按钮可用
        ThisForm.kscz.Visible=.T.
        ThisForm.jldw1.dyg. Enabled =.T.
        ThisForm.jldw1.syg. Enabled =.T.
        ThisForm.jldw1.xyg. Enabled =.T.
        ThisForm.jldw1.zhyg. Enabled =.T.
        ThisForm.Text1.SetFocus
        ThisForm.Refresh
ENDIF
```

③ "添加"按钮的 Click 事件代码如下:

```
IF This.Caption="添加"            &&如果当前单击的是添加按钮
    tj=.T.                      &&记住当前是添加操作
    n=Recno()          &&记下当前记录号
    APPEND BLANK        &&追加一条空记录
    ThisForm.Refresh
    **使各文本框内容可以修改
    ThisForm.txt 商品编号.ReadOnly=.F.
    ThisForm.txt 商品名称.ReadOnly=.F.
    ThisForm.txt 商品价格.ReadOnly=.F.
    ThisForm.txt 商品库存.ReadOnly=.F.
    ThisForm.chk 畅销否.ReadOnly=.F.
    **改变各有关按钮的状态
    ThisForm.xg.Caption="保存"
    ThisForm.tj.Caption="还原"
    ThisForm.sc.Enabled=.F.
    **使开始查找按钮不可见,记录定位按钮不可用
    ThisForm.kscz.Visible=.F.
    ThisForm.jldw1.dyg.Enabled=.F.
    ThisForm.jldw1.syg. Enabled =.F.
    ThisForm.jldw1.xyg. Enabled =.F.
    ThisForm.jldw1.zhyg. Enabled =.F.
    ThisForm.txt 商品名称.SetFocus
    ThisForm.Text1.LostFocus
    ThisForm.Refresh
ELSE                      &&否则单击的是还原按钮
    IF tj=.F.            &&如果先前是修改(不是添加)操作
```

```
                    **恢复修改前的记录内容
                    GATHER MEMO FROM sz
                    ThisForm.Refresh
            ELSE              &&否则先前是添加操作
                    DELETE
                    PACK
                    GO n
                    ThisForm.Refresh
            END IF
            **使各文本框内容不可以修改
            ThisForm.txt商品编号.ReadOnly=.T.
            ThisForm.txt商品名称.ReadOnly=.T.
            ThisForm.txt商品价格.ReadOnly=.T.
            ThisForm.txt商品库存.ReadOnly=.T.
            ThisForm.chk畅销否.ReadOnly=.T.
            **改变各有关按钮的状态
            ThisForm.xg.Caption="修改"
            ThisForm.tj.Caption="添加"
            ThisForm.sc.Enabled=.T.
            **使开始查找按钮可见，记录定位按钮可用
            ThisForm.kscz.Visible=.T.
            ThisForm.jldw1.dyg. Enabled =.T.
            ThisForm.jldw1.syg. Enabled =.T.
            ThisForm.jldw1.xyg. Enabled =.T.
            ThisForm.jldw1.zhyg. Enabled =.T.
            ThisForm.Text1.SetFocus
            ThisForm.Refresh
    ENDIF
```

④ "删除"按钮的 Click 事件代码如下：

```
IF MessageBox("确认要删除此记录吗？",1,"确认删除")=1
    DELETE
    PACK
ENDIF
ThisForm.Refresh
```

6. 创建统计、报表以及帮助模块

统计模块实现的主要功能包括销售额统计、消费偏好统计、客户分类统计、商品销量分类统计、商品库存统计等；统计模块的结果需要以报表的形式输出。此外，报表功能还包括 "顾客信息一览表"、"商品信息一览表"以及"订单一览表"等多个报表的创建。这些表单和报表的制作任务虽然相当繁复，但方法和步骤都比较简单，有关内容在前面章节都有详细的讲解，这里就不再赘述了。

至于帮助子模块，基本上每个应用系统都有，算是一个通用的功能模块。由于相关的案例很丰富，也没有什么技术含量，就留给读者自己完成了。

7. 创建主菜单

各功能模块设计完成后，应设计一个主功能菜单将各个模块组合起来，形成一个完整的应用系统主界面。根据系统的模块结构，本项目需要创建的主菜单的结构如表 12-8 所示，表中不仅列出了各主菜单项及其下属的子菜单项，而且还给出了各菜单命令所需对应执行的表单或报表程序。本系统的主菜单程序设计完成后，将生成名为 main.mpr 的文件。

表 12-8　　　　　　　　　　　　　　系统主菜单结构表

查询	维护	统计	报表	帮助	退出
顾客信息查询 Customer_q.scx	顾客信息维护 Customer_m.scx	顾客信息统计 Customer_s.scx	顾客信息一览表 cutomer.frx		
商品信息查询 product_q.scx	商品信息维护 product_m.scx	商品信息统计 product_s.scx	商品信息一览表 product.frx		
顾客订单查询 c_order_q.scx	订单维护 order_m.scx	订单统计 order_s.sxc	订单一览表 order.frx		
		顾客订单统计 c_order_s.scx	顾客订单一览表 c_order.frx		
订单信息查询 order_q.scx					

通常可调用菜单设计器创建主功能菜单，本系统的各子菜单项大多是对应执行一条有关的命令，如对于"查询"菜单下有"商品信息查询"菜单项，创建时可在菜单设计器对应该菜单项的"选项"栏中键入命令 do form product_q.scx。其他菜单项与此类似。

请注意：由于本系统很多功能模块都没有创建，所以应该通过菜单选项对话框定义一个缺省的过程代码 messagebox("对不起，本功能模块正在开发中！")。

8. 创建主控模块

主控模块的主要功能一般有初始化应用程序环境、显示初始用户界面、控制事件循环和恢复 Visual FoxPro 的默认环境。实际上，主控模块是应用系统的入口，也是应用系统的出口。本系统建立一个名为 main.prg 的主程序作为系统的入口程序，建立一个 misexit.prg 程序作为系统的出口程序。入口程序需要被设定为主程序。

（1）建立主程序

本系统单独创建了一个名为 main.prg 的简单主程序。定义该程序应该包含的命令序列如下：

```
SET TALK OFF
CLEAR ALL
CLOSE ALL
SET SAFETY OFF
SET ESCAPE ON
SET DATE TO YMD
SET DEFAULT TO D:\OrderMis
_SCREEN.Caption="订单管理系统"
_SCREEN.Controlbox=.F.
SET COLOR TO /B
CLEAR
DO FORM cover.scx          &&调用软件封面表单
**建立事件响应循环
READ EVENTS
ON SHUTDOWN                &&取消原来的 ON SHUTDOWN 作用
```

（2）设置主程序

设置主程序的方法步骤是：首先在项目管理器中选择上面建立的 main.prg 程序，然后执行主窗口"项目"菜单下的"设置主文件"命令即可。

（3）建立退出程序

为了确保程序能正常退出，避免产生不能退出 Visual FoxPro 的错误，本系统建立退出程序

misexit.prg。当要退出系统时，调用该程序即可，它包含了结束事件循环、关闭所有子窗体、恢复原有设置等代码。该程序应该定义为主菜单"退出"菜单项的执行命令。

```
IF MESSAGEBOX("您真的要退出本系统吗? ",4+32+256,"退出确认")<>6
    RETURN
ENDIF
CLEAR ALL
CLOSE ALL
SET TALK ON
SET SAFETY ON
SET ESCAPE Off
SET DATE TO ANSI
DO WHILE TXNLEVEL() > 0
    ROLLBACK
ENDDO
SET SYSMENU TO DEFAULT
_SCREEN.Caption="Microsoft Visual FoxPro"
_SCREEN.Controlbox=.T.
DO WHILE _SCREEN.FORMCOUNT>0
    _SCREEN.FORMS(1).RELEASE
ENDDO
ACTIVATE WINDOW COMMAND
KEYBOARD "{ALT+F4}"              &&关闭当前窗口
**退出事件循环并将控制返回 READ EVENTS 后面的代码
ON SHUTDOWN CLEAR EVENTS
RETURN TO MASTER
```

9. 连编与运行

（1）连编

尽管我们在设计本系统的每一个用户界面、每一个表单和报表程序时，都进行了调试和运行，可以确保它们在单独运行时的准确性，但仍需将各个程序模块连同数据库中各表的数据一起通过连编来组合在一起，使其作为一个整体来协同工作。通过连编还可以进一步发现错误、排除故障，最后生成一个完整的应用程序文件或可执行文件。

在项目管理器中打开项目订单管理系统，然后单击"连编"按钮或执行"项目"菜单下的"连编"命令，即可方便地完成本应用程序的连编工作，用户可以根据需要选择生成一个扩展名为.APP的应用程序文件或生成一个扩展名为.EXE的可执行文件。本例的订单管理项目经连编后将生成一个名为 ddgl.app 的应用程序文件。

（2）运行

在 Visual FoxPro 环境中，选择"程序"菜单中的"执行"命令执行应用程序 ddgl.app，或在命令窗口执行 do d:\ordermis\ddgl.app 命令后，即可显示本应用系统的软件封面，该封面显示 5 秒钟后或当用户按下任意鼠标键后，将自动调用身份验证表单 Password.scx。通过对操作员的身份验证之后将自动调用主菜单程序 mainmenu.mpr，并将运行控制权交给主菜单程序，然后再由用户通过对主菜单命令的选择来调用和执行所需的表单、报表或查询程序。

图 12-12 运行后的"订单管理系统"主菜单

运行后显示的系统主菜单如图 12-12 所示。如果执行本系统"维护"菜单下的"商品信息维护"命令，将出现如图 12-13 所示的"商品信息维护"窗口。

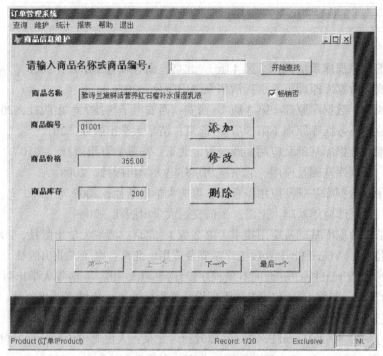

图 12-13　运行后的"商品信息维护"窗口

习　题

一、思考题

【1】什么是事件，什么是事件循环？怎样建立和结束事件循环？

【2】以数据表为例，说明数据库设计和数据库实现有什么关系。

【3】对于任何一个项目而言，它都应该有一个主程序。请问它有什么作用？

【4】项目文件与它包含的文件之间有什么关系？

【5】什么是发布树？它有什么用处？

【6】请问订单管理系统中的业务模块有哪些？

二、操作题

【1】在本章订单管理系统的封面表单 cover.scx 中，如果要求该封面显示 9 秒钟后或当用户按下任意键后，将自动调用身份验证表单 Password.scx，那么表单代码应该怎样修改？

【2】在本章设计的订单管理系统中，顾客信息查询和顾客信息维护两个模块尚没有创建，请分别以商品信息查询和商品信息维护为例，创建这两个模块。

【3】以本章所介绍的订单管理系统为样板，利用 Visual FoxPro 开发一个个人财务管理系统。通过此例说明一个数据库应用程序系统开发的全过程。

参考文献

［1］王珊等. 数据库系统概论（第 4 版）. 北京：高等教育出版社，2006

［2］严冬梅. 数据库原理. 北京：清华大学出版社，2011

［3］张红娟等. 数据库原理（第 3 版）. 西安：西安电子科技大学出版社，2011

［4］克罗克等. 数据库原理（第 5 版）. 北京：清华大学出版社，2011

［5］陈立潮. 数据库基础及应用实践教程. 北京：高等教育出版社，2010

［6］向隅. 数据库基础及应用. 北京：北京邮电大学出版社，2008

［7］张晓华. 数据库基础及应用. 重庆：重庆大学出版社，2009

［8］刘莹. 数据库应用基础. 上海：上海交通大学出版社，2009

［9］何玉洁. 数据库基础及应用技术（第 2 版）. 北京：清华大学出版社，2005

［10］牟绍波等. Visual FoxPro 数据库基础及应用. 北京：电子工业出版社，2011

［11］匡松等. Visual FoxPro 面向对象程序设计及应用. 北京：清华大学出版社，2007

［12］高怡新等. 新编 Visual FoxPro 程序设计教程. 北京：机械工业出版社，2003

［13］佘文芳. Visual FoxPro 程序设计教程. 北京：人民邮电出版社，2004

［14］任心燕等. 中文 Visual FoxPro 基础教程. 北京：人民邮电出版社，2006

［15］周永恒. Visual FoxPro 基础教程. 北京：高等教育出版社，2006

［16］沈琴婉等. Visual FoxPro 程序设计教程（第 2 版）. 天津：南开大学出版社，2006

［17］姜桂洪. Visual FoxPro 数据库基础教程. 北京：清华大学出版社，2006

［18］史济民等. Visual FoxPro 及其应用系统开发. 北京：清华大学出版社，2007

［19］傅翠娇等. Visual FoxPro 典型系统实战与解析. 北京：电子工业出版社，2007

［20］周玉萍. Visual FoxPro 数据库应用教程. 北京：人民邮电出版社，2008

［21］韩伯涛等. Visual FoxPro 数据库应用技术. 北京：中国铁道出版社，2008

［22］周玉萍等. Visual FoxPro 数据库应用教程. 北京：人民邮电出版社，2008

［23］严明等. Visual FoxPro 教程（2010 年版）. 苏州：苏州大学出版社，2010

［24］李广等. Visual FoxPro 程序设计教程. 北京：中国铁道出版社，2012

［25］刘瑞新等. Visual FoxPro 程序设计教程. 北京：机械工业出版社，2012

［26］刘丽. SQL Server 数据库基础教程. 北京：机械工业出版社，2011

［27］郑阿奇. SQL Server 数据库教程（2008 年版）. 北京：人民邮电出版社，2012

［28］唐红亮. SQL Server 数据库设计与系统开发教程. 北京：清华大学出版社，2007

［29］段利文. 关系数据库与 SQL Server 2008（第 2 版）. 北京：机械工业出版社，2013